规 划 理 论

（原著第三版）

Planning Theory（Third Edition）

［英］菲利普·奥曼丁格　著

刘合林　聂晶鑫　董玉萍　译

中国建筑工业出版社

著作权合同登记图字：01–2010–6361号

图书在版编目（CIP）数据

规划理论：原著第三版／（英）菲利普·奥曼丁格
著；刘合林，聂晶鑫，董玉萍译. —北京：中国建筑
工业出版社，2022.7
　书名原文：Planning Theory（Third Edition）
　ISBN 978–7–112–27566–3

　Ⅰ.①规… Ⅱ.①菲… ②刘… ③聂… ④董… Ⅲ.
①城市规划—研究 Ⅳ.①TU984

中国版本图书馆CIP数据核字（2022）第110134号

First published in English under the title
Planning Theory
by Philip Allmendinger, edition: 3
Copyright©Philip Allmendinger, 2017
Simplified Chinese Copyright©2022 China Architecture & Building Press

This edition has been translated and published under licence from
Springer Nature Limited.
Springer Nature Limited takes no responsibility and shall not be made
liable for the accuracy of the translation.
本书由 Springer 出版社授权翻译出版

　责任编辑：姚丹宁
　书籍设计：锋尚设计
　责任校对：王　烨

规划理论（原著第三版）
Planning Theory（Third Edition）
［英］菲利普·奥曼丁格　著
刘合林　聂晶鑫　董玉萍　译

*
中国建筑工业出版社出版、发行（北京海淀三里河路9号）
各地新华书店、建筑书店经销
北京锋尚制版有限公司制版
北京中科印刷有限公司印刷
*
开本：880 毫米×1230 毫米　1/32　印张：12⅛　字数：417 千字
2022 年 9 月第一版　　2022 年 9 月第一次印刷
定价：**68.00** 元
ISBN 978–7–112–27566–3
　　　（39033）

版权所有　翻印必究
如有印装质量问题，可寄本社图书出版中心退换
（邮政编码 100037）

献给克劳迪娅（Claudia），汉娜（Hannah），
露西雅（Lucia）和伊琳诺（Eleanor）

目录

图表清单

表

图

致谢

本书作者和出版社感谢帕齐·希利（Patsy Healey）许可使用图 2.1。
该图原版收录于希利等人 1982 年出版的《规划理论：1980 年代的展望》
（*Planning Theory: Prospects for the 1980s*）［牛津（Oxford）：佩加蒙
（Pergamon）］一书中。

致中国读者

　　让我对规划理论颇感兴趣的原因之一，是因为规划理论总是处于不断变化的状态。随着城市和规划的进步，规划的理论也会随之发生演化。与此同时，在以不同方式帮助构架规划（frame planning）的时候，规划理论在某种程度上也提供了一定的稳定性和连续性。这就是为什么在这一版本的《规划理论》中既有大家熟悉的章节（虽然有所更新），又有一些全新的章节。规划理论不仅以我们对规划的现有理解和观点为基础，而且还会给当前的各种理解和观点增添新内容。从我（2019年）5月到亚洲的短期旅程经历来看，规划理论既是演化性的（evolutionary）又是革命性（revolutionary）的这个特点是非常确切的。在此次旅程中，我和来自大学的职员、学生以及来自地方政府和私有部门的工作人员相谈甚欢。这些互动过程让我收获颇丰。他们让我这个规划学者有机会以不同的方式看待这个世界。同时，这些拜访过程也进一步强化了我的观点，即：规划理论为我们反思世界范围内各种非常不同的规划实践提供了工具。由于不同的规划体系在不同的国家之间有所差异，甚至是在同一个国家也会存在差别，因此，围绕一套共有问题建立的共同框架，将有助于我们超越差异，看到实质。理论，则为我们提供了这样一个框架。

　　处于学术努力中心位置的事情，就是研究。就规划和城市的研究而言，我们有必要获得理论的支撑。但我们所有人都面临的问题是：哪一个理论能够在帮助我们构架研究方面提供最好的帮助？我们是如何选择使用理论方法或理论工具帮助我们开展研究的？对于这个问题，在这里并不存在简单或明确的答案，我们最终的选择必将是个人化的。毕竟，研究——在这里我们将其理解为人们为了更好地理解某个社会现象或某些社会现象的一种活动——是一个高度个人化的旅程。对社会现象理解的进步，可能来自在其他地方不断重复的研究，通过重复开展这种研究，我们期望过去发现的结果能够得到重现，从而加强某个特别的理论。进步也有可能与发现不同的结果相关，因为这样会有助于理论自身的演化。但是，进步的发生需要突破某个特定的范式或世界观，或者退后一步并从不同的角度看待某个情形。对我来说，这才是最刺激和最兴奋的事情，也是我为什么对规划理论以及规划理论的主体对象城市孜孜以求的原因。

如果规划和规划理论总是在不断演化，那么我在这本书的下一个版本中将会看到什么？这个问题类似于在问：在不久的将来，规划和城市需要怎样的挑战？需要怎样的理解规划和城市的新方式？当然，有很多可能的选择，而对个人来说，则需要根据自己关注的焦点进行选择。也就是说，规划和城市需要适应我所认为的未来的挑战，也即数字挑战（digital challenge）。尽管数字技术和所谓的智慧城市已经对社会产生了巨大影响，对规划应对有关城市未来思想的具体方式产生了巨大影响，但是还有许多要素尚未被人们所完全理解。如果人工智能和机器学习继续发展，那么，规划作为一种面向未来的公共活动将会受到威胁。而从建立假设、用数据进行检验然后完善原始方法的意义上看，理论本身可能就变得多余了。通过海量数据我们可以获得预测未来和提供答案的能力，这可能意味着我们能以一定程度的确定性来回答修建一条路会给交通带来什么影响；或者，更加关键的是，可以预测公众对新发展的反应，因此无需实际地询问他们。

数字技术也有可能引起"理论之死"，对此我们拭目以待。如果说在与全球许多人一起工作和交谈的过程中学到了什么，我确定的一件事就是我们喜欢谈论和争辩各种想法！尽管可以在网上购买几乎所有商品，但我们仍然喜欢亲自去商店购物。然而，商店和城市都需要适应这一挑战，并且也有人猜想规划和规划理论可能也需要做出调整，以适应这样的挑战。

菲利普·奥曼丁格
2020年3月于剑桥

中文版序

菲利普·奥曼丁格（Philip Allmendinger）教授任职剑桥大学社会科学学院院长、土地经济教授，研究涉及规划理论与实践、治理和区域规划、开发和规划法规等诸多领域，在房地产与规划，规划理论、政策与实践，土地与财产监管，住房与地方政府等领域发表了多部著作，尤其在规划、物权和住房方面成果卓越。帕尔格雷夫（Palgrave）出版社出版了他的第三版《规划理论》（Planning Theory），毋容置疑，这本书是好书中的好书。刘合林教授及时翻译成中文版，由中国建筑工业出版社引进出版，值得一读。

在西方，规划理论的流变与社会变迁息息相关（戴伯芬，2006）。首先，现代城市规划体系也是在二战后的特定历史时代创建的，当时许多不同利益集团之间需要达成共识才能努力重建国家，这就要求规划学科的建构、规划立法和规划目标含糊一点比边界清晰更好，而且规划方案变更相对容易，相关的社会成本相对较低。其次，在1960年代，人文社会科学的计量革命以及城市与区域问题的复杂性，艾萨德（Isard）《区位和空间经济：关于工业区位、市场区、土地利用、贸易和城市结构的一般理论》、"区域间线性规划模型1"的工作推动了系统的规划和理性规划的发展，1958年芝加哥和1962年伦敦都开展了大都市交通模型研究，哈格特（Peter Haggett）和乔利（Ronald Chorley）关于区位分析、网络分析还形成了剑桥学派（The Cambridge school），1969—1971年间英国关于次区域（sub-region）研究也做得有声有色。1960年代，对以英美为代表的西方规划来说，打破学科界线引入空间经济理论与语汇，采用计量和系统分析方法以及交通运输模型等工具，建构区域科学等弥补传统规划的不足，可以说进入到推崇专家技术规划的黄金时代，一大批规划师倾向于选择大胆而令人兴奋的思想来实现他们宏大规模的规划实践，费城规划院院长埃德蒙·N.培根（Edmund N. Bacon）以"城市更新，重建美国城市"（Urban Renewal, Remaking the American city）登上了《时代》（TIME）杂志的封面。然而，非常不幸的是，这些新思想与新方法对规划和规划师的过度冲击，即使在公认的规划最灿烂辉煌的时刻，也不得不正视它们的失败。进入1970年代，亚非拉民族解放运动和西方发达国家的民主社会运动，推动了新马克思主义城市理论和激进主义规划的崛起。到1980年代，信息技术大发展，推进了新媒体与大众文化流行，后现代主义思潮应运而生，规划在经历1970年代的理性和科学规划论战、1980年代新左派（新马克思主义）与新右派（自由主义）的交锋，后现代主义规划横空出世，强调自由浮动的表达和多样性话语，最终宣告了规划的科学和理性时代终结。这本《规划理论》，着眼的是规划的理论（theories of planning），而不是规划中的理论（theories in planning），是基于二战后规划思想碎片化和多元化的实际，进行规划思想和大场景叙事集中展现的应景之作，也可以说是规划领域的"新《左传》"。

这本《规划理论》的前三章，针对最近规划理论特征，试图从理论、规划理论和规划的理性过程理论三个层面解构规划理论的内涵、价值、个性和结构。从第四章到十二章重点介绍了1960年代以来的规划理论。与第二版的《规划理论》对照，在系统论和理性规划、马克思主义与批判规划、新右派规划、实用主义规划、倡导规划、后现代主义规划以及协作规划等重要规划理论学派的基础上进行了增减，包括：激进主义规划（批判理论）、新自由主义规划、实用主义规划、倡导性规划、后现代主义规划、后政治规划、后结构主义与新规划空间、协作规划的方法以及后殖民主义规划理念（这里需要提示，第二版和第三版对女性主义规划均没有介绍），特别对新规划空间的驱动因素、规划的尺度、规划的柔性空间、反叛型规划进行了理论和理性的概括，可以让规划学生、规划师和对规划感兴趣的读者，通过不太长时间的阅读，基本全面和系统地了解1960年代以来规划领域的规划思想创新和规划实践价值观渐变的脉络。

中国城市建设的历史悠久，6000年的城市文明具备特有的东方城市规划和建设的理论和方法。19世纪西方工业革命的成功和城市化问题催生了现代城市规划学科的建设和发展，中国三次工业化过程的失败和低水平的城市化状态，关于城市规划和建设的中国城市规划的话语渐渐丧失，中国的现代城市规划就是在各种西方规划思潮的冲击下慢慢形成的。中华人民共和国成立不久，苏联援助156项工程，从能源、汽车、重化工、机械加工到医疗和高等教育体系，开启第三次现代化和第四次工业化浪潮，而且取得了巨大的成功，在苏联专家的指导和帮助下重新建立中国自己的城市规划体系。城市规划被看作国民经济计划的空间落实，借鉴了苏联社会主义城市规划的理论和方法，强调规划是对国民经济计划所确定的具体建设任务进行空间布局和建设安排，对规划理论的探索进展不多。1958—1961年"过度城镇化"后采取了"调整、巩固、加强和改善"政策，陆续撤销了52个城市，动员了近3000万城镇人口返回农村，建立了中国的城乡分离的户籍制度，从而大大减缓了农村人口向城市的迁移和流动，由此使得中国的城市化和工业化进展缓慢。中国的现代城市规划陷入第一次危机，"三年不做规划"，相应的，规划机构被解散，规划管理部门被合并。改革开放以后，尤其1990年以后的中国融入全球化，面对汹涌来临的西方商品、资本、技术、文化的输入，中国的城市规划一开始只能是碎片化地被动学习，后来才是主动系统性地向国外学习，在建设规划范式的基础上分别吸收了发展规划、规制规划的内容，形成了独具特色的中国城市规划体系。但是，高速的经济增长，越来越严重的资源–环境–生态胁迫，政府部门之间的事权划分不够清晰，城镇化进入高速发展时期自身产生的问题，城镇数量翻了两番，全国县及县以上的新城新区数量达到3500多个，大城市的交通、住房、环境、公平等问题大量出现，对中国城市规划的质疑导致中国现代城市规划陷入第二次危机。

为什么中国现代城市规划的发展历程不如国外路途平坦？为什么中国现代城市规划制度始终处在变革途中而且没有尽头？适合中国国情的规划理论缺失是最主要的原因。要建构中国现代城市规划的理论体系，不了解西方规划思想史不行，不熟悉当代西方规划理论也不行。奥曼丁格的这本《规划理论》，正好展现了西方当代主流城市规划的渐进、互动、倡导和激进思想，协调、整合和缝合的理念，增长与发展，效率与公平，可持续与全球化的平衡手段，揭示了城市规划过程中规划理论运用的互补、包容甚至自相矛盾的方方面面。

2019年国土空间规划的城市规划变革，是对规划思想、理论和方法的彻底的中国化变革。如何满足城市规划学科发展的需要，如何满足学生知识学习的需要，如何满足国家规划行业发展的需要，正是我们面临的挑战和问题。这本《规划理论》，英文第三版于2017年出版，对2009年第二版做了大量补充和实时更新，基本涵盖了1960年代以来世界城市规划理论的最前沿内容，对中国读者和规划行业来说，真是确逢其时，在国土空间规划探索的初创时期，可以为中国规划学者、规划师提供一本西方规划理论"真经"对照。

奥曼丁格教授接受过英国城镇与乡村规划实务的培训（BSc Town and Country Planning, Hons），具有英国特许规划师和测量师执业资格；曾在苏格兰规划援助委员会从事社区规划等实务工作，之后进入牛津大学，受到欧陆，特别是法国福柯（Foucault）、德里达（Derrida）、鲍德里亚（Baudrillard）和利奥塔（Lyotard）等后现代主义思想家的影响；他也是英国经济及社会研究理事会研究资助委员会的成员、社区和地方政府住房市场与规划专家小组的成员。2010年以来，奥曼丁格还在《英国地理学家学院学报》发表"英国的后政治空间规划：共识危机？"，在《环境与规划》发表"空间规划：放权和新规划空间"、"对空间规划的批判性思考"和"软空间、模糊边界和元治理：泰晤士河口的新空间规划"等文章，在劳特利奇（Routledge）出版社出版《后现代时代的规划》、《新劳动分工与规划：从新右派到新左派》、《英国的协调空间规划：放权与治理》等著作。如果全面阅读奥曼丁格的这些著作，会进一步深入理解他的《规划理论》所要传递的声音和三次编辑出版这本理论著作的真正动机。

规划是一门实用的社会科学。由于城市规划的社会经济背景，政策工具和理性工具兼容，当代的城市规划理论是破碎和多元的，甚至也是杂乱无章的，很难用严格的编年史的办法组织内容，与其他规划理论著作相比，奥曼丁格这本《规划理论》以各种理论的逻辑关系及其时代背景为依据进行内容的组织，覆盖面广，没有挂一漏万，而且采用穿插整合的方法让内容兼具系统性和可读性，真是难能可贵。基于译者深厚的剑桥英文传统和对老师著作的崇敬态度，译著既保持了原汁原味的内容，又注重了中文语言的阅读习惯和表达，值得赞赏。借此机会，也希望这本译著能够引起更多中国学者对规划理论的兴趣，激发更多的学者关心中国规划理论的发展，早日在国际规划领域建立更具影响的中国规划理论话语体系。是为序。

2020年5月24日

译者序

　　人们对事物的认知，尤其是专业领域的认知，往往与其所接受的教育密切相关。我本人对于规划的最初理解毫无例外，萌发于大学本科的教育。在一开始，由于集中于接受色彩、绘画和空间构造（很多时候是平面构造）方面的一些训练，所以最早对于规划的理解就是平面空间的安排和审美，在此过程中，完全没有意识到规划中可能存在的价值选择以及基于这种价值选择的规划安排可能带来的关系冲突。而现在看来，规划原理等内容在很大程度上是将规划作为一种专业技术的规范和原理来讲授。在本科的高年级后，随着各种课程的逐步引入和在具体规划实践中的不断介入，自己则越来越深刻体会到规划不是简单的图纸审美和空间表现，图纸只是规划的一种语言形式，而在这种语言形式背后往往隐含着更为复杂和深刻的社会、政治、经济和文化等方面的问题。同时，来自城市社会学、人文地理学、城市地理学等领域的思想和理论也时常激荡着自己对规划的理解。一方面，这些理论或思想往往并非一脉相承，有些甚至是相互冲突和针锋相对的。另一方面，规划以面向未来为其主要特点，无论是在理论还是在实践中，都存在不确定性，这种不确定性既来自外部条件的不确定性和城市未来的不确定性，也来自规划的地方政治依赖性和文化依赖性。

　　理解规划的这种困惑，既是当时自身知识局限的一种外在表现，也是规划的本质属性和当前我国的规划教育的一个内生结果。首先，随着规划实践的深入和不断拓展，规划所囊括的内容处于不断膨胀之中，以至于其学科内核日渐泛化，其学科边界变得模糊甚至消失，使得要全面掌握其知识体系变得几乎不可能。在政策科学领域颇具盛名的美国加利福尼亚大学伯克利分校的艾伦·威尔达夫斯基（Arron Wildavsky）教授于1970年代在《政策科学》（*policy sciences*）杂志上曾直接使用标题"如果规划什么都是，那么规划可能什么都不是"表达了自己对规划的反思，引起了强烈反响。其次，在国际语境下，规划的理论与实践之间本身就存在鸿沟，而当前我国大学的规划教育，其讲授的理论基本属于舶来理论。因此，当接受这些理论教育的规划师将这些理论运用到我国的规划实践中时，这种理论与实践的鸿沟则尤为突出。这种矛盾性使得我们对理论的存在价值产生了怀疑，随之而生的一个问题是：我们是否需要规划理论？再次，规划是一门实践性很强的学科，随着时代的变迁和规划实践内容的改变，规划的本质内涵也处于不断的变化之中，规划的本质内涵的易变性使得某个时代的规划理论在新的历史时期必然遭遇巨大的挑战甚至是全面的抛弃。与此同时，由于规划涉及社会、政治、经济和文化等多个维度，一方面是一种空间资源的利益再配置，另一方面这种划分必然会产生正、负外部性，而这种外部性在很多时候是无法通过自由市场予以解决的。因此，基于不同维度、不同尺度和不同深度理解规划，必然会演绎出不同的理论体系，必然会产生不同的规划方案。如此一来，规划理论在时间维度和空间维度上的非一致性、矛盾性造就了规划理论的混沌交锋。此外，规划的实践性，确立了规划理论植根于本土的必要性。中华人民共和国成立以来，我国的社会、政治、经济、文化和城市建设等方面经历了巨大的转型，40年来的改革开放更是引起了城市规划与建设领域的巨变。这种时代背景和大规模的规划实践为我们建立中国规划理论话语体系提供了坚实的平台。但目前来看，对于我国规划实践的理论总结主要呈现为碎片化的思想集合，离形成完整自洽的、具有国际影响力的中国规划理论话语体系还颇有距离。这种情况，既源于西方强势文化的价值输出和以西方规划理论为依据的后殖民规划实践，也源于我国在本土规划理论建构上的不足。最后，在当前，我国大学规划专业所讲授的规划理论，既涉及规划的理论（theories of planning），又涉及规划中的理论（theories in planning），还涉及规划的相关理论（theories related to planning）。这种状况一方面使得教师们讲授的理论变得几乎无界；另一方面，在通常情况下，教师们讲授的多以规划中的理论为主，而规划相关理论似乎又可以无限拓展，但真正核心的"规划的理论"的详细讲授却相对不足。如此一来，学习规划专业的学生不可避免会产生各种困惑，很难把握规划的核心理论。

　　事实上，上面所提到的各种理论问题，奥曼丁格教授在这本《规划理论（原著第三版）》中都有所涉及。比如，对于是否需要规划理论的这个问题，他在本书开篇就指出确实有学者认为规划本身并不需要理论，因为现实的实践表明，规划的实践在不需要理论指导的情况下也能够有效运行，这是实用主义者所支持的观点之一。因为，在实用主义者看来，其目标就是在规划实践中把事情做好即可。在我国，这种认识和观点的流行，可能也是造成我国的规划理论话语体系的建构收效甚微的一个重要原因。另外，作者还指出，有观点认为，虽然规划实践不需要理论，但是规划作为一项社会职业，其必须为自己建立一种社会权威，并论证其合法性，而理论的角色就是为规划建构这种合法性，也是确保规划师社会地位的有力武器之一，因此规划理论还是有必要存在的。

如果规划理论没有必要存在，或者说规划理论的存在只是为了维护规划师的合法性权威，那么，为什么规划理论会五花八门，甚至相互冲突？我们在规划实践中真的没有使用理论吗？或者更退一步说，我们真的没有使用类似于理论的思想或想法吗？这显然不是，比如说，在规划实践过程中，我们似乎对利用"大绿带"（great green belt）限制城市无限扩张这个想法长期保持兴趣并将其不断付诸实践。此外，我们需要认识到规划实际上属于一种公共服务产品，因此必须要论证其合法性和合理性，也即必须回答规划凭什么可以做以及可以做什么这两个根本问题，这就不可能回避对规划理论的探讨。

对于第一个问题，一种最为常见的理论解释就是：规划以维护公共利益为其根本出发点。这是支撑倡导性规划理论的一个非常重要的核心观点。而对于可以做什么的问题，则有更多的理论回答。比如，在协作规划理论看来，规划师以及其他参与者必须只能在一定的制度和体制之下以公开、透明和诚挚的方式开展工作；然而，在马克思主义和批判理论看来，规划应该革新现有的机制体制，创建新的制度和体制环境。那么，具体来说，要以什么方式创建新的制度和体制呢？这就成了后现代主义、后结构主义、新现代主义和新自由主义等理论学派在规划领域所争论的核心议题。

此外，既然规划是一种公共服务产品，那么其不可避免地将涉及具体的政治制度和政治过程。那么在规划的编制和解读、权力的分配、矛盾的解决和利益平衡等问题上，我们又将如何作为？所有的这些，则涉及规划的政治化、去政治化以及后现代主义、后结构主义等理论学派的相互纠缠。当然，它们之间往往很难达到一个所谓的共识或所谓的"真理"，而这正是系统论和理性主义的基石。

围绕上述这些议题，这本《规划理论（原著第三版）》进行了系统的梳理与分析。此外，奥曼丁格教授注意到，在当前全球化背景下，伴随着文化全球化，实际上也存在着规划理论、思想和方法的殖民化过程以及由此引起的反叛型规划。这主要是通过大量跨国规划咨询公司和本土、外来规划专家共同作用的结果。在此过程中，发生了重要的规划理论话语重构与变异，而本土规划理论与外来规划理论之间的矛盾冲突与改造融合也成为当前关注的焦点。

我国大规模的城镇化过程为规划实践提供了广阔的空间，我们将规划理解为一种技术工具，我们摸着石头过河，我们本土化的规划理论发展落后于我们的规划实践，我们甚至忙于实践而不屑于规划理论的建构。因此，在此过程中，我国引进了大量的国际规划理论，并对其进行了改造运用。然而，理论，尤其是社会科学理论（虽然目前我国将规划划定为工学，但实际上其所使用的理论基本都属于社会科学），在某种程度上属于一种社会建构的产物。因此，来自欧美的理论在理论话语上的具体所指及其产生的社会政治逻辑，必然与我国有所差异。比如，奥曼丁格认为，英国"空间规划"的出现是基于对流空间、网络化的治理和尺度的复杂性等议题的思考，是为了适应规划边界的模糊化，化解规划的冲突以及响应新规划空间的出现。而当前我国的国土"空间规划"的理论逻辑显然与此不同。这就表明，我们一方面需要对外来的规划理论和话语进行系统了解和思考，另一方面也需要努力建构能够有力表述我国规划实践的理论话语体系。

2009年，我去剑桥大学学习，第一次读的是奥曼丁格教授写的《规划理论》的第二版，读完后感触颇深，收获颇多，也部分解决了我对于规划理论方面的许多困惑。在这里所翻译的是奥曼丁格教授于2017年修订的《规划理论》的第三版。他以各种理论之间的逻辑关系为主线，以其产生的时代背景为解释依据的叙述方式，很好地避免了编年史写法的枯燥性，提升了内容的可读性。我将此书翻译成中文版，一方面是为了跟国内同行分享这种阅读的快乐，另一方面也是希望能够引起更多的中国规划学者关心我国规划理论的建构。在本书的翻译过程中，我希望中文版本保持英文原版的可读性，不希望因为翻译问题使得这种可读性大打折扣。因此，在动手翻译之前，我对全书进行了全面通读，并且在通读过程中对关键部分进行了相关文献资料的查阅和批注，然后结合自己的专业知识基础开展翻译工作。初稿完成后，我以"信、达、雅"为目标，对其进行了四次润色和检查。翻译工作前后历时约一年半，其中我的博士生董玉萍、聂晶鑫和高俊阳亦参与其中，在此感谢他们的劳动付出。

此外，本书的出版离不开中国建筑工业出版社姚丹宁编辑的鼓励和支持，在此对她的辛勤劳动表示感谢。同时，对中国建筑工业出版社其他工作人员在本书出版过程中的用心投入表示感谢。没有他们的严谨认真和努力务实，本书无法及时以如此精美的形式呈现在广大读者面前。本书中可能的翻译错误应该归因于译者本人，欢迎广大读者提供相关的反馈信息。

2020年5月20日于武汉

第一章
什么是理论？

引言

    当写作一本寻求解决类似于规划理论这样一个庞大话题的著作时，必须做出许多重要的选择，例如：应该涵盖哪些内容？以何种顺序予以阐述？以什么叙述方式（如果有的话）将所涉及的各种要素串联起来？在最近的几年里，规划理论呈现出了碎片化和多元（diversification）的特征，出现了一系列对规划的不同理解，它们越来越趋向于相互责难。在规划理论谱系的一端，将规划理解为一种资本主义生产方式（当前归到了过度滥用的"新自由主义"标签下），并努力寻求理解此种规划的影响和目标的方法；而在规划理论谱系的另一端，则热衷于后结构主义方法，它拒绝单一、总体性的获得真知的方式。这种看似相互难以融合和日趋增长的多样性，本质上并没有什么错误［不过，也可以参考奥曼丁格（Allmendinger，2016）的著作，该书尝试将这两个极端观点进行融合］。但是，这还是会有些问题的，尤其是在写作一本规划理论的著作时，努力划定某些边界以确定哪些内容可以纳入该著作。

    规划理论碎片化带来第一个后果可归结为规划理论这个概念自身带来的挑战。这个挑战超出了人们对理论与实践之间一直以来都存在鸿沟的无奈，因此只好认为规划作为一种社会实践不需要理论——没有理论规划照样能够完美运行（近来的一些例子，可参看Talvitie，2009和Lord，2014）。这里的要点是：如果规划理论这个领域如此多变、如此相互不融，并且与规划实践没有关系（不管怎么说这种现象看起来还是在继续），那么我们何必自找麻烦对其进行理论化呢？因此，规划实践不应该依赖于理论的支撑，而应该依赖于经验学习和反思（听起来像是一种自成一体的理论）。与该看法相关的另一个观点认为：对规划理论的需要不是源自实践的需要，而是其他原因。在里德（Reade，1987）看来，规划需要理论，是因为要提升自身的存在感，并且证明其职业地位以及与之相伴随的各种收益的合法性。另有第三个观点指出，规划理论并不存在，它只不过是为规划实践和规划师所做的事情辩护，从而支持资本主义。具体来说，规划师通过创造一种特殊的建成环境形态，使其有助于协调道路、污水系统和住房等基础设施，从而最大化经济的增长和累积；同时，他们还充当危机经理的角色，努力避免经济危机［参见哈维（Harvey），1985］。规划为资本的利益服务，但必须在行动上看起来是均衡、公开和公平的。因此，规划理论实际上是提供一种方式，使得规划师能为他们的行为合法性进行公开辩护，从而掩盖他们的真实角色。这些观点——规划不需要理论，规划师只不过是职业需要，为理论而理论，理论只不过是规划误导社会的"前沿阵线"——将对一本关于规划理论著作的真正目的产生巨大质疑。

规划理论碎片化带来第二个后果就是尝试把规划领域的理论串成一个故事讲出来将是非常困难，或者说不明智的。在社会科学领域，"故事"式的叙述方法是既普遍又易懂的方法，这将有助于描绘像规划这一类领域所包含的理论图景，与此同时还能够反映理论的演进发展特征，这正是自然科学领域的理论应有的特点。这是因为在自然科学领域，理论被认为是暂时性的和可被驳倒的：理论会不断发展并得到改进，因为它们随时都必须接受检验。但是，像这样一种叙述方法，不仅有可能直接被一些理论所否定（译者注：某些理论可能从根本上就不能使用"故事"的讲述方法），而且从实践的角度来说要解释清楚我们是如何走到现在的将困难重重，这是因为规划理论具有显著的多样性但缺乏内在统一性，不说别的，这至少会让人看到规划没有任何明晰的潜在思想主体。此外，社会科学中的理论演进与自然科学中的理论演进是两码事：一个人无法证明抑制城市边缘地区的发展会促进城市更新。在规划中有太多的因素复杂地交织在一起，以至于难以分出哪是因哪是果。规划理论缺乏类似于自然科学领域的理论演进特点，部分解释了规划理论繁荣发展的主要方式是增加新的理论视角，而不是新理论代替已有理论。其结果是：人们可以阐述一系列碎片化的观点和理论并解释其形成的原因，但是其对规划的影响不得不让人想起韦达夫斯基（Wildavsky）的经典论断：如果规划什么都是，那么规划什么都不是（1973：127）。

回顾规划理论的兴衰更迭，将会看到规划理论碎片化带来的最后一个后果。你会发现，有些理论和思想学派会经久不衰，而有些却转瞬即逝。有一些经典规划理论塑造了我们对规划的理解和实践。在有些情况下，这些理论的流行和持续繁荣的一部分原因是它们对规划师来说很有吸引力，这些理论不断强化规划作为一项职业是建立在技术知识和先进理念的基础上的。在另外一些情况下，又是因为这些理论对规划和规划师进行极力批判，将他们描述为资本主义的傀儡或工具。此外，在规划理论的兴衰里面还存在追求潮流时尚的元素，因为学者们总是热衷求新。

所有这些问题，会使得一本关于规划理论的著作还没开始写作时就面临夭折。为什么要不厌其烦地来写一本规划理论的书呢？然而，我们也可以考虑一下与上面观点相左的一些看法。首先，虽然规划及相关理论在不断增加，但这并不表示它们具有同样的重要性和有效性。其次，我们不应该拒绝理论这个概念，因为概念与社会现实本就不是准确的对应关系。即使社会现实非常复杂以至于很难理论化，但是理论依然重要，只因为它能够使我们对某些事情进行反思，即使这些事情是离经叛道的。可以肯定的是，与自然科学理论相比，社会科学理论在涵盖范畴和实用性方面都要局限得多。再次，我们不应该放弃理论，其根本原因在于规划在很大程度上是公共部门资助和主导的活动，因此就有必要证明其存在的合法性，证明国家对土地和不动产市场进行干预的合法性。要证明规划活动的合法性就会带来两个相关问题：规划应该产生哪些不同？它到底做到了哪些不同？前一个问题需要理论，而后一个问题是对理论的影响进行评估。虽然在方法论上和实践上依然有许多重大问题需要探讨，但是这并不会将规划和其他公共干预政策分离开来。最后也是最实际的一点，就是无论规划师是否意识到了，他们在每天的规划活动中都在建立理论。总之，规划最内核的活动都是建立在这样一个理论上：和没有规划相比，有规划的世界将会变得更美好（不管如何定义美好）。

因此，对规划中的理论以及对规划进行理论化所面临的困难，既有观点反对，也有观点赞成。上述这些问题实际上并没有简单直接的答案，但是它们为写作一本着眼于帮助人们了解规划理论的书提供了基本参照。然而，需要警惕的是，我们不能帮助过度，当然也不能为了阐述清晰而强制给人一个简化的甚至是错误的规划理解。在本书的第二章，我将对该书的写作方法做更详细的阐述。但是，在这里有必要指出，要准确抓住规划理论的范畴与本质要点并予以表达，并没有捷径可寻。不过，这本书并不是孤立无援的。除开本书外，还有大量讨论规划理论的著作和学术论文。它们可能采取了不同的叙述方法，对本书是有意补充——有些属于综合介绍，有些则专注某一特定领域。

本书与其他有关规划理论的作品不同的一点，在于我在特定的思想学派里面找寻对应的理论，尝试对上述提及的一些问题给予回答。从规划喜欢征用来自其他学科和领域的各种理论来看，规划是有点像喜鹊的，不贪婪但是总喜欢收集各种东西。而事实上，有些被征用的理论根本不是真正意义上的理论，只不过是理解和看待世界的一些新方式而已。通常，这些世界观能够包含和建构理论。例如，后结构主义理论和协作规划是一回事吗？我想答案是否定的，虽然后结构主义对我们如何思考规划有深刻影响，并且也会影响我们会将哪些内容融入此类思考之中。当然，也有一些规划理论是受后结构主义启发而产生的，即使不是如此，有些规划理论至少也是与后结构主义思想的基本原则一致的（见第十章）。这些理论不仅能帮助我们理解空间的本质（例如关系理论），还能够帮助我们尝试解释这样一个困惑：看起来开放透明的规划，为什么总会伴随着理想的破灭和种种的不满［后政治理论］。另外，还有一些自诩为理论的理论，它们也可以归入到更广义的后结构主义思想中，但实际上它们算不上是理论，例如行动者网络理论，布鲁诺·拉图尔（Bruno Latour，2005）就是支持该理论的一个主要代表人物。

这本书与众不同的要点在其以更加丰富广阔是视野解读理论，为那些希望对这个称为规划理论的含糊东西有更好理解的人而写成（这个目标是否实现了就彻底是另外一回事了）。我写作第一版的时候是2002年，当时是为了上我的规划理论课程的学生而写的，当时这个目标还只是存于脑海。自那以后，事情由繁而简，日益清晰，上文所提的写作方法的合理性也得到进一步强化。

在本章的剩下部分，我将就关于理论的本质的话题和相关问题做进一步讨论，既涉及概览性的讨论，也涉及自然科学和社会科学之间在这个问题上的差别的讨论。在正式讨论某一个理论前，我会对与之相关的不同理论进行对比分析，然后论述并确定哪一个作为代表理论。也就是说，事实和理论是一种社会生产的结果。这种看法使得我们如何在各种针锋相对的理论中选择出既切合时代环境又符合人们价值判断的代表性理论成为亮点。在类似于规划的这种涉及重大判断和选择的领域，上述这种观点就显得非常重要了。

理论的本质

在开始探讨理论之前，有必要澄清我们所说的理论是什么意思。"理论"这个词用得非常普遍，可以包含很多意思，具体则取决于具体语境和用法。例如，它可以表示对那些不切实际或与实际不相干的东西的一种蔑视鄙夷，比如说在"这完全太理论了"这句话里面就是这种意思。在与这种用法对立的极端情况下，"理论"这个词则可以有更加积极的用法，比如用来批判碎片化或潜意识的一些想法，在"这缺乏理论支撑"这句话里面就是这种用法。除了上面这些隐喻式的用法外，这个词还可以用来表达各种各样的想法或命题，可以涵盖从爱因斯坦的相对论到生日和星座的关系会影响日常生活经验的这种理论。因此说，理论这个概念非常发散，但不管它的用法和定义如何，关于其具体所指还是有一些共识：

> 理论是一种解释性的假设猜想，它既可以是狭义上的，也可以是广义上的（McConnell，1981，p.20）。

> 在被用于很长时间的实践之前，（任何）所谓的理论都不能称为理论（Reade，1987，p.156）。

> 总体上，社会理论关注的主要内容和社会科学关注的主要内容是一样的：阐明人类生活的具体过程（Giddens，1984，P.vii）。

此外，理论还需要包含一些预测或解决方案类的要素，从而为实际行动提供指导。如此来看，理论会包含一系列要素。它摘取一套一般性或特殊性的原则，用来作为解释现象和采取行动的依据，并在此过程中不断接受检验和修正。

关于理论的这个定义，在不严格区分的情况下似乎没有什么争议，但是我想说的是这个定义并没有达到我们想要的样子。首先，根据这个定义，理论所指的情况可能会涉及太多。比如说，这个定义没有告诉我们如何区别理论和一般的猜想与观念；当然这个定义也没有区分理论的不同用法和层次，比如说在不同的条件下是否所有的理论都能够适用？在规划领域，这个问题尤其重要，因为长期以来，

学者们认为规划领域包括了规划的理论（theories of planning）（规
划理论为什么存在以及它要做什么）和规划中的理论（theories in
planning）（规划如何做）。其次，这个定义忽视了理论的背景问题，
尤其是知识的社会建构过程。理论和观念是对现实的客观表述，还是
某些特定群体的观点表述？数个世纪以来，哲学家对于这个问题一直
存在质疑，争执不休，我们将在后文讨论。不过在这里，我们有足够
理由认为理论可以看作某种论说形式的一部分，例如词语、陈述、象
征和比喻等。所有这些在不同的语境下所表达的意思都不相同，具体
意思则取决于具体的语境及对其广泛意义上的理解。词语能表达什么
本身就充满模糊和颇具争议，因此对其所指的具体意思的解读就不可
避免地复杂多变。这些特点使得在不同场合下如何对理论进行构造、
解读和评价具有重要启示。与上面这个观点有某种程度上的联系的最
后一个观点认为：社会科学中的理论不可能不受到社会权力和社会背
景条件的影响。也就是说，理论中包含了政治和世俗要素。有些理论
的发展是为了保护和进一步扩大强势利益团体的影响。例如，系统论
（第五章将详述）不仅仅是关于城市是如何运作的一种思维方式。它
对规划以何种方式运作组织具有重要启示，从而使得某些特定的群体
（例如规划师）凌驾于其他群体之上。这就使得我们有必要考察权力
的惩戒规驯关系和历史变化关系，以及这种关系对理论的影响。

　　因此，我们要寻求理解理论的新方法，避免对理论进行宽泛的定
义，从而解决上面所提出的各种问题。

自然科学与社会科学的区别

　　通常来说，关于理论间的区别，第一点就是要澄清自然科学中的
理论与社会科学中的理论的区别。关于两者的区别，在某些人看起来
可能比较明显。但是，在社会科学发展过程中，有一个非常强势的传
统看法，认为社会科学理论必须和自然科学理论一样，遵循逻辑实证
主义方法，努力以非常清晰明了的方式揭示可推演的一般性规律和事
实。在1996年，社会文本（Social Text）杂志发表了一篇物理学家
阿兰·苏克（Alan Sokal）的论文，论文题目是"超越界限——走向
量子引力的变换诠释学"。在该篇论文中，作者从后现代的文化理论
的立场出发，对物理学当前的一些发展做出了反思。整篇论文实际上
是一个恶作剧，目的是为了揭示那些文化理论家们引以为傲的东西在
苏克等人看来都是些荒诞不经的东西（部分内容我们将在本书后面予

以阐述)。论文的核心就是通过讥讽的手法来呈现社会科学和自然科学在方法论上和认知上的一些差别。正如温恩博格(Weinberg)在回应苏克的这篇论文中所指出的那样:

> 在人文科学领域,有一些所谓的"后现代者",他们喜欢在诸如量子力学和混沌理论等先锋领域游弋搜寻,以装扮美化自己的一些观点,例如他们所认为的经验具有碎片化和随机性特征这种看法。也有一些社会学家、历史学家和哲学家认为自然规律都是社会建构的产物。还有一些文化批判家发现,在科学研究过程中甚至是一些科学结论里,都充斥着性别歧视、种族歧视、殖民主义、军国主义或资本主义等令人不齿的污点。

自然科学和社会科学之间的鸿沟素来巨大。在温恩博格和其他人攻击社会科学的相对主义的时候,作为回应,社会科学家则激烈批判自然科学家的简化主义。与其他类似的各种争论一样,这里的问题在于双方自说自话、互不相让。量子物理学和后现代主义哲学几乎无共同语言,两者对对方而言也几乎没有贡献。然而,这些都是极端情况。在规划领域,我们需要同时处理自然科学和社会科学。早期的许多规划管控的合法性都源于要处理物理条件(例如贫民窟的住房)和社会问题(例如不健康问题)之间的关系。

早期的社会学家,例如奥古斯特·孔德(Auguste Comte)、埃米尔·涂尔干(Emile Durkheim)和马克思·韦伯(Max Weber)都曾尝试将社会研究置于一个更加科学的基础上。然而,这是一种逻辑实证主义者思路,维也纳学派将其作为典型予以了批判,他们认为:如果某样东西不能被观察,那么它就不能被证实;如果某样东西不能被证实,那么它就是形而上学的且无意义的东西。虽然逻辑实证主义作为一种方法大部分都被扬弃了,但它还是以聚焦于经验主义的方式影响着社会科学的发展。有一种观点认为自然科学和社会科学的共通点就是要寻找一般性的规律和因果解释,这种想法就使得相比之下社会科学看起来要低级得多。例如,在社会科学中就不存在类似于可以解释和预测引力影响作用的自然定律。虽然依然还有不少自然主义倡导者(该类观点认为,自然科学方法论经过修正后,也适用于社会科学),但是大部分人的共识是社会不可能像解释引力原理一样得到解释,其只能得到暂时性的解释。社会科学也充满了各种相互冲突的理论，这些理论往往基于不同的世界观，比如马克思主义和自由主义。吉登斯（Giddens，1984）认为，在社会科学领域不可能存在同一的定律，因为要进行经验上的测试和验证困难重重。其中一个问题就是要把理论和被理论化或概念化的社会对象区分开来。社会有一个特点，它涉及的价值、意义和行动等总在不断变化。因此，要验证一个被社会采纳的社会理论或思想，我们不能说这可能，但它一定是非常困难的，因为被社会接受的思想理论会改变原有的社会，从而使得可用于验证理论的原社会状态已不复存在。另一个问题涉及我们的世界观在多大程度上形塑了我们对社会的理解：例如，要观察和测度社会阶层的各个维度，就要求我们要相信这种现象存在，即使它存在争议。而在测度社会阶层时，其前提假设就是我们已经相信社会阶层现象存在，而这本身就是一种政治立场。所以，这里始终存在社会背景和时间差的问题。一方面，社会科学永远不可能与其研究对象完全分离开来；另一方面，一些新思想在过去某一阶段可能可以称得上是新的，但现在可能已经被接受了并显得熟悉平常。因此，社会理论不仅能够对社会进行反思，而且反过来还会以某种方式重塑社会，而这一点是自然科学做不到的。这种区别在某些时候也被认为是一个开放系统（例如社会）和一个封闭系统（例如关于引力的自然定律）的差别。但是，这并不是要把自然科学提升到一个高高在上的位置，认为其在事实与理性上占据垄断地位。我们要说的是自然科学和社会科学是以不同的方式研究事实的不同外在表现。当然，我们也不是说自然科学的理论和方法没有问题。

在18世纪，苏格兰的哲学家大卫·休谟（David Hume）对科学中的归纳法这一基石进行了考察。归纳法是利用可得的证据作为基础来构想定律和理论。例如，如果我观察到500只白天鹅，按照归纳法我看到的下一只天鹅也应该是白色。然而，第501只天鹅也有可能正好是黑色，从而彻底打破我的预测。归纳法利用过去的信息作为基础来预测未来，这种方法也是大部分科学研究的基础。基于归纳推理的一般化结论和理论通常超出人们所知和所能观察到的现象，其永远不会是真的，甚至是连真的可能性都没有。因此，许多的科学都是基于猜想。这样一种情形就是后来大家所熟知的"休谟难题"（Hume's puzzle）。休谟和他18世纪的同行们在当时只是把这个情形看作一个非常有趣的哲学问题而已，毕竟他们是生活在18世纪，牛顿在当时新发现的运动定律都是基于归纳法提出，并且为人们学习和控制自然世界打开了全新篇章。这些定律行之有效，因此我们为何还要对得出这些定律的方法进行质疑呢？

　　事实上，这些定律并不是在所有情形下都是行之有效的。在发现量子力学、爱因斯坦的相对论和新近出现的混沌科学和复杂性科学后，牛顿的定律被证明在某些情况下是错误的。但是，如果是为了日常生活的这个目的，牛顿的理论和爱因斯坦的理论两者之间存在区别是没什么关系的（实现人往返月球，牛顿的理论可以做得很好）。不过，许多社会科学家还是将这种差异作为证据，认为自然科学努力寻求的客观真实是不存在的。基于此，卡尔·波普尔（Karl Popper）和其他一些学者得出结论：对于科学推理，没有哪一部分是不存在问题，尤其是基于归纳法的科学推理。作为对归纳法的替代，波普尔发展提出了对科学进行解释的新方法，也即证伪法。波普尔坚信，除了对模式和规律进行最基本的人类探求外，没有必要超出这种探求进行归纳。因此，好的猜想和理论就应该离经叛道、挑拨刺激，用以检验和证伪当前的理论。证伪法拒绝认为理论就是正确的，相反，它将理论看作推测性的和暂时性的真实，只要这些理论没有被证伪。我们再举天鹅的例子，用证伪法的话，则先提出一个假设："所有的天鹅都是白色的"。在观察世界的过程中，这个假设将一路面临检验，在被证伪之前，它都可以是一个"暂时的真理"。采用这样一种方法，人类的知识可以通过这样一些无法证明但却更易于证伪和更准确的理论获得进步。

　　波普尔的思想产生了极大的影响，但是它还是受到了包括来自学派内部的批判。证伪法（逻辑实证法亦如此）的一个重要的问题就是其所谓的观察。根据证伪法，对理论的拒绝要基于观察。因此，如果观察到的结果背离理论，那么理论就应该崩塌。但是，就像许多作者，包括波普尔自己所意识到的一样，基于观察的陈述也是极其容易犯错误的。让我们看看图1.1，你看到的

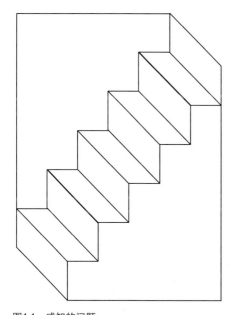

图1.1　感知的问题
　　来源：基于Chalmers，1994，p.24。

是一个从下往上的楼梯还是从上往下的楼梯？有可能不是一个理论错了，而是观察本身错了。在现代物理学里，许多原子级别的实验只有借助于仪器这个媒介才能够实现，这就使得观察的结果受到人为测量方式的精确性的影响。根据这个观点，理论就不能被确凿无误地证伪，因为证伪法所依赖的观察陈述，其本身就有可能被证明是错的（Couvalis，1997，p.63）。

此外，伊姆雷·拉卡托斯（Imre Lakatos）还对另一个更深的问题进行了探讨。拉卡托斯认为，不能因为某一个理论违背直觉或被证伪就简单地将其否定。许多理论，如前文指出的那样，都是时代的产物。哥白尼和牛顿两者都曾为了让人接受他们的理论而努力斗争过，因为他们的理论与当时的思想是相去甚远的。在拉卡托斯看来，在一个更好的、能够取代当前理论的新理论出现之前，科学永远都不会抛弃当前的理论。所以，仅仅证伪是不够的。对旧理论进行批驳否定后，其本身就会留下一个真空，然而科学家们实际上还是会采用一个即使被证伪了的理论，除非一个更好的解释能够产生。

这个想法，与托马斯·库恩（Thomas Kuhn，1970）有着为人熟知的联系。波普尔主张逻辑的与抽象的证伪，认为科学是知识的不断累积。但是，库恩认为科学是在大变革这一基石上不断前进的。科学就是要探究不同的范式或现实观，而这些范式和现实观通常都囊括了某一领域的当前知识。一个范式一旦建立，就开始受到研究者对其局限性的挑战。然后，问题会不断出现，不仅得不到解决，而且当前的范式也无法对其进行解释，这种情况会一直持续到新的范式出现，旧的范式被抛弃为止。不同的范式将会有非常不同的世界观，通常会使得他们相互之间不能相容。对于这一忧虑的阐述，库恩引用的一个经典例子就是人们常说的"哥白尼革命"。

地球位于宇宙中心的想法最早由亚里士多德（Aristotle）在公元前4世纪提出。这一思想在科学中占据主导地位，并在基督教的教义下不断得到强化。然而，在16世纪，波兰的天文学家尼古拉斯·哥白尼提出了日心说理论（太阳中心论），该理论很好地解决了基于地心说无法提供令人信服的解释的一些问题。问题是，哥白尼提出的日心说理论的某些方面他自己无法给予证明，因此在被地心范式约束的科学群体里并没有得到很多支持。在100多年的时间里，哥白尼的这个想法都是一个非常小众的科学范式。通过观察，意大利的物理学家和天文学家伽利略证实了哥白尼的想法。伽利略发现，行星和其他星体运动是按照哥白尼所预测的方式变化的。虽然如此，当时的科学机构并没有被说服,他们还是站在亚里士多德的地心说这一立场。更严峻的挑战还在于,伽利略的想法被教会抨击为异端邪说,并且迫使其放弃自己的这些理论。日心说与圣经所言不可调和,所以它是错的(1992年,教皇纠正了这一决定)。伽利略的这些思想后来对艾萨克·牛顿和其他学者都产生了影响,但是直到17世纪的后期,宇宙日心说才普遍被科学所接受——距离哥白尼首次提出这一观点已经200年了。

　　库恩用哥白尼的例子说明科学范式是如何运行的。关于宇宙的地心说和日心说属于不同的世界观——两者在寻求证据上没有任何差别。再一次,库恩的思想产生了极高的影响,不仅表现在其论证解释上,还表现在其提出的批判和由此开启的新方法上。然而,当前依然普遍存在这样的假设,认为科学家作为科学群体和科学个体都是理性的存在,也就是说他们在拒绝和选择某些理论的时候会以证据为基础。但是,库恩关于科学进步的革命性观点使得人们开始关注科学的主观性和规范性等方面的问题。专注于科学的主观性,也即人们所谓的科学相对观:

> 　　对相对主义者来说,判断理论好坏的标准将决定于支持这些理论的个体或群体的价值观和兴趣,因此,科学与非科学之间的区别将随情况变化而变化(Chalmers,1994,p.103)。

　　这种相对主义使得不同的理论可以相互并存,每一个理论都有权说自己在正确性和合法性上都是同等有效的。比如说,马克思主义和自由主义观点是可以对立共存的,处于统治地位的自然科学与其他领域的知识也是可以对立共存的。持相对主义观点的中心人物是保罗·费耶拉本德(Paul Feyerabend,1961,1978,1981,1988)。费耶拉本德的许多作品都源于他对自由的关注,尤其是对自然科学的统治地位及呈现和理解自然科学的方式的质疑:

> 　　因此,一个美国人现在可以选择其喜欢的宗教,但是不允许要求他的孩子在学校学魔法而不学科学。国家和教会是相互分离的,但是国家和科学不是分离的。(1988,p.299)

　　在美国，关于进化论和神创论之间的论争由来已久，这和上面所言的情况类似，它们都属于相互竞争的不同世界观，但两者都有自己的合理性。在规划领域，这种相对主义是后现代主义和后现代规划（参加第八章）的重要特征，虽然倡导性规划（第七章）也主张规划要融合相互竞争的不同观点。基于类似的思路，其他学者对科学家自身的客观性也提出了质疑。正如库瓦尼（Couvalis，1997）所指出的那样，科学家们通常也会受到外界因素的影响，这些因素与证据可能没什么关系，但是与该理论是否利于壮大他们所属的社会群体有更大关系。例如，巴内斯（Barnes）和布鲁（Bloor，1982）就宣称科学家们接受某些理论的原因并非全是基于纯粹的科学证据。他们发现了一种他们自己所谓的"强势程式"，这与库恩的范式有些类似，会支配科学中的思维、方法、理解和结果。举个例子，想要通过考试的学生会反复复习考试涉及的重点内容；同样的，由于科学在社会上被赋予了支配地位，因此公众会接受科学这样一种"强势程式"，并认为其是真理。但是，巴内斯和布鲁并不是宣称"强势程式"总是错误的，而是指其可能是错误的。不管这种强势程式是否有效，科学家、研究人员、学者和学术团体都会认可它并认为其就是真相或优势论说。

　　还有其他一些学者，例如隆基诺（Longino，1990）也以令人信服的方式阐述了数据的组织和解释方式受到社会价值观的影响。利用同样的数据可能会产生各种理论，但在逻辑上这些理论还是会具有一致性。因此，如果一个理论被采纳而另一个被废弃，这里面一定存在某种原因，这个原因与客观的科学也许没什么关系，但与社会因素的关系可能更大。实际上，有大量关于这个话题的作品［例如，对这个话题的一个很好的讨论，可以参见第一章和第二章的弗吕比约格（Flyvbjerg，2001）］，最后，有一个影响日增的作品我认为值得在这里给大家介绍。有三位社会学家，分别是布鲁诺·拉图尔（Bruno Latour）、米歇尔·卡隆（Michel Callon）和约翰·劳（John Law）。他们提出了大家所熟知的行动者——网络理论（Actor-Network Theory，ANT），用以理解科学与社会之间的关系。在第八章、第九章和第十章讨论后现代主义的时候，我将重回ANT这个话题。在这里，我想探讨ANT对理论和知识在自然与社会科学中的传统区别的一些思考。ANT起源于对实验室和外在世界的关系的关注，而关于这个关系的探讨则是由库恩开启。ANT不聚焦于相对主义思维，而是强调科学与社会的相互依存关系并对此进行了探讨。基于库恩和福柯（Foucault）对权力和知识的理解，ANT认为科学并不是独立于社会而"在他处"的，而是彻底的具有政治性。显然，这种观点拒绝承认自然与社会是有差别的，而所谓的差别只不过是建立在这样一个假设前提，也即知识为社会提供了一面反映其本性的镜子：

> 知识是一种存在，被人掌握和利用。它由来自不同机构的专家生产，在生产过程中确保了其客观性。（Rydin，2007，p.52）

拉图尔和其他学者对这一理解提出了挑战，认为知识并不是一个客观实体，而是内置于一系列的社会关系之中：

> ［关于自然和社会之间存在差别］的这种共识的瓦解，牵涉到人们认识到了知识是一种社会建构，生产知识的机构也没有必要保持中立状态。（Rydin，2007，p.52）

路易斯·帕斯特（Louis Pasteur）成功找到治疗法国19世纪发生的炭疽病的药方以及拉图尔对这件事情的研究，作为一个例子很好地说明了科学的能量和影响力是多么地需要网络和盟友，而不仅仅是实验室（Latour，1987）。在他的分析中，拉图尔首先问及帕斯特是怎样成为如此伟大而有影响力的科学家的。在拉图尔看来，其途径就是创造一个包含不同行动者和资源的网络。这个网络横跨科学和非科学领域，着力于说服和集聚所需要的不同行动者，以便于广泛推行相应的疫苗接种工程。通过将实验室安置到农场，并且把实验室的一些技巧，例如消毒、长期记录等运用到农场经营之中，帕斯特非常巧妙地模糊了实验室和广阔社会之间的差别。在这样的场景下，"没有人说得清实验室在哪里，社会在哪里"（Latour，1987，p.154）。这种农场的运作模式一旦建立并获得成功，帕斯特就将其扩展到整个法国，从而改变了整个社会。拉图尔的分析指出，在建立科学共识和稳定科学的影响力上，行动者和网络非常重要。除了强调行动者和网络的重要性外，拉图尔对传统的二元主义，例如社会、制度结构和政府机构相互区别的观点也进行了批判。总体来说（在本章后续我将继续对这个问题进行讨论），拉图尔和其他学者对有关社会的一些观念进行了质疑，比如说对"社会不应该包括或者应该淡化诸如二氧化碳、水和臭氧层等非人要素"的质疑。他的论点是：这些现象不是非社会的，而是以积极的方式影响并创建社会：我们不应该将事、物或人工产物的"主动的社会领域"和"被动的自然物质领域"区别或者分离开来。拉图尔的分析充分说明了炭疽病菌是如何与社会紧密联系在一起，如何利用拉图尔想要消灭炭疽病菌所推行的社会变革这样一种方式来塑造社会的。

事实上，ANT的影响远不止于对科学和社会的关系的影响。然而，在这里我想说的关键点在于：科学是怎样超脱实验室并进入社会中的其他实体场地，并创造行动者［包括人和非人（具有争议性）］网络和流回到科学和科学家自己身上的权力流（这就回到了拉图尔的原始问题：帕斯特是如何变成一个具有高度影响力的科学家的）。虽然这些关于科学的相对主义或社会建构主义的观点受到许多质疑，并且从来也没有被不加批判地接受，但是这些观点对于我们从一般意义上来理解规划理论以及当前与规划理论有关的大量作品都是非常重要的。在这里有几个要点需要强调：

第一，从知识积累的角度来看，自然科学不是一定就比社会科学的地位要高。这不是说一个概括性的社会建构主义观点就改变了事物自身的特性。比如说，引力的影响不会因你的文化而发生改变；当然，无论我们把冥王星叫作行星还是叫作矮行星，都不会改变其围绕太阳按椭圆轨道运行时的质量。这些观点不是反科学，而是要强调理论和方法的社会维度以及知识是如何与权力紧密关联在一起的。回到冥王星的问题，我们可以预见：如果研究经费是让科学家来研究行星而不是矮行星，那么关于冥王星在天文学里面到底应该归入哪一类的热烈讨论将是另一番情形。这反过来则可能对知识自身的发现和特性产生影响。

第二，对自然科学的批判同样也适用于对社会科学的批判，并且有助于我们理解为什么我们总能找到一系列相互矛盾的规划理论和观点。特别地，这个现象与自然科学和社会科学之间存在的灰色地带有关。具体来说，像规划这种领域既要利用来自社会科学领域的知识和方法，也要利用来自自然科学领域的知识和方法。如果将规划师理解为某一特定领域的专家或者如约翰·劳（Law，1987）所描述的"各种各样的工程师"，那么上面所说的这种直接关联性就很清楚了：规划师会努力将来自不同领域的行为者和要素，例如技术的、社会的、自然的、经济的和政治的组织到一起，在决定了规划的技术技巧由哪些东西构成的基础上对各类关系进行组合，并划定哪些属于政治性问题，哪些不属于政治性问题（参见Metzger et al.，2014，pp.16-18）。

在赖丁（Rydin）看来，ANT提出了一个根本性问题：哪些东西可以认定为规划中的知识？这是谁决定的？在规划中，知识从来都不是一种，而是饱含反映现实的各种知识。我们没有可以依赖的用于揭示某一种客观真相的事实作为替代方案，我们应该追问为什么有些知识能够胜过其他知识获得优势特权？也应该追问哪些东西被认定为知识了？这又是谁决定的？

最后，就像在繁杂的规划实践中所执行的那样，权力和知识的关系是规划理论和规划认知的主旋律。福柯认为权利作为一种规训力量，通过各种论说和实践建构人们的日常经验，从而发挥作用。福柯的这种理论方法，有助于我们在规划中聚焦于以知识和空间为基本构成的权力装配问题（参加第八章、第九章和第十章）。

拆解"理论"

在识别和质疑了理论在社会科学和自然科学中的差别，以及理论概念在两个领域中面临的问题后，我们现在可以回到早先提出的其他一些问题：例如，是否所有的理论都一样？嘉治、史多克和沃尔曼（Judge, Stoker and Wolman, 1995）提供了一个有用的思考起点，并且识别出了对不同理论进行评估的六种类别（如下文和表1.1所示）：

规范型理论（*Normative theory*）告诉我们世界应该是什么状态并且提供达到这个状态的一些想法。传统来看，这些想法可以看作是规划的理论。例如，其可能包括马克思主义、自由主义、沟通式或协同式规划方法。

规定性理论（*Prescriptive theories*）关注理论如何做某些事或实现某些方法。传统来看，这类想法可以归结为规划中的理论。例如，其可能包括成本–效益分析法、混合扫描法等。

经验型理论（*Empirical theory*）解释和解读现实，聚焦于自变量和因变量以及其因果关系。假设构成了经验模型的一部分，它时刻接受检验和修正。例如，关于外市零售业对本市中心的影响的理论就属于此类。

模型（*Models*）是对现实的简化表征和描述。模型并不总是包括假设，但是是可以检验的。

概念框架或视角（*Conceptual frameworks or perspectives*）实际上是对不同情况和想法的语言学分析，这些分析可能会带来新的视角和批评观点，如果不通过这些分析这些新视角、新观点可能会被遗漏。有些马克思主义视角可以看作属于此类理论（虽然也可以归入其他类），它能够为诸如阶级和自由等问题提供新视角，从而对一些假设、实践和理论产生质疑。

推理型（*Theorizing*）一般来说属于总括型，它涵盖各种思想、争论和理论观点，目的在于弄清楚它们的适应性和适用性。

这六种分类方法为我们提供了探讨理论有效的深入方法，使我们能够不局限于本章开始部分对理论的一般性阐述。我们可以看到理论有多么不一样，它们扮演着不同的角色，并以不同的形态和规模表现出来。然而，这种分类方法依然引起了一系列新的问题。首先，如社会建构主义者可能会指出的那样，对所有的理论来说，其在多大程度上属于规范性？比如说，在开展实证研究时（比如说寻找证明或反驳某个理论的证据），你是否能够逃离某些特定的世界观对你选择研究什么以及如何开展研究的影响？类似的，在总结形成诊断型理论时，你会有选择地将一些观点纳入，将另外一些观点排除出去。许多诊断型理论就暗含了规范性要素，例如通过控制货币供给来降低通货膨胀，通过关押犯罪分子以降低犯罪事件。类似的所有理论对世界应该是什么状态以及应该如何运行等问题都做了一些先验的假设和诊断。这一观点是建立在上文所述的库恩等人的著作的基础上的——在自然科学和社会科学领域，我们看待事物都是被程式化了的。因此，我们将基地组织看作恐怖分子还是为自由而战的战士，这涉及我们看待世界的范式和框架，而这是社会建构的产物。这样来看，我们关于理论的观念将面临另一个维度上的新问题——在多大程度上科学可以被看作一种随机所得的过程，抑或是一种蓄意所为的过程？此过程中，科学家以各自所期为依据来找寻数据，从而支持或反驳自己的某些预期。

理论的类型　　　　　　　　　　表1.1

理论类型	特征
规范型（Normative）	关注世界应该怎么样
规定型（Prescriptive）	关注达到所期待的状态所需要采用的最优方法
经验型（Empirical）	关注对现实的解释
模型（Models）	对现实的表征或对现实的程式化简化描述

理论类型	特征
概念框架或视角型（Conceptual frameworks or perspective）	看待或构想某一研究对象的方式
推理型（Theorizing）	思考某一现象的某些方面

来源：基于Judge，Stoker and Wolman（1995）。

通过上述分析，我们至少可以认为不同类型的理论之间的界线并不是非黑即白的。按最极端的情况来说，这也是我所主张的：所有的理论或多或少都是规范性的。当厄尼斯特·亚历山大（Ernest Alexander，2003）拒绝认为有一种关于规划的一般性理论时，他给出了类似的结论：

> 我甚至可以断言，对任何实践目的来说，都不存在规划。相反，倒是在规划过程中（正如到处都是一样）存在多种多样的具体实践，而不同的规划师在不同的情境下应该（当然也是如此做的）会制定出不同的规划模型或者规划理论。（Alexander，2003，p.181）

如上文所简述的那样，强调理论的规范性特质并不是一个特别新鲜的观点，但在传统上这一特质很大程度上是内隐的而非外显的。这个观点并不会损害理论这个概念及其有用之处，当然也不会否定任何具体研究技巧的作用。但是，它指出了对理论的理解需要更加政治性和争论性的方法。这就使得我们会将理论作为一种论说来对待。

作为论说的理论

理论是一种社会建构的理解方法的核心就是理解权力和论说的关系（参考尚未关于行动者-网络理论的简单讨论）。这种方法拒绝承认有绝对客观的真理这样一回事。如果社会科学理论是寻求理解而非解释和预测，那么我们就要接受其所用方法中内含的规范性要素。这个问题与哲学上的一些根本性争论有关，在这里我们无需多说。像休谟、黑格尔和尼采等哲学家或多或少在不同程度上提出过真实是一个相对的概念，也就是说，真实会随着情景的不同而发生变化，并且与语言和文化相关。持该观点的学者普遍抱有这样一个核心观点：自启蒙运动以来，理性和科学就绑架和支配了真实这个概念，让人感觉其是绝对的和客观的。现代哲学对这种观点表示怀疑，并对其潜在的隐含之意进行批判。例如，利奥塔（Lyotard）对启蒙运动所依赖的客观科学知识这一基础予以了全盘质疑：

> 科学与叙事总是存在冲突。从科学的准绳来判断，大部分科学都被证明是谎言。但是，在某种程度上，科学并不局限于陈述有用的规律和寻找真实，其有义务让自己的游戏规则具有合理性。因此，其会根据自己的地位提出某种论说或合理性。（1984，p.xxiii）

依利奥塔的相对主义观点来看，科学宣称拥有的客观知识只不过是他所谓的叙事或故事。不过，科学自身是建立在高水平的叙事或元叙事上，其涉及准则和假设。这一点，我们可以通过观察国家与科学之间如何建立共生关系来理解。例如，科学进步通常被看作推进工商业增长的必要且重要的组成部分。不过，马克思主义者可能会认为科学最终是要服务，而且必须服务于将人类从剥削中解放出来这个目标。另外一些人也有可能将科学的终极目标归结为其他内容："对科学的客观性的渴望不可避免地会被某种形式的元叙事所构架，这种元叙事涉及明显的价值观，满载着社会的进步和人类的解放等内容"（McLennan，1992，p.332）。根据这个观点，相对论和量子力学的发现严重打击了科学揭示真实的能力，这意味着科学最多也只能无限接近而不能精准捕捉所谓的真实。许多科学家极力反对这个观点，并且邀请那些认为自己可以违反万有引力定律的人一起来发起反对。关于理性和真实的这种后现代主义观点，对事实、过程以及有关对错的绝对观点提出了一系列质疑。在此观点看来，真实是社会生产的（*socially produced*）："真实应该理解为一种有序的过程系统，其目的是为了某些命题的生产、管理、传播、流通和运行"（Fontana and Pasquino，1991，在Richardson，1996，p.282中被引用）。有一个例子就是迈克尔·福柯开展的有关探讨，他主要关注在历史进程中人类对疯癫是如何处理的。我们应该将那些疯癫的人从社会中排除出去的这个当代理论相对来说是最近才出现的。根据福柯的观点，在西方，对精神病的治疗是一种特殊的文化情形，这与许多原始社会形成强烈对比。在这些原始社会中，疯癫通常构成宗教或其他社会活动的中心："这种历史比较法既确切表明疯癫不具有前社会的特质，也表明在现代社会中将疯癫的人限制起来或排除出社会的做法既不是源于自然，也不是不可避免的"（McNay，1994，p.17）。因此，"什么是疯癫？"这个问题的答案以及要将疯癫的人排除出社会的理论并不是建立在某些科学或客观的真实上，而是建立在不断变化的社会看法的基础上。这些看法以类似于科恩的范式或所谓的论说这种方式发挥作用。论说这个概念是出了名的难精准定义，不过范·戴克（van Dijk，1997）识别出了论说的三个维度：作为语言的运用，作为信仰的交流（认知）和作为社交场合的互动。依据这个分法，我们可以把这些维度分离开来，在这里我们重点关注第二个方面，也即论说作为认知这个维度，它既包括书面交流，也包括口头交流。语言使用者通过选择不同的词语、风格、语义、（语句）重读和音调等来表达观点和思想。因此，本质上来看，书面语言和口头语言都是每一个独特个体基于个人对具体情形的理解而产生的政治行为，而且也是整个社会认可的共同语义的积累。这种共同语义的社会积累其本身是建立在如下这样一个前提的：思想和理论是由处于当时的社会支配地位并能够反映此一时期的社会特征的各种社会力量所生成的。这个共同语义积累作为一种框架为人们提供了一套语义系统，并反过来会影响人们对自己在社会中的角色的认知及自己在社会中应有的行为。到这里，我们应该清楚看到论说是如何与理论相关联并增强其如前文所述的社会属性的，而实现这一影响的途径主要是帮助我们识别社会对我们的灌输及其机制，例如通过语言得以实现。

论说是具有历史的暂时性和政治的建构性的，正如我们在福柯的著作中看到的关于人类如何对待疯癫的例子。从当代社会的视角出发，人们创造了对疯癫人群的认识，认为这些人与众不同，他们构成了对社会的威胁，因此应该被清除出社会。但是，这种认识是一种政治产品，也就是说，如福柯所展示的那样，还有很多不同的看待疯癫的视角和可能性，只不过这种认识最终占据了支配地位。福柯指出，对疯癫人群采取限制的手段总是被粉饰为一种仁慈行为。然而，他进一步声称，这实际上是对社会中的懒散行为的一种遏制，因为在社会中廉价劳动力是必要的。在最近些年里，我们可以看到，现在在很多地方对疯癫人群进行限制的做法已经不太普遍，取而代之的是对其进行基于社区的看护。

我们从规划中找个关于绿带的论说的例子来看。在世界范围内，绿带是为了解决人们认识到的城市增长问题而出现的，并且以不同的名义被广泛运用。尽管绿带是最为人熟知的一个规划实践方面，但是在100年前，人们可能根本不知道什么是绿带（也许人们会从字面将其理解为一条绿色的带子）。不过，这并不是说绿带这个概念在当前没有争议，其也没有得到发展。相反，绿带成了规划的一个象征，其包含了特殊的意义和重要性。对某些人来说，它代表了限制城市蔓延的一种可取的尝试；对另一些人来说，它是保障城市可持续发展的基础；而对其他人来说，它仍然是中产阶级的邻避主义［"Nimby"代表Not In My Back Yard（不要在我的后院）］的一种反映。然而，绿带只不过是作为一种社会建构而存在，其只是表达了城市不应该无限制地增长的这样一种愿景或想法，同时也只是为了让人们满怀这样一个共同愿景并让其相信有绿带这样一个东西存在。有一部分人实证研究了绿带对不同要素的影响。例如，埃文斯和哈特维奇（Evans and Hartwich，2006）强调了绿带对土地和住房价格、通勤时间、碳排放和休闲设施的可达性等方面的有害影响。然而，虽然有这些不利的证据，但是一届一届的政府好像都坚持执行绿带政策。为什么会这样？主要原因是因为埃文斯和哈特维奇（包括其他的对绿带持批评态度的人）为了迎合对规划法规本身的批判而有选择地使用数据和证据。其他一些组织，比如保护乡村英格兰运动（CPRE，2006）就选择使用不同的证据，或以不同的方式使用相同的证据论证绿带实践是一种"成功"。这再一次表明，他们的立场确定了他们将使用什么样的证据和理论来支撑自己的想法。CPRE不带一丝讽刺地对埃文斯和哈特维奇的观点做出了如下回应：

> 他们做出的许多主张都只能称为断言。有一些甚至是滑稽可笑的。此外，CPRE还发现他们使用统计数据不当，使得其在比较英国和欧洲其他国家的城市和住房问题时也是错误的。目前来看，一些政客和评论家对他们做的研究不加仔细思考就全盘接受了。在这个反驳里，我们对他们研究中包含的潜在混乱、证据匮乏以及统计方法的欺骗性给予了揭露，而这些问题都存在于政策交流智库（Policy Exchange，英国的一个高端智库——译者注）对规划、住房和环境运动的欠成熟的攻击之中。

关于绿带的论说对存在于自然科学中的客观证据没有任何诉求，因此，绿带论说中包含了一些人们普遍理解但同时也是个人化的思想元素:限制城市增长、保护乡村等。对绿带的社会化的理解与个人化的理解的结合,使得对绿带的描述既具有正面性,也具有负面性,具体则决定于某一个观点立场。在表达这个观点(或思想)的过程中,个人也会对建构和改变绿带这个论说。

"绿带"这个术语具有很强的唤起美好愿景的能力,并且能够形成人们易懂的意象,在此过程中使人接纳一些观念而排除其他一些观念。绿带论说让人能够具体理解绿带这个词,虽然其也是一种社会建构并且其意思也会发生变化。绿带论说现在已经变成了一种规范,在现代社会里它似乎代表了真实和知识。但是,影响规范、知识、真实和论说的东西是什么呢?根据上文分析,这种影响来自权力。传统上,在社会中权力的行使是清晰可见的,例如国王的权威可通过下令执行公开处决来体现。然而,在现代社会,权力的行使变得更加隐秘。例如,迈克尔·福柯拒绝认为权力是单向的(例如正统的马克思主义关于阶级的观点和关于经济权力处于支配地位的观点),相反,他认为权力存在于各个层次的社会群体和社会存在中。这种权力是不可见的,其通过构成现代生活的复杂网络而不断流动。福柯的论点是:为了维护管控,中心化的权力结构(例如绝对君主政体)已经没有必要,这是因为现代权力就是以非常精明的手段建立在管控的基础上。这种管控形式克服了中心化的权力结构的一个核心缺陷,那就是中心化的权力结构会出现功能障碍和效力失衡的问题。将政府改变为一个更加民主的系统并不是要创造一个更加公平的系统,而是要"建立起一种新的权力制度,使得权力能够更好地流通,使其无论是在经济上还是在政治上都更加高效节约"(McNay,1994,P.92)。现在,取代中心化权力的是"社会控制……这由复杂的规则、规章、行政监视和对人们日常生活的监督管理所形成的复杂网络而产生"(Painter,1995,p.9)。

监视和规范这些内化的行为规则的群体即所谓的"正常判官",例如医生、社会工作者、老师和规划师。如此一来,权力就具有规训的特点,这种规训就有利于资本的增长以及寻求资本积累的新方法。在这个意义上,福柯的分析与马克思主义方法和韦伯主义分析法就存有很强的相似性。

论述到这里,我们就可以清晰地看到规训性质的权力、正常判官和论说之间的关联关系。正是这些所谓的正常判官生成了诸如绿带这种论说并控制这种论说的运行。论述到这里,我们也可以开始清晰地看到关于知识、权力和真实的更一般化的观点。我们不应该再继续询问一个观点或理论是否正确，而应该"问真实是如何、为什么以及通过谁成了某个论点的依据而不是其他论点的依据"（Ricardson，1996，p.283）。权力以科学的真理之名获得合法性，人们认为科学的价值超过了其他知识的价值，这是由于有关科学的论说赋予了科学崇高的地位。基于这样的原因，整个社会就具有求真意向和重视科学真实的特点，从而模糊权力的存在："大量的社会实践，例如经济和惩戒等通过依据所谓的正确的论说证明这种实践的合法性。然而，这些实践应该受到基于政治动机的批判"（Simons，1994，p.43）。因此，我们可以提出结论：到目前为止，本章论证的主旨是理论可以被视为论说，可以认为是权力和政治的掩饰面具。认识到理论作为另外一种论说会被当权派的政策分析师所滥用的是理查德森（Richardson），他通过分析指出："理论观点往往会以有选择性和武断的方式被使用以便使其服务于特定的情况。很显然，这种趋势会赋予政策分析师很大的权力，而他们会指定观点、理论和最终的方法的选择"（1996，p.286）。我们可以把规划师安插到所谓的政策分析师中。规划实践者将理论用作一种论说的现象，格兰特（Grant）（1994，p.74）对其进行了探究并确认了理论饱含权力的这一特性。同时他对规划的实证基础提出了质疑："人们会鼓励符合自己规范的观点的理论；如果理论能够成为流行文化的一部分，那么其就能满足社群的需要和期待。"

因此，我们可以看到有两种主要元素被注入到了理论中：规范性元素（社会的和个人的）和论说元素，这两种元素都受到权力的影响。在规划中，对理论形成过程中包含的规范性元素和论说元素来说，其均经受着各种各样的影响。其中，有一个被特别关注的影响就是福柯所谓的"规范代理人"所承担的角色的影响，或者说就是规划师自己以及他们在社会中拥有的相对独立自主性的影响。

理论、结构和代理人

为了更好地理解"规范代理人"的角色，我们有必要评判一下这些行为者受到的各种影响。许多思想和理论包含了结构与代理之间的关系所隐含的某些观念，而这种观念能从更深层次反映这些行为人和代理人在特定情境设定下所拥有的相对自主性（Hay，1995）。在上文中我们已经讨论过了将规划师当作"规范代理人"的这个观点，该观点表明规划师能扮演独立自主的角色。但是，在社会科学中，关于这种独立自主性到底有多大的争论由来已久。他们将受到什么影响？

而我们应该关心的主要问题是：在思想上和行动上，个体（代理人）
到底在多大程度上是独立自主的？社会（结构）对他们的影响到底有
多少？按照规划语言，我们也可以问：一个规划是否是某地区本地的
要求和需要的体现？还是说它更多地受到来自中央政府或强势经济力
量的影响。在规划理论里，结构和代理之间的关系同样也非常重要，
其原因很多。第一，规划师对理论的使用可能受到结构影响带来的限
制。换句话说，规划师要想追求某个特定的方针或理论的愿望能否实
现取决于更广阔的社会背景，包括法律框架、金融和文化等。第二，
有一些理论忽视了这种关系，特别是那些规划中的理论（例如如何做
规划）。如此一来，这就会限制这些理论的有用性。理解这两点对于
我们判断理论的使用价值及其局限性甚为关键。

　　社会科学见证了对这个关系进行研究的两种基本方法：结构主义
和意图主义。结构主义强调结构在决定和塑造行动和事件中扮演的角
色（例如资本主义生产方式）（Hay，1995，p.194）。因此，结构主
义受到了严重的批判，因为它忽视了行为者的角色和影响，并且将行
为者描述为机器人。取代它的另一种方法我们称之为"意图主义"，
其走向了另一个极端，即极端强调个体的行动及其相互作用的微观政
治，并依赖于诸如公共选择理论（参加第五章）等方法。对意图主义
的批评主要集中表现在如下问题：人类行为有时具有不合逻辑的特性
以及一些不经意的行为所带来的意外后果。为此，有许多人尝试将两
者进行有机结合从而化解这种明显的二元论带来的困境。在这些尝试
中，最具影响力的是安东尼·吉登斯所谓的结构化。根据结构化的观
点，他用二元性取代了二元论。例如，不同于将结构主义和意图主义
看作两枚不同硬币的做法，吉登斯认为结构主义和意图主义是一枚硬
币的正反方面，这就将人们关注的焦点转向了对结构和代理之间的关
系，并且使人们：

　　　　1. 认识到结构的二元性：也就是结构赋能行为的同
　　时，行为也可能反过来影响和重构结构。

　　　　2. 认识到结构和代理的二元性：也就是超脱二元论
　　所认为的结构决定论（结构派）观点和代理人意志论（意
　　图派）的观点。（Cloke，Philo and Sadler，1991，p.98）

　　这样来看，结构和代理之间就存在相互依存的清晰联系："社会

结构既是由人类这个代理所构成，同时也是这种构成实现的媒介"（Giddens，1976，p.121）。结构和代理两者都很重要——人生产了结构而结构也影响了人。另一个融合结构和代理的类似尝试是巴斯卡尔（Bhaskar，1976）的批评现实主义和杰索普（Jessop，1979，1998）的战略关系法。正如贺伊（Hay，1995）所言，杰索普的方法的出发点还是多以结构主义为主，他认为在社会中存在不同层次的结构，这些结构不仅会影响人这个代理，而且还会限制可供他们选择的选项范围。不过，杰索普（Jessop，1990）在他的理论中也加入了所谓的战略选择元素，认为国家的政治和经济结构，例如资本主义等对某些代理人的战略意图来说更加开放和有利。

可以看到，吉登斯、巴斯卡尔和杰索普都强调结构和代理的融合，从他们的作品中我们可以得到的一个总结论就是行动所产生的：

> 1. 直接影响。这种直接影响主要作用在结构背景之上。这种结构背景，既是当前行动发生的背景，也是未来行动发生的背景——使得结构背景发生部分转变（但并不是一定就会如愿发生）。

> 2. 战略学习。这种战略学习主要指向所涉及的行动者。这种学习有助于提升他们对结构的觉察能力，以及对这种结构给予他们的限制/机会的觉察能力；同时也为他们在后续制定一些可能会更加成功的战略提供基础。（Hay，1995，p.201）

其他观点，特别是围绕着行动者——网络理论而产生的观点，强调社会关系和权力是代理的核心构成，但与此同时也加入了一些颇具争议的诸如非人类的行动者等新维度（比如机器、动物等）。行动者网络理论（ANT）提出了行为元（Actants）这个术语用来表示人类和非人类的行动者。在上文所述的帕斯特（Pasteur）的例子中，细菌以和人类行动者类似的方式影响着社会。ANT的一个基础性观点是它的反基础主义——也就是我们不应该预先假设网络中任何一个元素具有最高重要性，包括非人类的构成元素。这个观点反映出了后结构主义（参见第十章）所拒绝承认的结构和代理之间存在差异。根据这个看法，结构与结构内发生的各种行动之间无法进行区分。这种理解结构和代理之间的关系的观点不能给我们提供太多的帮助，特别是对沟通式规划理论而言（参加第十一章）。正如沃特森（Watson，2008）所指出的那样，沟通式规划是规划理论中的主流范式，并且其很显然是建立在结构和代理这个概念之上的。不过，这些理论对我们理解规划理论来说有两大用处。

第一，结构和代理的关系有可能能够帮助我们理解规划理论和规划实践的关系。就像我在本章将继续深入讨论的那样，关于规划理论和规划实践之间的关系以及它们之间的相互影响的讨论由来已久。学者们认为实践者忽视了理论，而实践者们则声称学者们太远离现实。但是，很明显的是两者是相互影响的。规划师不可能脱离事先掌握的规划知识和思想而开展每天的工作。上文所论述的批评现实主义方法能够帮助我们理解这种关系。如果我们把理论当作结构，把实践当作代理，那么我们就利用与理解结构代理两者之间关系相类似的观点来理解理论和实践的关系，即理论是在一个复杂的共生关系中形成的。这个看法在某些方面对早先所阐述的论说观点具有支撑作用，同时这个看法也给已有的结构（理论）增加了一个重要的新维度，即它比纯粹的代理更具有影响力。这给我们的启发是：代理人（例如规划师）根据已有的理论知识来创造和理解新理论。因此，在努力解决诸如无家可归问题时，规划师的大脑里面可能同时会出现关于住房供需的新自由主义理论和关于劳动力剩余的马克思主义理论（本书后面将这两类理论进行更详细论述）。也许，两种理论中的任何一个都不能直接应用到某一特定场所面临的特定问题中，但是它们将有助于引导和组织人们的思考朝着某个特定路径前进。

第二，批判现实主义的观点也会帮助我们理解规划师的相对自主性以及他们如何利用、解读和发展理论来服务于他们的工作。规划师不是在无结构影响的真空中工作。例如，总是存在一些规则、已有程序以及规范等来限制他们能够做的事情。当规划师说他们的行动很专业的时候，这暗示着他们在某些方面脱离了他人的影响，但同时他们也有可能低估了社会给他们带来的无处不在的影响。关于成长、社会规范甚至某个决定对职业生涯的影响等问题，规划师可能宣称任何问题都不会对他们的决定有影响，即使是以隐性的方式施加影响的可能性也没有。类似的，如规划师有时候做的一样，当他们耸肩并责难制度或一些他们无法控制的因素时，有一点值得注意的是，这样的体制或思想是他们自己或和他们具有类似特点的人创造出来的。一组决策能够首开先河甚至是创造"基于决策的政策"，这些最后会集结形成一种结构。规划师既受到结构的影响，也创造对他们构成影响的结构。

理论、时间和空间

我已经阐述了规划师和社会对理论发展、运用和解读产生影响的各种方式。现在，有必要给这个问题加上两个新的维度：时间和空间。认可所谓的"辉格历史观"（辉格派或辉格党是18—19世纪英国的一个政党派别，主张社会变革，反对保守党的政治主张——译者注）通常是有一定风险的："对导致当前发展状态的人类历史以及过去的社会和政治组织形式的评价，应该依据其在多大程度上促进或延缓了人类社会的发展进程"（Painter，1995，p.34）。在上文中我已经论证过了，理论既具有规范性又具有论说性：也就是说，它们都是在广阔的社会背景下由某些个体创建的。因此，理论具有历史不确定性，其取决于具体的文化、社会和政治环境。但是，我们是否可以认为规范性或论说性的理论观与进化的、线性的辉格历史观相一致呢？如吉登斯（Giddens，1984，p.237）所指出的那样：人类在创造自己的历史的同时也能意识到自己所创造的历史的存在。也就是说人类具有时间意识并赋予时间以意义，同时也在简单地过着时间。但是，进化辉格历史观则认为历史和理论总是朝着更高的复杂水平或理解水平发展。格尔内（Gellner）曾写道："如果不怀抱一种一切向上发展的观点，我们很难对人类的各种事务进行有效思考（Gellner，被Giddens，1984，p.237所引用）"。吉登斯认为，这种观点的危险在于其有将权力的优势与道德优势等同在一起的倾向。就理论而言，我们可以看到在当前有优势的一些思想在某种形式上胜过了曾经占据了支配地位的理论。有时候，各种理论互为基础，通过对思想的不断批判和检验而发展起来。但是，如我在上文所讨论的那样，这种发展的条件受到各种社会变化的支配，而对其进行检验的参照基石也经常发生变化。理论也经常会以响应社会变革的形式获得发展和产生。例如马克思主义理论的发展，对此我将在第四章对其进行更详细的阐述。一些理论家在1960年代开始对马克思主义进行了修正和发展，以解决新的价值问题、马克思主义的文化维度问题以及社会行为模式问题。在自然科学领域，理论发展存在进步的趋势，理论经过不断的检验和修正从而使其能够更好地解释和预测自然现象。在社会科学领域，这种线性的进展被充满各种具有随机或暂时性的理论与思想图景所取代。如我在第二章所讨论的那样，并不存在唯一的一种规划理论，使得我们可以将其消化吸收并付诸实践。相反，在规划领域中存在各种相互抗衡的思想和理论，它们或多或少都与我们的价值观和世界观有映照关系。

转到理论的空间维度，我们可以看到它的话语基础使得其在不同的地方可能会存在不同的论说。例如，从民族国家的尺度来看，透过具体的历史、文化、经济和政治之窗来看待思想，将会产生不同的解读，这一点应该是没有异议的。但是，在民族国家之下，不同的地方对思想和理论的理解也会不同。许多研究将这种现象叫作"地方效应"，认为在经济活动、劳动分工、文化传统、政治取向、空间布局和物理形态等方面，每一个地方都有独一无二的结构（例如Healey et al., 1988）。这一看法已经被称为一种"地质比喻"（Warde, 1985），因为不同层面的影响形成了不同地区独特的社会地质（social geology）。因此，可以举个例子，比如在特定的地区的工业就业这个背景可能影响历史上的某些政治态度，从而有可能导致当地对合作银行业务秉持积极的态度，进而促进小企业的发展。但是，经济并不是总是最重要的影响因素。宗教、移民和地理等都有可能对地方产生巨大影响。近来，地方（places），诸如城市、区域等，已经开始被看作是一种构件装配（assemblages）。构件装配的思想是结构—代理（structure-agency）论争的核心，它所强调的内容也是本章大方向所讨论的内容，也即理论和知识的社会嵌入性和暂时性。构件装配思想确信地方受到各种政府部门、政策、专业学说和国际资本冲击的影响（结构）。地方也绝不是简单拥有自治权和决定权（代理）。相反，"存在一种各种力量之间的相互作用，在此过程中不同的行为主体相互动员、参与、表达、引导、代理和联结，使得不同的行政管理方式成为可能"（Allen and Cochrane, 2007, p.1171）。

城市受到各种相互竞争性的需求和思想的影响，但是这些因素的运用和解读都是在地方化背景下完成的。因此，城市是各种地方安排和对各种思想、影响和潜在理论流的不同解读的动态装配。这种关于一般的理论和关于规划这种特定理论的观点能够给我们带来很多启示，但是在这里我只想说两点。第一，构件装配的思想将理论反思的焦点从理论本身——以一种"在他处"的状态存在，并且以无心之意与政策和实践联系到一起——转到了"城市政策是如何——通过怎样的实践、在哪里、什么时候以及通过谁——在全球关系背景下产生、在不同地方之间转移和再生产、在不同地方实现政治协商的"（McCann and Ward, 2011a: xix）。第二，可以很清晰地看到人们接受这样一个现实：很多相互抗衡的理论互不相让挤到某个地方并同时对其产生影响。类似地，地方的独特性也会影响思想和理论的形成、解读和修正。因此，在国家层面和亚国家层面，理论并不是固定不变的。而在多大程度上是这样的情况，则取决于理论的层级等因素。例如，像马克思主义这种更一般的理论和关于政府与社会关系的这种具体理论相比，其在不同地方则更有可能得到类似的解读。这一点看起来可能并不重要，但是当你认识到如下这样的事实的时候，它就显得非常重要了：规划通常是在不同层级的政府中予以实践的，但许多规划却是在国家层次上制定的，而不同层次的地方政府则靠对国家制定的规划政策进行解读后提出地方化的政策和规划。在世界范围内，决定权或选择权总是内在于规划和政府的，这就允许地方政府有自主解读和形成规划理论的权力。我并不想过度强调理论的这个特点，只是要强调当我们在谈论理论时，我们自己所要表达的意思在不同条件下并不一定会得到相同的理解，甚至有可能连类似的理解都不会有。

我已经论证了所有的社会科学理论都应该或多或少被看作是规范性的，也就是说，它们并不是价值中立的。理论，和真实一样，是一种社会创造，可以看作在某一特定时期理解社会的一种论说。理论本身充满权力的这一属性，使得其有可能或者说其本身就扮演着非常强的政治角色。他们并不是客观的，也不是以某种方式独立于社会的，而是社会的一部分。而社会本身并不是同质的，其在不同的时空条件下各不相同，这就使得对理论的形成、解读和运用存在不同。这就给我们带来一个在规划理论评估领域多次涉及的议题——所谓的"理论-实践鸿沟"，也即在规划实践中为什么理论可能得到应用，但也有可能得不到应用。

理论-实践鸿沟

对规划理论-实践鸿沟进行一番抱怨现在已经成为探讨规划理论时的一种习惯。沃特森（Watson，2008）就批评指出，规划理论与特定情景下的规划实践之间缺乏"很好的适配性"。另一个方面，他还指出规划理论大多出自基于英语语言的学术期刊（沃特森将这个整体叫作"大英帝国的都市中心"），这些理论与具体的规划实践背景往往存在很大的失配问题，尤其是在那些发展中国家更是如此。正如我上文简要提到的，理论研究学者总是强调他们为了给规划实践者提供理论依据，会想出来各种新理论供其使用，并帮助证明规划的合法性，但事实上是这些理论会被规划实践者全盘忽视；而规划实践者则从另一个角度出发，认为学术理论对规划实践来说作用不大甚至是毫无意义，因为实际上规划实践只不过就是基于一些常识而开展的。这样的情景，可以说是对格拉斯（Glass，1959）和里德（Reade，1987）的观点的回应。他们认为规划的合理性来得太简单、太快了，以至于它本身根本就没有内生的理论主体。针对这一情形，亚历山大（Alexander，1997）提出了一些切中肯綮的问题。

首先，是否真的存在规划理论与实践相分离的情况？其次，如果这种分离的情况存在，那又能怎样呢？再次，如果这种鸿沟存在并且事关重大，那么有什么办法能够弥补这种鸿沟呢？亚历山大给出的结论是：规划理论的每一个发展都是对过去产生的鸿沟的一种修补。也就是说，规划实践在前快速发展，各种规划理论紧随其后不断涌现，并有随之而生的拥护者会说，"不，这个理论最能够解释规划为什么要这样做，并且还能够提供如何去做的方法"。按照亚历山大的理解，理论与实践的鸿沟就因此而产生了，并且是无法弥补的，因为在这些理论中存在一个"市场"。我在上文已经提到，在这个市场中，规划师会根据需要来"摘取和选择"他们想要的理论，从而证明自己的行为和方法的合理性。正如克里夫·黑格（Cliff Hague）所形容的那样：规划师就如有收集癖好的喜鹊，徘徊在不同学科之中，找寻各种相关理论并为其所用（Thompson，2000，p.127）。关于这个观点，我在其他地方已有过探讨（Allmendinger和Tewdwr-Jones，1997）。在这里，作为对亚历山大的第二个问题"如果这种分离的情况存在，那又能怎样呢？"的回应，我认为规划实践者看到了规划理论的多样性、丰富性及不同理论的优势，但是他们似乎并不渴望知道所谓的"真理"，也绝不想知道。

如果我们认识到规划实践和规划师之间是一种持续的权力博弈的关系，这一点在前文已有阐述，那么我们就会知道主张某一规划理论的绝对"真理"地位，就会造成规划师们失去已有的各种权力和无法在实践中进行自由裁量。规划师和其他人员通过"使用"规划理论（即使是以隐蔽的方式使用），使得这些理论得到发展而得不到"证实"，但是总能保证其有利于他们自己。因此，除了亚历山大所言的理论与实践的鸿沟在本体论上就是不可弥补的观点外，我们还可以再增加一点，这个观点是有强烈的规划实践基础的：规划实践者们对弥补这种鸿沟基本没有兴趣，对这种局面形成的原因，看起来也没有人追问过为什么。

因此，到这里我们也就看明白了为什么一些当前的理论，比如说亚历山大（Alexander，1997）认为具有巨大潜力的沟通理性和协作规划（collaborative Planning）（本书第十一章有详细论述）理论并没有被规划实践者广泛采用（Tewdwr-Jones和Thomas，1995）。问题不仅在于要将沟通理性的一些原理引介到规划实践之中（尽管这件事本身就很困难），还在于这种方法会使得规划师的专家地位和规划的统治地位受到挑战，从而使得规划师失去相应的权力。这种观点将规划理论的论争看成了一个战场：关于知识和理论创造的争斗，关于权力分配和使用/滥用的争斗，关于理论如何转化为实践的争斗。这种看法，并不是理论的虚无主义，而是将其置于一个政治语境下加以考察。

但是，为什么规划师要摘取和混用理论呢？这是一个为了集权而精心设计的手段呢还是另有原因？将规划理论与实践的关系看作是权力关系的观点，只反映了理论-实践鸿沟形成原因的一个方面。实际上，还有另外一个方面需要好好进行探讨，那就是充分考虑到规划师的角色在其中发挥的作用。要想更加深刻理解这一点，我们需要先来了解一下有关国家与职业之间的关系的理论。在全世界范围来看，规划实践是一个高度官僚化的职能，总体上来看，它是由为公共当局服务的规划师来开展的。尽管有人认为规划师有可能会包含那些"被规划"的群体（例如民众），并且规划师自己也呈现出越来越多地为私人公司服务的趋势，但是在这里的分析我们依然主张规划师的工作是公共部门服务的观点。

在大多数国家，如果他们的规划是公众导向的，那么其通常就会有一个职业组织来代表规划群体和规划职业本身。在美国，美国城市规划协会（American City Planning Institute）成立于1917年；在英国，城镇规划协会（Town Planning Institute）在1913年就已经形成。这些组织将规划的自我形象塑造成为一个理性的、无关政治的、能够万能地解决问题的存在。并且其给人的感觉是涉及的公共利益都是可识别和可实现的。正如埃文斯（Evans，1995，p.55）所指出的那样：我们可能会期待这些新形成的组织能够要求职业化的规划群体能够秉持利他主义和保持政治中立，但是在规划精神里面这种政治中立和公共利益并不十分明显。相信规划的利他性和政治中立的这种信念，可以追溯到早期认为规划是慈善性质和改革性质的这样一种观点。不过，在这里我们更感兴趣的是这种观点是如何持续到今天而仍然不朽的，以及这种过程带来了怎样的影响。

一旦规划建立起来不同于其他工程类和建筑类职业的专业学会以后，它将遵循类似于其他行业发展的路径，会在规划自身、规划行业成员和政府或国家之间建立起共生（symbiotic）[或者如里德（Reade's 1987）所说的团体]关系。现在，我们就可以看到他们之间存在着一种互惠互利的基本关系。政府需要规划师来执行他们的政策，规划师及其整个行业都依靠政府这个雇主，并且还依靠政府来为他们的职业的合法性（以及相关的社会地位和社会利益）正名。这种关系对私有部门的规划师来说也存在。当这些咨询机构的规划师抱怨各种规章约束和政府官僚气的时候，他们也充分认识到这个过程能确保他们可以向客服兜售他们的时间和专业知识。规划职业化的一部分要求就是职业要有中立性和规划的专家地位。因此，规划师处于这样的职业地位时，绝不会认可那些公然反对这种"职业地位"这一现实的政治立场或观点。但是，这不会妨碍他们认可那些能够为他们的职业化正名的政治立场。

但是，在规划师、规划行业和国家这三者之间还存在一种更加微妙的关系。在规划行业中，注册规划师，也即美国城市规划协会或皇家城镇规划协会（Royal Town Planning Institute）的会员，往往会占据统治地位。如果你不是会员，也可以是一个规划师，但是相应地你的职业生涯肯定会困难得多。作为一名会员，协会的法规和职业道德会对你进行约束。为了使规划师协会与政府间保持一种特权（或团体）关系，协会必须向国家保证其所辖的会员遵守规章制度、饱受教育，且有能力执行具有中央导向性的规划政策、规划过程和规划体系。因此，政府不会与规划师进行协商，他们会与规划职业主体进行协商。作为回应，规划职业主体会对其会员进行约束，并确保他们能够与政府合作并执行政府的响应目标。

现实当中的情形要比上面所述的这种赤裸的直线过程要稍微复杂一点，尤其是在服务于地方公共部门的规划师被赋予了自主性和自由裁量权的时候更是如此。有证据表明，的确有规划师可以并且也做过不执行政府所拟定的政策（Allmendinger，1997）。但是，规划师所依靠的职业地位会限制他们能够采取特立独行的规划行为的程度，当然也会限制他们受到社会科学相关方法影响的程度，因为这些方法能够提供的观点、看法和可用选项是非常有限的。正如埃文斯（Evans，1995，p.46）所描述的那样：

> 显然，这个过程具有双向性。在各自的行业领域，职业主体被国家赋予了很高的地位，因此他们对政策事务影响很大……同时，国家也会将这些专业知识和相关证书予以法律的认可。作为交换，国家期望这些专业主体能够在特定的约束条件下参与到实现政策目标的过程中来。

规划师、规划职业主体和国家的这种关系就使得规划师不可能作为一个"自由体"对已有的论说或理论进行客观的审阅、探索甚至是发起挑战。此外，还有许多学者［比如里德（Reade，1987）、索恩利（Thornley，1993）、埃文斯（Evans，1993，1995，1997）］还指出了规划师角色的所谓内在矛盾。虽然规划师自诩为非政治性的技术专家，但是在英国大约80%的规划师都受雇于公共部门，他们承担的责任就是要执行中央或地方政府所偏爱的政策。例如，虽然英国皇家城镇规划协会（RTPI）的行为法典明确指出规划师要"以他们最好的职业技能和知识来毫无畏惧、毫无偏见地行使他们独立的专业判断"（1994，p.1），但是一个人如果毫不考虑他们的雇主同样重要的这样一个现实，那他可真能算是一个勇敢（愚蠢？）的人。美国城市规划协会的法典也有类似的条款（Howe，1994）。因此，规划师必须要时刻努力调解三个潜在的矛盾影响：他们自己的个人和职业情怀，他们雇主的目标以及职业协会明确的相关法典和职业道德。我将在第七章对这些内容做更详细的论述。

另一个问题是规划师到底在多大程度上能够宣称自己是基于"公共利益"在行动。先抛开定义"公共利益"这个困难不谈，规划师作为不同发展方案的协调者，他们必须要和私人利益群体进行合作以实现某些目标，例如满足住房土地的供给需求，或者确保为工业的扩张和发展提供充足的土地。但是，如果土地所有者没有意愿开发他拥有的土地，那么就没有任何理由让他现在为一个社区的未来的发展提供土地。当然，规划师自己作为发展的约束调节者，必然与工业发展本身之间存在一种非常密切的关系。虽然许多规划师已经认识到了"公共利益"具有偏狭的自然属性，但是声称自己的公正性的这种做法还是广泛存在（Evans，1995）。

我们可以看到，上面这些讨论和前文关于结构和代理人关系的讨论之间存在极大的相似性。我们在前文已经看到，吉登斯（Giddens）尝试否定代理人和结构的二元性，认为"社会结构是由代理人构成的，但同时也是这个构成过程所依赖的媒介"（Giddens，1976， p.121）。巴斯卡尔（Bhaskar）和杰索普（Jessop）则更进一步认为某些特定的经济和社会理论在提出来后可能更容易被某些国家结构所接受，尤其是那些支持已经存在的国家结构，比如说资本主义或者政府的中心地位。在这里，我们可以充分看到这三个主体（规划师、行业协会和国家）是如何重视和强化他们各自的现实地位以及如何行动以遏制可能的改变。

同样，我们也可以看到为什么规划师要摘取和选择理论。由于他们面临的压力（比如来自个体的/职业的，被雇佣者的、行业主体的和国家的）通常是相互矛盾的，因此他们在不同的场合会选择不同的理论和方法来自圆其说的行为就不足为奇了。在本质上，这不是某个规划师的错，而是因为他们陷入了一个无法解决的困境。但是，在我们同情规划师之前，我们需要记住三件事：第一，事实上大部分的规划师都坚信他们是中立的和无关政治的；第二，他们利用自己所处的职业地位（工作、社会地位等）取得了非常可观的收益；最后，几乎没有什么压力来促使规划师来改变现状。

在这里，我们要担心的问题是：上述影响在多大程度上会影响到规划师们提出、解译和使用理论。这个观点认识到了这样一个事实：理论的提出并不局限于学术圈，基于受到的一系列影响，规划师他们自己有能力并且也会提出理论。当然，这些影响包括但不局限于来自教育机构和研究机构的影响。

在本章，我竭力尝试要做的事情是对规划理论这个概念进行发问，勾勒并探索其社会和政治基础。很清楚的一点是，当我们谈到规划理论时，它远不只是一个关于模拟、预测和理解因果关系的简单概念。如果真按照这样来理解，那么当前被认可的很多规划理论压根就算不上是理论。规划决不会如此简单。理论作为工具，其所能揭示的东西和它所掩盖的东西几乎一样多。通常情况下，我们的关注点在于考察某个特定的理论是否与事实相一致，或者关注其在多大程度上能够准确告诉我们某些事情。在这里，我们所阐述的观点对被哲学家称作"真理的一致性观点"提出质疑，主张从相对的角度和社会植入的角度理解理论。我们不应该问一个理论是否"有效"，相反我们应该问为什么这个特点的理论会被使用，是谁在使用，出于什么目的来使用。与讨论理论是否与事实一致相比较，这些问题的答案同样非常重要（如果不是更重要的话）。

第二章
规划理论的当前图景

引言

在第一章，我尝试对理论的观念进行了问题化，并对理论的一些基本假设提出了疑问，认为理论这个概念在很大程度上还是建立在论说和社会建构的基础上。在这一章，我打算集中注意力来探究章所述的观点如何帮助我们更好地理解不同的规划理论，以及通过类型学的视角来理解这些理论是如何建立相互关系的。

就像我在第一章初步论述的那样，有一种假设认为规划作为一种职业，需要某种形式的理论或思想来支持规划自诩的声明：它们有特别专业的知识（作为一种职业的必备前提条件）。但是，什么是规划理论呢？我们需要它们吗？理论的相关观念也许没有用？有一个顶级的规划理论家在一本书中介绍了协作规划（参见第十一章），但是在论述过程中对"理论"这个词只字未提：

> 每一个领域的进步努力都有自己的思想史、实践史，当然也有自己辩论问题的传统。所有的这一切就好比一个包含了经验、迷思、隐喻和观点的店铺，身处其中的人可以以这些素材为基础，不断发展属于自己的思想观点。这个店铺为理解规划和践行规划提供建议、忠告、秘方和技巧，为新思想的使用和发展提供启发。（Healey，1997，p.7）

这种观点更符合第一章中提出的论点：如果规划可以在没有理论的条件下依然能够存在，我们是否还可以谈论规划理论？如果可以，那什么是规划理论？对于诸如罗宾·汤普森（Robin Thompson）这样的人来说，"传统"的规划功能被总结为聚焦于"问题"。对这些问题的思考，比如考虑城市更新和经济发展，需要跨越专业界限思考才能实现。要做到这一点，则需要新的技能和知识。这使得认为规划存在核心理论的想法和过去关于规划理论的想法相比而显得更加经不起考验。然而，在动态易变的社会背景下，对理论这个概念的理解显得尤为重要：

> （理论）为我们在实践中理解新思想的定期融入提供了一个方法。理论可以成为一个预警系统，为规划师迎接新影响做好准备。它还可以帮助规划师来思考如何将这些新影响纳入当前的实践之中，其可能产生的后果是什么，以及其他的可能性响应是什么。（Thompson，2000，p.130）

在历史上曾经有一段时间，人们可以自信地进行规划理论的讨论。对于安德鲁斯·法卢迪（Andreas Faludi）来说，规划就是"将科学方法，无论这种方法是多么粗糙，应用到政策制定之中"。这种观点将规划师视为专注于流程、程序的技术专家，这些流程、程序也即是所谓的方法，而政治家和其他人则负责设定目标。基于这种想法，"他们"（公众）和"我们"（规划师）的关系，则不可避免地被理解为家长式和恩赐式的关系：

> 将目标制定的主要责任放在规划师身上的最有力的论点之一……就是专业人士的传统假设，他们认为在某种程度上规划师比他们的客户建议制定所依据的具体情况了解得更多。（Chadwick，1971，p.121）

对查德威克（Chadwick）和其他人来说，规划实践是由某个"统一的规划理论"支撑的。在过去30年左右的时间里，这种自信和傲慢已逐步被不确定性和内省所取代。出现这种情况有两个原因。第一个原因是人们认识到这种技术专家方法并没有解决规划者和其他人试图解决的问题。例如，（Sandercock，1998，p.4）以责难的口吻指出，基于技术专家模式的规划是反民主的和反种族的，对性别差异盲目不顾，将文化进行同质化处理。而规划中需要真正解决的各种问题要么毫不涉及（比如贫穷和无家可归问题），要么使问题更加恶化（比如财富不公），同时规划提出的一些解决方案其本身还有可能带来更多的新问题（比如城市快速道路和高楼大厦的街区等）。因此，一个统一的规划理论完全是一个虚妄的想象。就如在第一章摘引韦达夫斯基（Wildavsky）的经典论断一样：如果规划什么都是，那么规划什么都不是（1973）。

第二个原因不太具体，涉及过去30年左右持续不断地对规划的理解极其广泛的变化。这些变化涉及我在第一章中的相关讨论，包括库恩（Kuhn）的范式，费耶阿本德（Feyerabend）的相对主义观点，利奥塔（Lyotard）对元叙事和包管一切的理论的否定，以及权力和论说在理论的形成、解读和应用中的相互关系等。有些人将这种广泛的变化称作后实证主义。这个称谓本身的产生源于人们认为社会理论并非是对普遍真理的追求，而是要认识到理论本身的语境，包括它们产生的社会和历史背景，这些背景不仅会塑造理论，也是我们评估这些理论的依据。

对规划理论理解的这种变化与传统的规划观点直接冲突。传统观点认为规划理论是基于"观察的中立性和经验的给定性；表述理论的语言的确定性和支撑理论解释的数据的独立性；理论知识成立的条件的普遍性和理论选择的标准的通用性"（Bohman，1991，p.2；Flyvbjerg，2001）。取代这些想法的就是我们后来所看到的后实证主义，它对"规划"这个最关键的概念提出质疑，主张有关规划的某些理论发展路径上充满了非决定性、不可比较性、多变性、复杂性和目的性。后实证主义方法要求从传统规划编制所依赖的因果理性分析转向对意义的发现和肯定（Moore Milroy，1991，p.182）（参见第八章和第十一章）。对于一些人来说，这种态度是"反理论的"，它强调批判和分析，淡化那些潜在的结构性驱动因素，也即马克思主义者所描述的上层建筑而非底层因素（参见第四章）。在规划实践中，这表现为向实用主义的转变以及对事件和情境的应对，这些变化构成了一段浓墨重彩的规划史（参见第六章）。在日常生活中，我们将"规划"这一术语理解为要将现实的行动与规划的远见紧密相连，而后实证主义者则主张采取更加实用、响应及时的态度。可以说，这两种观点之间存在着相互角力的紧张关系。

什么是实证主义以及它是如何影响规划的？实证主义要寻求"一套在所有科学领域都一样的一般性方法规则和推理形式，使其既适用于自然科学也适用于社会科学"（Bohman，1991，pp.16-17）。它试图基于真实（事实）而不是想象的知识或虚构事物来系统化人类生活，这类似于在第一章中讨论的自然主义。因此，实证主义试图将知识建立在经验观察或数学发现，竭力揭示"真理"或客观事物之间的关系。在规划中，实证主义的高潮可以在20世纪60年代的系统方法和理性方法中找到（参加第三章）。价值观或政治被淡化以为实现目标提供方案，如"减少交通拥堵"。这个目标一旦设定，那么所有基于实证主义的调查研究都朝着这个终极目标努力（聚焦于对"问题"性质的考察，使得实证主义者自然而然地会忽略实证主义对目标制定本身所产生的影响）。

这种将事实与价值相分离的处理方法本身就是实证主义的一个问题。在第一章中，通过对观察和理论的社会背景的分析，我已经强调了这一点。这些问题的存在在一定程度上构成了人们寻求其他替代方法的原因，他们希望这些方法不仅不能隐没价值，而是要将价值识别和展现出来。因此，后实证主义者强调：

· 拒绝实证主义对理论的理解及其相应的方法论，全面拥抱将理论和学科置于广阔而特定的社会和历史背景中来理解的方法。
· 决定采纳互为竞争关系的各种理论中的哪一个理论时要有规范性的准则。
· 解释和理论的变体无处不在。
· 将个体理解成为具有自我解读能力的自治主体。（Bohman，1991）

后实证主义观念认为规划师作为顾问是可能犯错的，他们和我们普通人一样，在一个复杂的世界中开展规划工作，在这个世界里，没有确定的"答案"，有的只是各种不确定的选项。后实证主义规划的重点是利用规划语言并通过语言使得规划"产生意义"，而不是求助于现实的客观证据。这种观点认为理论是经过不断的反复讨论被创造出来的，并且认为我们也应该以这种方式来理解它。例如，费歇尔（Fischer）和福雷斯特（Forester）就将这种对理论的新的理解及其与规划的关系转称作20世纪哲学中的"语言转向"（linguistic turn）（1993）。现在，有些规划理论学派直接借鉴后实证主义的观点。协同规划（第十一章）和后结构主义/后现代主义规划（第八章）是两个最明显的例子，不过某些形式的实用主义（第六章）也继承了后实证主义的观点。

这并不是说规划理论从实证主义到后实证主义有一个非常明显的转变。相反，规划的思想和理论呈现出来的是一个相当混乱的图景，这就使得任何关于规划理论的书都不可能那么直截了当地对其进行阐述，这个观点我在第一章已有阐述。马尔科姆·格兰特（Malcom Grant）指出了规划及其理论具有折中的特性：

> 规划本身并没有发展成为一门知识学科。它没有原始的学科基础。它没有自己的第一原理，而是借鉴了某些基础学科，包括法律、建筑、设计、地理学、社会学和经济学。这些基础学科之间的平衡关系一直在变化，因此，规划的知识基础具有非常强的可塑性和动态性。这是规划具有丰富性的重要原因。这就意味着在规划到底拥有什么以及它应该发展什么这两个问题上，其内在的确定性和其他专业相比较要少得多。

因此，这里面临的主要问题是：在这卷书中到底要把哪些理论包含进来？另一个问题是，在这样一个支离破碎的规划理论图景中，如何提供一种概念化的方式来理解规划理论。传统上，后一个问题通常是通过所谓的规划理论类型学来解决，其方法是对不同的认识论进行识别和分类。我相信，一本关于规划理论的书到底应该包含哪些理论这个问题的解决方法，应该来自于我们如何概念化或构建这一主题。

规划理论的类型

类型学有三个基本功能，它：

· 通过系统地对相关概念进行分类来纠正错误观念和概念的混乱。
· 通过明确定义给定主题的相关要素来有效地组织知识。
· 通过描绘不同特性的主要部分和要点来助推理论化以利于未来的研究。（Yiftachel，1991）

　　对某个思想及其实践所涉及的学科领域、方法、语言和发展史，类型学提供了一种框架或一种共识。因此，对于任何涉足某个学科领域的人来说，类型学虽不是最根本的但是却是非常有用的。就规划这个领域而言，也不例外。在规划及其理论的多面性和折中性上，已经有了大量的评论（例如Reade，1987）。和社会科学的其他领域，比如说经济学，或者其他专业领域，比如说医学相比，规划具有很大的不同，它没有内生的理论体系（Sorensen，1982）。形成这种局面的原因可以公开讨论，不过里德（Reade，1987）认为主要有两点解释。首先，规划作为一项国家活动在政府将其合法化之前，它无法将自己合法化。规划受到许多有影响的社会团体的支持有各种各样的原因，但是这些原因并不能凝聚成为一套理论来解释为什么规划会存在以及规划应该如何组织开展。第二个原因，里德（Reade）认为是规划师他们自己对理论和理论化不感兴趣，而只是关注规划的技术方面的问题——我在第三章将这个特点总描述为系统论和理性规划（Reade，1987，p.157）。对于那些直接面对日常规划实践工作的规划师来说，规划理论在最好的情况下就是对工作没有帮助，在糟糕的情况下就是会阻碍任务的完成。规划并没有自己的理论，而是借鉴来自不同学科的各种理论和实践。因此，规划类型研究在帮助理解规划的各种影响，思想和理论方面发挥着重要作用。

　　在20世纪80年代初之前，主导的规划理论类型学是由法卢迪（Faludi，1973）提供的，他的方法基础是对实体理论（substantive theory）和过程理论（procedural theory）进行区别："过程理论注重对决策方法进行定义和论证，而实体理论则关注与规划内容有关的跨学科的知识：也就是城市土地利用"（Yiftachel，1989，p.24）。因此，过程和方法是规划和规划师的核心业务，理论则由系统的方法和理性的方法主导，两者都强调过程高于规划实体。这种"实体—过程"的区分方法受到了来自托马斯（Thomas，1982）、帕里斯（Paris，1982）和里德（Reade，1987）等人的攻击，认为法卢迪不应该将规划描述成为无关政治的技术性活动。为了应对这些批评，在后续的理论发展中法卢迪（Faludi，1987）仅仅接受了不同类型的实质性规划理论是的确存在的看法，但是他认为规划应该关注的还是过程理论。尽管有这些批评，但实体—过程二元区分仍然是理解和探讨规划理论的最流行的一种类型学方法（Alexander，1997）。这一部分原因在于规划与理性论和系统论的共生关系，这种关系既存在于学术文献中，也存在于主导实践的建筑师、工程师和测量师之中

（Sandercock，1998）。

规划理论和实践中的"实体—过程"这一基础性分类方式的支配地位一直持续到20世纪70年代后期。这一状况"直到第二次世界大战后关于规划的统一共识，和其他领域一样被瓦解而形成多种多样的流派观点后才发生改变"（Healey，1991，p.12）。许多研究都对这些流派做了描述（例如Underwood，1980；Healey，McDougall和Thomas，1982；弗里德曼，1987）。然而，早期这些流派呈现出的碎片化的局面被认为是与（传承或反对）法卢迪（Faludi）的"实体—过程"的分类有关。比如说，希利（Healey）对1970年代的规划理论中的各种理论立场的描述就参照了过程规划理论（Healey，1991）。因此，根据"过程规划理论应该以社会福利这个目标为导向"（1991，p.13）的观点，社会规划（social planning）和倡导性规划（advocacy planning）被认为是对过程规划理论的发展（1991，p.13；参见图2.1，源自Healey，McDougall和Thomas，1982）。和"实体—过程"的类型划分法相比，这种对规划理论的渐进式理解，似乎忘却了基于后结构主义的规划理论与之前的规划理论之间有着深刻的裂痕。在许多重要的方面，新的理论或已有理论的新发展与实证主义的传统以及"实体—过程"的分析框架都发生了决裂。在缺乏另一种可以分析这些新变化的类型学方案的情况下，理论学者还是保留了"实体—过程"的区分方法。如此一来，对规划理论的变化本质的分析就无法说明为什么规划的碎片化会发生，也无法全面正确认识这

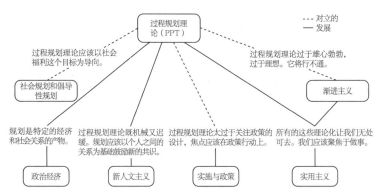

图2.1   希利，麦克杜格尔和托马斯对1970年代的规划理论中的各种理论立场的描述
来源：Healey，McDougall和Thomas（1982，p.7）。

些变化及其启示。

　　但是，还是有一些理论学者尝试提出一些新的观点和分类方法。首个尝试解释规划理论的日益多元化并提出分析框架的学者之一是尼格尔·泰勒（Nigel Taylor，1980）。为了既抛弃法卢迪（Faludi）的"实体—过程"区分法以及其规划的标准内容应该是规划过程的想法，泰勒尝试了另一个新的概念。在否定法卢迪的二元论时，泰勒强调社会理论（基于经验的）和哲学问题（意识形态的和规范性的）的区别。库克（Cooke，1983）发展了泰勒的这种方法，同样也认为"实体—过程"的二元区分法是错误的。库克提出了三种规划和空间关系理论来取代二元论：发展过程的理论，规划过程的理论和现实状态的理论。在认可泰勒和库克的观点是对法卢迪的理论的重要发展的同时，伊夫特休（Yiftachel）对他们也给出了重要的批评，认为他们没有正确处理"过程—实体"和"解释性—规定性"（explanatory-prescriptive）这两条主线，将解释同一个现象的大部分理论看成是相互竞争的关系是不恰当的，并没有为规划理论探究这个领域确立清晰的边界。

　　为了解决上述三个问题，伊夫特休的类型学方法围绕三个问题建立对规划理论进行分析的框架：分析的论争（什么是规划？），城市形态的论争（什么是一个好的规划？）和过程的论争（什么是一个好的规划过程？）。伊夫特休声称这三种形式的理论或多或少都是一起发展的，在运用到不同层面上的社会过程的时候（1989，p.28），它们常常也是互补的。然而，尽管伊夫特休采取了三分法，但他仍然是将规划理论置于"实体—过程"这个框架中来理解："采用实体—过程的区分方法依然非常有用，因为（a）过程理论大多数属于指导性的而分析理论大多数属于解释性的；（b）这两种类型主要涉及的不是同一现象"（Yiftachel，1989，p.29）。正如希尔和希利（Hillier 和 Healey，p.x）所强调的那样：规划理论的争论尝试脱离"过程—实体"的分析框架，但是通常情况下它还是回到了这个框架之中。当法卢迪（Faludi，1987）和伊夫特休两人都接受如下观点时：过程和实体理论两者都是规划所需要的理论，两者之间并不存在谁压到谁的关系，"实体—过程"的规划理论区分方法则得到了更进一步的强化。

　　大概在1990年左右，对日益增长的理论多元主义的发展进行讨论和评估等活动进入了停止状态，而关于理论多元主义的发展对理解和划分规划理论有何启示的探讨也同样进入了停止状态。考虑到这一时期的理论思想呈现出爆炸式增长的现实，上述这种现象从某种程度上来说是非常令人惊讶的（参见Hillier和Healey，2008）。但是，这个现象可能与上文讨论过的后实证主义的理论转向有关。毕竟，笼统来说后实证主义回避尝试介入或追究上述问题，而这些问题却是类型学的要点之一。不管是什么原因，一个新的问题是："'实体—过程'的区分法是否依然符合目的？"。对这个问题，有关规划理论的当代讨论除了认为它无关紧要外，几乎没有给予正面解答（例如Forester，1989；Sandercock，1998）。比如说，希利（Healey，1997）在阐述协作规划时就刻意回避对这个问题开展任何讨论。因此，我们有理由认为：也许正是各种理论的大发展，才将上述这个问题掩盖起来了，而理论大发展这一状况我在前文已有简要阐述。

不同于实体理论和过程理论这种二叉树式的划分方法，后实证主义更加强调影响这两种理论传播扩散的规范性维度。在这里，实体理论和过程理论两者被融为一体，因为两者都展现出了规定性和分析性要素——正如我在第一章所讨论的那样，对理论的理解从来就没有所谓的价值中立。将事实依据和价值取向分开是做不到的，就如要把实体（分析）和过程（程序）分开也是不可能的一样。

当前大多数规划理论的发展（比如协作理论、新实用主义理论，后现代主义理论）或理解规划的新视角（比如女性主义）大体上都源自后实证主义思想。宽泛来说，后实证主义对能否得到"定论"或定义是表示怀疑的。但是这不能成为，也不应该被我们用来否定理解事物本质所使用的分类法这个基础。在这里，关键问题不在于一个原则性的否定，而是如何从纷繁的观点中找到一条合理的出路（Murdoch，2006）。虽然后结构主义社会理论和规划理论在许多方面都表现出不确定性特征，但是这并不妨碍伊夫特休所提出的一个观点的合理性，也即：通过对相关概念进行系统化分类，对相关知识进行有效的组织，类型学方法可以纠正错误概念，避免概念混淆，从而有助于促进理论的发展。虽然如此，但我还是坚信后实证主义会弱化伊夫特休所采用的方法的有效性。这个结论源于两个原因。第一，伊夫特休的类型学方法将规划理论的发展过程理解为一种线性的渐进过程。在1900年代到1980年代的这个纵向时间轴上，伊夫特休回溯不同理论学派的演进过程，并对各自的先后关系进行梳理。因此，在他看来，规划理论的发展从韦伯主义分析演化到多元主义，最后进入新多元主义。从后结构主义观点来看，这种基于明确目的论的观点是存在问题的。粗略来看，的确存在一个粗糙的规划理论谱系。但是，这种处理方法并没有抓住规划理论发展的本质特征，也即规划理论发展更多时候是动态多变的非线性过程。目前来看，规划理论发展和规划实践多是（对多种理论方法）折中的"摘取和混用"。要更好地理解这个问题，我们应该将它与具体的问题、时间和空间联系起来，采用线性和非线性相结合的方式来看。

关于这个观点的一个例子，就是利用上文所言的三个标准来区分当前规划理论的分类方式。协作规划理论、实用主义规划理论和后结构主义/后现代主义规划理论都吸纳了上文所述的线性发展模式所包含的各种理论和思想。但是，这能够确切地告诉我们什么东西？让我们以相对主义这个问题为例来进行分析。就相对主义而言，上述的三个理论流派都有话要说。后实证主义以某种形式内化了某些相对主义的观点（从这个意义上来看，相对主义可以被看作是对不同价值观和观点的包容和接受，但是它不太愿意对这些观点给予直接评判），但是三个理论流派的各自内部和三者相互之间对相对主义所持的观点都是存在分歧的。正如我在第一章中所提到的，相对主义自柏拉图以来一直都是哲学家的一个重要议题。关于该议题的讨论，在不同的历史时期都有同样健全但相互竞争的思想。

在对立论中，柏拉图提出这样一个观点，认为概念，比如说美，是具有高度的相对性的——客体或观念从来都不可能拥有绝对的或唯一的属性。在柏拉图看来，绝对的知识是存在的，但是它只可能存在于抽象之中。这些知识是无法依据某些事实来得到验证的，但是可以通过脑力过程获得理解。亚里士多德从根本上不赞成柏拉图的观点，他认为通过经验观察可以揭示某些事物的真实属性。事实上，许多哲学家都卷入到过这种相对主义与绝对主义的争论之中，我们可以简单列举几个，比如笛卡尔、斯宾诺莎、莱布尼茨、康德、洛克、休谟、黑格尔、罗素和维特根斯坦。在这里，我们需要关注的重点，不是规划理论有一个线性的发展演进过程，而是在过去的2500年里的不同时代和不同地方，各种基本的观点同时存在，各执一端，直到现在还是如此。因此，伊夫特休的类型学方法除了能告诉我们在一个（相对）较短时期内存在的各种理论流派外，再无其他有益信息。进一步来说，要判断一个时期占主导地位的思想流派，时间是非常重要的一个维度。但是，这并不是说理论思想一定会，或者说通常会随着时间的推进而进步（比如说理论更加契合事实）。例如，一些后现代主义的极端形式表现为从亚里士多德学派的角度来颂扬差异性和致力于走向差异性（第八章）。另一方面，协作理论学者（第十一章）接受差异性，但期望通过个体之间的相互谈论来寻求共识。

此外，对伊夫特休的类型学方法，还有另一个来自后实证主义的相关批判。该批判关注的是空间问题。不同的理论和思想可以存在于时间维度上（线性的或者非线性的）。但是，从空间维度上也能够帮助解释为什么在不同的时期和不同的地方这些思想时而被重视，时而又被轻视，正如我在第一章所描述的状况一样。这里的关键点在于：一个只强调时间的线性思维视角几乎无法告诉我们理论在不同的社会、经济和政治背景下的起源、发展或运用情况——倡导性规划在苏格兰所指的意思与其在旧金山所指的意思一样吗？在这里，我们丢失的关键是空间以及与空间相关联的社会、经济和政治背景。

伊夫特休的类型学方法为什么不再有用的第二个原因与他所划分的规划理论类型有关。前文已经指出，伊夫特休对规划理论的三分法仍然是建立在法卢迪的"实体—过程"这种二分法的基础上的。正如我所描述的那样，这种二分法是广受批评的。说到规划理论的类型划分，我相信有一个非常重要的问题需要解答：现在（如果曾经有的话）我们在多大程度上能够将规划"的"理论和规划"中的"理论进行区分？对上述两个介词的过度关心，使得理论学者的注意力离开了对如下问题的关注，也即：就所有规划理论而言，其在多大程度上或多或少是属于规范性的（比如饱含价值观，并且嵌入到某个特定的社会历史背景中）。后实证主义观点认为过程—实体区分法是一种错误的二分法。就当前的任何一个理论流派而言，是不可能将实体和过程两者分开的。以后现代规划理论为例，其基础前提就是认为个体话语体系之间是不存在相通性的，认为有统一共识的观念是一件"恐怖的事情"。这两个观点都属于规范性观点，但是很明显两者都会影响规划的过程或方法（虽然有观点认为后现代主义本身是否定和排斥规划的，参见Allmendinger，2001）。

上述这种认为"实体—过程"区分法是多余的观点是不是也使得我们认为类型划分本身就是多余的呢？基于对规划理论的这样一种情景化的理解，我们是否有可能描绘一幅既具有空间上的敏感性，又具有时间上的线性和非线性相交织的规划理论图景？我坚信，后实证主义观点不仅为我们提供了批判当前规划理论类型划分图景的一个有力工具，而且也为我们提出另一个规划理论类型划分方案提供了基础。在本章余下的篇幅里，我将尝试阐述为什么理论思想（在1990年代）会呈现出爆炸式发展的局面，也尝试提供对规划理论的一种新理解范式或类型划分方式。此新理解范式拒绝承认有所谓的实体规划理论和过程规划理论的差别，主张采取社会嵌入性和历史偶然性的观点来理解规划理论。在介绍新的规划类型划分方案前，有必要先探讨后实证主义背后的思想细节及其在规划中的具体表现，同时也要讨论此前对规划理论划分方法所作的各种批判尝试。

对规划理论的类型划分来说，后实证主义的观点意味着什么？后实证主义方法点多面广，有多种解读的可能。但是，在这里我不打算过多解读，而是在理解后结构主义的基础上强调几个主要原则：

- 所有的理论，或多或少都是规范性的。也就是说，其必定饱含各种价值观，并且是嵌入到某个特定的社会和历史背景之中的。
- 考虑到这种特定的社会和历史背景，理论的援用和实践不能仅仅从理论所表达的规律和原则中"取得真经"，因为这些理论的得出本身就是基于更加抽象化的理解。
- 理论是在时间和空间之中争论调和而形成的，因此应该认识到理论的形成、解读和应用的颇具差异的。
- 如果理论是规范性的，是时空中可变的，是经历社会和历史过程洗礼而具有情景化特征的（规划理论就是这其中一种），那么就没有所谓的实体理论和过程理论的这种区别，有的只是思想和行动的复杂互动交织关系。

考虑到上述这些原则，后实证主义规划理论分类法可以采取的一条思路是强调规划理论所受到的各种影响，而不是所谓的"实体—过程"这种区别。因此，识别和追溯这些影响以及理论是如何在线性和非线性相交织的时空背景中调和、转变和使用的，将有助于解释为什么在过去的20年中规划理论会经历如此碎化的局面，为什么有些理论是相互背离的。在上文所强调的"影响"这个概念下，一个隐含的观点是规划理论吸取了来自不同领域的论争和思想。此外，还隐含另一个观点，那就是各种不同理论是相互区别的，同时这些理论的使用情况也是各不相同的。

这并不是要试图另辟蹊径重新引介"实体—过程"的区分方法，而是要认识到有些理论以不同的方式对规划领域产生影响；当然，也不是要与后实证主义所主张的所有的理论或多或少都是规范性的这种观点分道扬镳。某些概念框架或视角，比如说调控理论可能属于规范性理论，但是其对规划理论发展的贡献从质性上看与其他规范性理论，比如说政策网络理论是大为不同的。因此，我们可能会看到理论会以不同的方式被援用和理解——事实上在实践中正是如此。正如希利（Healey，1997）的解读，协作规划汲取了批判理论和结构化理论，同时也吸取了认知心理学的某些理论要素。实际上，批判理论本身是以解释学为基础的，并吸纳了一些政治经济学的理论要素；结构化理论则建立在大量不同来源的理论和思想基础之上。与希利相比，福雷斯特（Forester1989，1999）等其他学者的解读是颇为不同的，他们更倾向于支持协作（规划）或沟通（规划）的观点。

因此，上文提出的分类方法能够避免伊夫特休所主张的分类法带来的两个弊端。首先，新提出的分类法不再将理论发展在时空上表现出线性过程的观点作为基础；其次，新方法也避免了"实体—过程"这种错误的二分法。采取这种新方法，我大体上识别了五类理论，这为定义和描述规划中的理论提供了一个类型划分框架：

外生理论（*Exogenous theory*）。规划师通常会援用一些与空间、政策过程和管治等有一定关系的理论，而这些理论往往并不特别关注规划本身的本质问题。这种外生理论包括如民主理论、认知心理学理论、体制和调控理论、实施理论、中心—地方关系理论、民族主义和其他各种中观层面的理论构想。在这些理论中，有一些，比如说中心地理论，在某些特定时期会发展成为内生规划理论（见下文）。而有些理论，比如说体制和调控理论依然作为一种背景而存在，为理解规划和空间提供一种思考维度。外生理论与社会理论的主要区别在于理论的抽象水平不同。外生理论并不提供一种关于整个社会的整体性或一般性的理论解释，而是聚焦于社会中的某个要素，比如所观察到的现象之间的关系。例如，汽车的使用和城市中心的衰退等。因此，和社会理论（见下文）相比，一般来说，外生理论大多基于实证并且是可试验的。

构架理论（*Framing theory*）。援用不同形式的理论并试图形成"相类似的语义空间，例如范式、图式或概念复合体等概念"（Alexander 和Faludi，1996，p.13）以为我们理解规划提供框架。这种理论是一种松散而特别的理论形式，比如规划原理就是一个典型的框架理论。不过，还存在其他一些更宏观、更抽象的框架形式，包括一个人到底是从现代主义还是后现代主义的视角来理解规划。其他类型的框架方法还包括规划讨论和规划著作中所采用的各种假设和思想——比如我们如何来理解规划的目的以及我们赋予它什么样的目标等。正如亚历山大和法卢迪在理解规划原理时所揭示的那样，我们所使用的任何一个框架都是文化和历史认知与实践的复杂沉淀。因此，框架理论以经验和形而上为基础，我们可以认为其与托马斯库恩所发展起来的范式思想在某些方面具有同源特征。

　　社会理论（*Social theory*）。社会理论从社会学发展而来，是一个理解和思考社会的零散理论集合。总体上来看存在两种社会理论：一种是"自上而下"的结构主义方法（例如结构主义、功能主义、马克思主义），这种方法着重探究结构理论对个体的塑造作用；另一种是更倾向于从"自下而上"的角度来理解社会（例如象征性互动主义、本土方法论、现象学），这种方法强调个体的独立思考本性及其自我选择的能力。近年来，出现了第三种类型的理论，其试图克服结构主义方法和意向主义方法这种二元性分析，这种理论包括吉登斯的结构化理论和哈贝马斯的批判理论，其着眼于对结构和个体两者之间的关系进行理论化。在内生规划理论中，社会理论具有非常重大的影响作用。目前，有四个理论领域对规划理论有特别影响：批判理论、理性选择理论，福柯的考古学和谱系学，以及结构化理论。除了理性选择理论外，这些理论强调社会理论和内生规划理论中的解释性转向，例如后现代规划理论（例如Sandercock，1998）、协作规划（例如Healey，1997）和新实用主义（例如Hoch，1984，1995，1996）。

　　社会科学哲学的理解（*Social scientific philosophical understandings*）。这些理论来自于一个庞大的类别群体，包括诸如实证主义、证伪主义、现实主义、理想主义等。社会科学哲学与社会理论具有非常微妙的差别，因此需要进行单独的理解。对涉及哲学争论的议题，所有的社会理论都会做一系列的假设，社会理论对这些议题的这些理解有时候又与其他的社会假设相关，比如说对这些理解该做出怎样的假设：是建立在对现实的统领地位和开放本性的现实主义理解基础上的（比如结构化理论）？还是建立在将真实作为一个封闭系统来理解的基础上的（比如公共选择理论）？因此，从哲学视角对社会科学进行思考和理解将有助于解释社会理论的基石。这就带来两点好处。第一，从外在表现来看，社会理论的某些观点会表现出极大的相似性，但这些不同观点的倡导者们可能会各说各话，有时候他们争论的观点甚至毫无关系。一个典型的例子就是在协作规划理论中对结构和代理人之间的关系的理解。表面看来，吉登斯和巴斯卡尔（Bhaskar）两人的结构—代理人（structure-agency）观点十分相似（如第一章所讨论的那样）以至于很多人认为两者是一样的。但是，两人的立场十分不同，这种不同对如何理解规划师和她工作所在的结构之间的关系这个问题具有重要且微妙的启示。

内生规划理论（*Indigenous planning theory*）。基于上述所有的论述，我们可以看到一个非常特殊的理论化内容，这个内容专门针对规划。大部分有关规划理论的书会列出各种不同的观点流派，也会列出包括对马克思主义、新右翼，倡导规划、系统论、综合理性理论、设计理论、协作规划理论和新实用主义理论等的质疑之声。这些规划理论流派以各种不同的方式从上文所述的四种形式的理论汲取营养。比如，新右翼规划理论的建立是基于对封闭系统的哲学理解，实证主义的规划理论观点涉及自然主义，洛克的人脑思维概念以否定先验结构为基础，公共选择理论关注个体效用最大化，且将人理解为通过共同行动来创造人类社会的单独个体。但是，内生规划理论不应该是各种对经验事实的理论理解的组合。空间、时间、政府体制背景及其他各种影响在内生规划理论的形成过程中发挥着重要作用。这句话的意思可以拿个例子来解释。比如说，英国的新自由主义规划理论并不仅仅是各种不同理论理解的聚合体，其还是通过当前体制和空间安排所调和而得到的产物。也就是说，经过改造后的新自由主义规划理论并不仅仅是为了让其适应英国，还是为了使其与英国当前的规划体制安排相适应。

本书阐述规划理论的方法

从上文我提出的规划理论类型划分方法我们可以清晰地看到有许多不同的理论可以在本书中进行阐述。在论述规划理论时，以前的许多尝试因强调的重点不同而采取的方法也各不相同。粗略来看，关于规划理论的书籍可以划分为两类。第一类以辩论为导向（比如Faludi，1973；Healey，1997；Sandercock，2003；Hillier，2002），聚焦于对上文提及的五个类型的理论进行系统论述；第二类则关注我上文所说的内生规划理论所使用具体方法。本书将采取后一种形式开展写作。在规划理论书籍的上述两种写作方法之中，还存在两种组织模式：以历史为导向展开叙述（如Friedmann，1987；Taylor，1998；Hall，1988，1998）以及专注于理论的起源和哲学基础（如Cooke，1983；Friedmann，1987；Hillier和Healey，

2008）。很显然，这有点人为划分的意思。比如说，我们很难在论述系统论的时候不涉及实证主义。根本的不同在于我们所强调的重点不同。

两种模式各有利弊。后面这种"交叉剪接"的方法（译者注：一种剪接电影的方法，交替使用不同的镜头）有助于我们对思想的理论和哲学世系关系展开阐述。从后实证主义的角度来看这是十分必要的，其将有助于避免理论的发展是线性发展的观点。然而，这种方法有低估时间、空间要素的影响。实际上，对时间、空间要素的考察将有助于帮助我们理解为什么在实践中的某些特殊的时间点一些理论会特别流行。如果没有看到社会骚乱的现实，我们可能无法理解为什么当时倡导性规划会得到发展；类似的，历史为导向的叙述方法能够提供令人兴奋而又易于理解消化的背景故事，但是其往往会牺牲一些微妙的思辨和非历史的概念，而这些内容往往是很难融入整个历史全貌中的。

在本书中，我将采取围绕着上文所说的内生规划理论（不得不承认这个名词并不吸引人）的方法展开论述。采取这个方法的原因有很多。第一，对一个想要了解规划理论而不是哲学历史的人来说，这种方法更易于让人理解。第二，在采用这种方法时，我们还是可以涉及其他理论的，比如说结构化理论，只不过根据需要我们对其可以采取相对浅显易懂的阐述方式。除此之外，最重要的原因还是源于后实证主义精神。后实证主义既强调空间、时间是理解思想的重要构成要素，它同时也要求我们在解释某些问题或议题时采取线性进步的分析框架时要保持谨慎的态度。

对规划专业的学生来说，关于规划理论的理解还有一个方面值得提及。我们通常会遇到来自学生各种常见问题，包括"为什么有那么多的规划理论？"和"为什么关于规划理论的著述那么难以理解？"近年来，随着后现代主义，尤其是后结构主义的理论转向，我们很难对这些问题给出一个令人满意的回答。其中一个值得我们谨记的解释涉及什么是"知识的社会生产"。学者们在各种压力（体制性压力、晋升的压力等）的驱动下发表各种著述。著作和学术论文的发表过程涉及同行评议。如果一个人的著作或论文是原创的且能够推进思想的发展，那么他的作品就很有可能发表。但是，这些作品往往并不是开创性的，无法将已有的理论远远抛在后面。如果某一论文或著作促进了思想的发展，而这种新思想会降低已有思想的可信度，那么已有思想的倡导者则很有可能不待见这种新思想。这是一种很微妙的平衡：

虽然鼓励发表论文著作，但论著的发表是渐进式的。这一方面有助于解释为什么会有那么多的理论，另一方面也有助于解释为什么围绕不同的认识论所产生的理论会看起来那么复杂。最终的结果和其他社会科学一样，规划理论似乎导致的是更多的纷争（这在某种程度上也解释了我为什么写作本书，至于本书能够给人带来多少启迪那还有待他人评说）。

　　因此，我选择围绕我所谓的内生规划理论开展论述。但是，到底哪些理论应该包含在本书之中这个问题依然非常突出。以前的许多关于理论的著作都通过划定不同的理论流派或理论认识论来展开阐述，本书也采取了这种做法，这就使得到底将哪些理论包含在本书内变得简单起来。读者如果对规划理论非常熟悉，那么就不会对我的这个决定感到奇怪。对其他人来说，本书的所选择的理论大体上分成了实证主义和后实证主义两部分，两者对过去45年以来的规划理论的发展具有非常深刻的影响。

　　在接下去的章节里，我力求对这些规划理论流派做系统性概述。在论述过程中遵循了大家熟悉的组织方式：背景、历史/发展、主要议题、批判的观点和结论，其中对第一章和第二章中所论及的重点议题和思想尤其着墨较多。

第三章
规划的系统论与理性论

引言

正如泰勒（Taylor，1998）所说，一直以来存在一种趋势，那就是将系统规划与理性规划归并到过程规划理论（Procedural Planning Theory，PPT）这一宽泛的规划理论类型之中。由于这两个理论领域存在交集，这就使我们有可能在同一章节对他们进行讨论。与规划的理性论一样，系统论的方法也涉及备选方案的生成，并在做出选择前对各种备选方案进行评估（Faludi，1987，pp.43）。然而，两者之间也存在一些重要区别。在法卢迪（Faludi，1987）看来，理性规划在形式（手段）理性与实质（目的）理性方面是系统规划未能企及的。但是，PPT作为一种标签，同时贴给了系统规划方法与理性规划方法。

系统论与理性论都是在20世纪60年代及20世纪70年代早期崛起的，他们将规划看作是一种普遍的社会管理过程（Healey，McDougall和Thomas，1982）。这些方法与主流的"规划作为设计导则"形成了鲜明的对比。此外，还出现了许多其他的观点立场，这些观点是反对PPT的一种反应，其形成还源于各种社会与经济变化的驱动，它们都是以PPT为基础对其进行反驳。那些从PPT发展出来的观点都来源于政策科学，关注诸如实施应用等方面的问题。那些反对它的观点则包括政治经济学等各种视角，比如马克思主义（Healey，McDougall和Thomas，1982）。

尽管存在这些理论发展，但是我们也不能高估PPT自1970年代以来对规划理论与实践的影响。通过强调建模以及城镇之间相互关联的方法，系统论仍然对当代规划方法有所束缚。零售影响分析、交通影响分析与环境影响分析作为当代的规划技术，都或多或少地建立在系统方法的基础上。同样的，通过宣称可以利用"科学"和"客观"的方法来支撑规划，并且这种方法可以应用到规划实践的所有方面，理性规划对当前的规划也产生了强烈的影响。理性过程规划的持续流行在于其声称规划可以是一项带有声誉与名望的科学事业。同时它还提供了一种简单且高度结构化的世界观，以及在面对固有的复杂性时如何行动的方案；不过，理论思想上的巨大变迁，则拒绝认可这种看法，认为其是"空洞的"和"无语境的"（Thomas，1982）。

在规划的理论与实践中，存在着更加偏向于政治和价值的一些维度。目前，系统论和理性论与这些维度的关联方式已经发生了改变。安德鲁斯·法卢迪（Andreas Faludi）（理性过程规划观最重要的一位倡导者）追随马克思·韦伯（Max Weber）的思想，即在规划中将手段与目标分离。规划是一种普遍性活动，是可以应用于任何决策制定的理性过程。此外，规划师对方法的关注，将包含更多的由目标或价值构成的纷扰政治世界——一旦目标被确定后，他们将会被"嵌入"到理性过程模型中。现在，对于规划理论与实践（如协作规划）的思考在这一点上出现了大反转，取而代之的是认为目标与手段是具有紧密联系的。规划现在不再被视为一种普遍性的、与政治过程分离的离散活动，而是这些政治过程的一部分。当前，在这些过程中，嵌入了规划理性。

我在第十一章中对协作规划进一步发展的讨论，涉及理性本身的属性。法卢迪及他人谈论的那种理性，是一种基于客观知识视角的各种工具理性。尤尔根·哈贝马斯（Jürgen Habermas）及那些诠释过哈贝马斯在规划领域中的工作的人认为理性还有其他形式。基于统一行为标准的沟通是一种重要的且目前比较流行的理论选择，它支持了沟通式规划理论或协作式规划理论方法。这些不同的理性概念，不是为了寻求替代理性的工具形式，而是对其进行完善和吸收，从而为规划手段和目标的认可和实施等提供可替代的方法。

系统论

> 任何社区都是由各种各样的地理、社会、政治、经济和文化模式组成，这些模式既单独作用又相互作用，从而形成特定的社会属性及社会环境。这些不同的模式之间的关系总是处于持续变化之中，并促进新的不同情况的出现，这些情况有些对社区有利，有些则有害。规划师的作用就是要对这种相互交织的关系网进行理解，并且在必要的情况下对它的构成进行引导、控制和改变。为了做到这一点，规划就会涉及预测，不是孤立地对人口规模与土地利用进行预测，同时还需要对人类及其他活动进行预测。有人曾经说过，规划师现在变成了囚徒，变成了发现城市中事物之间相互影响的囚徒（Ratcliff，1974，p.104）。

规划的系统观在20世纪60年代的中后期在英国崛起，主要源于布莱恩·麦克劳林（Brian McLoughlin，1969）与乔治·查德威克（George Chadwick，1971）的努力。他们深受生物科学中系统思想发展的影响，这些思想认为：1）系统存在于所有的自然与人工环境之中；2）可以通过控制系统中的不同组成部分之间的交流来控制系统。

对于规划来说，系统论方法的核心是接受如下观点：城市与区域是由相互联系的部分组成的复杂集合，并处于不断变化的状态。规划，作为系统分析与控制的一种形式（Taylor，1998，p.62），其本身必须是动态的，并且要应对变化。这种规划观点与当时主流的传统设计形成鲜明对比，用一位系统规划的主要倡导者的话说，这明显区别于"大部分城镇规划者针对系统观与他们自己的领域之间的关系所持有的想法"（Chadwick，1971，p.xi）。

什么是系统？麦克劳林（McLoughlin，1969）、拉特克利夫（Ratcliff，1974）及泰勒（Taylor，1998）均通过引用字典中对系统的定义开始讨论。根据《牛津英文词典》，系统被理解为一个"复杂整体"，一个"相互联系的事物或部分组成的集合"，以及一组"为形成一个统一体而相互关联或相互作用的对象群"。对于系统，通常会类比参考诸如生态系统等，其强调不同但相互依存的有机体之间的

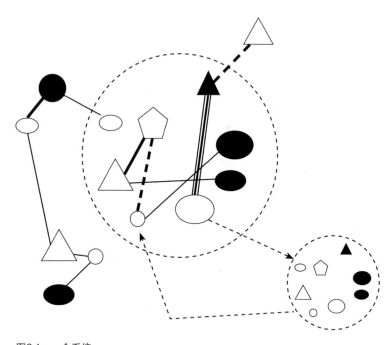

图3.1　一个系统
　　来源：基于McLoughlin，1969，p.76。

相互关系。在系统规划中，城市、城镇、区域等被视为由不同但相互
关联的部分构成。就业与住房不同，但是两者之间有关系；当就业水
平提高时，对住房的需求也有望提升。类似地，这又会对交通、零售
业及其他相关联的系统产生影响。这其中有"连锁反应"在起作用，
当系统的一部分发生变化时，会导致其他部分的变化与反馈，这反过
来会影响初始的发动器。图3.1展示了许多系统间相互依存、嵌入或
关联的关系。

　　这种观点起源于哪？麦克劳林（McLoughlin）与查德威克
（Chadwick）都将本质上属于人类系统的对象，比如城市和生态或自
然系统紧密地联系在一起——我们能够从后者了解到前者未来将发生
什么。正如麦克劳林在某个场合所说，"未来的规划图景应该更多地
向园艺学习，而不是向建筑学习"（1969，p.24）。特别地，有关生
态过程的三个方面，对于我们试图理解人类关系来说具有同等的相关

性。第一，规则、功能以及这些规则和功能发挥作用的背景环境经历着持续的多样化与日益的复杂化。第二，对物质空间的适应或对空间的改变（如建造）为各种活动创造了生存空间。最后，丰富多样的交流方式的不断演变，这种交流通常用来连接这些活动的场所。

系统是动态的。介入系统之中的相互竞争者，会以一种优化的方式行动（例如，努力挣更多的钱、提高工作效率、搬进更大的房子等），如此一来使得系统不断发生变化。但是这一部分人的活动也将对系统中的其他个体和关系产生影响。如果我决定建一座超市，（我希望）它会对购物模式、交通流量等产生影响。系统在适应、改变与演化。许多决策是由大量的个体与群体制定的——有时是对其他人做的决策结果的一种回应。对世界采取这种系统的观点的要点就是复杂性。规划师及其他人需要找到各种途径，使他们能够对这些决策进行分类与预测，以便对变化进行管理。这并没有听上去那么困难。决策和行动并不是每次都需要重新制定。针对具体行动，也会存在一些限制因素。例如，市场限制因素（如我们负担不起搬到我们希望帮到地方的全部费用）意味着我们可以将精力投入到有效需求上。法律与社会是另一维度的限制因素——我们必须在社会标准与准则范围内行动。

对于系统论或控制论理解的另一关键方面就是理性效用。我们以个体或者群体的方式采取行动时，其行为方式是可以预测的，也就是使个人效用最大化。例如，一个公司希望将交通运输成本最小化，而个体则希望住在安全、易达且健康的环境中。这些限制因素及理性行为的结合意味着系统是可以理论化、模型化及可预测的。规划在其中的角色就是要以整体的方式来充分认识系统，如城市或区域的动态变化，并据此进行规划：

> 规划就是根据一些普遍性的目标和具体规划中的具体目的，寻求对个体和群体的活动进行调节或控制，以使得可能产生的负面影响最小化，同时促使物质环境的"表现"能够更好。（McLoughlin，1969，p.59）

在这方面，我们与大约同一时期的地理学中的相关讨论和发展进程有着某种密切联系。地理学与规划都试图对复杂的、相互联系的系统进行建模。两者都需要因计算能力的发展而驱动的量化分析。对城市和区域进行建模的尝试已经有相当长一段时间了。像克里斯泰勒

（Christaller）或冯·杜能（von Thunen）发展的模型以一种系统的方式分析城市与区域，并寻求有序区域的不变法则。然而，在系统理论家眼中，这些模型不具复杂性，它们对城市系统的理解就好比是哥伦布的仪器对比飞行的飞机一样（McLoughlin，1969，p.66）。更复杂精细的模型不应该将现实过度抽象与简化。

和通过提高计算能力以提供更高的模型复杂性一样，还有一个更深的维度是未来任何模型发展都需要考虑的。"如果……将会发生什么"这个问题，是对复杂的、处于演变中的系统进行建模的基础。麦克劳林指出，风洞、水箱，甚至是在动物身上进行的试验等，都是人类尝试通过建模以更好地理解这种复杂性的方式。对于城市规划来说，一个系统的方法需要从对封闭系统进行的离散式建模转变到对系统的整体理解上，即允许反馈与演化。然而，正如麦克劳林指出的那样：

> 问题是当我们尽可能地考虑这些问题的内部关联性时，大量的直接副作用与间接影响都出现了，并伴随时间延滞出现交叉重叠，我们发现人类大脑在不借助外力时，是不能应付这些情况的。我们不能在大脑里对城市进行建模——它的复杂性超过我们掌控的范围（1969，p.82）。

很难对这一观点报以否定。基于上述这一点，目前已经形成了至少两个规划理论领域。例如弗里德里希·冯·哈耶克（Friedrich von Hayek）认为这种复杂性意味着国家规划是不可能也是不需要的。如果人们无法理解这个系统的广度，那么它就应该交给市场——在诸如法治等约束条件下所构成的许多个体决策的综合。这种观点，构成了新自由主义关于国家与规划各自的角色的思想基础，对此我在第五章有谈及。然而，系统规划理论家，如麦克劳林得出不同的结论。当我们有足够的理解力和计算能力时，城市是可以被模型化的。这一系统观点有两个方面的启示，这里我将集中讨论。第一个启示关系到对规划的态度，第二个启示是关于预测与建模的方法。

规划不应该被视作静态的文件，而更应该看成是动态变化的，如系统本身一样。按麦克劳林所说：

> 规划的基本形式应该是某些陈述，即描述城市在一系列等时阶段中应该如何演化，比如说五年作为一个周期。

这些陈述可以是一系列图表、统计数据及书面材料，每五年一次，结合预期的通信与交通网络，列出主要活动——农业的、工业的、商业的、居住的预期配置……这些规划是我们对动态系统应遵循的路线或轨迹的重要描述。它们总是将土地利用与通信联系在一起；它们指明了城市应该走向何处以及怎样才能达到这个预定的目的（1969，pp.83-84）。

这是一种高度关注管控与中央控制的规划的形式。规划师是"掌握着城市发展方向的舵手"（McLoughlin，1969，p.86）。一旦一个系统模型形成并成为某个规划的基础，它也可用来评估该规划提案（图3.2）。评估规划提案的核心，是系统模型中要有明确的输入（规划提案）与输出（预测影响）。值得注意的是，系统的动态与演化属性，表现在反馈回路之中，因为规划提案（不管是得到了批准还是被

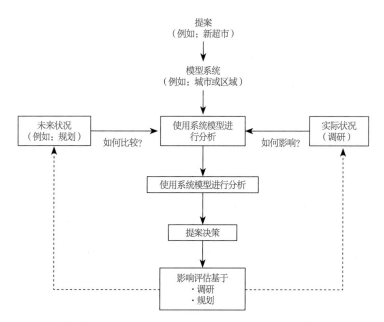

图3.2　规划提案的方法论

来源：基于McLoughlin，1969，p.86。

拒绝）所产生的影响都需要被考虑进去。然而，需要注意的是，这个反馈回路并没有延伸到模型系统本身里面去，这很大可能是因为模型由各种不可改变的规则所构成，它们是不会受到外界的影响而改变。这是否是系统方法的一个缺点？在下文将对此进行讨论。

有关系统方法的第二个启示，我想聚焦讨论的内容涉及预测与建模的方法。在上文，我已经提到了人们对复杂性的认识，并提到存在大量个体和群体决策，并且其组合千变万化。长期以来，为了应付这种复杂性，规划通常是采取感知与预想的方法。采用这种工具或态度远不能达到解决复杂性的要求（尽管准确的原因仍不清楚）。麦克劳林（McLoughlin）认为，为了更好地对城市建模，需要对规划师采取的方法进行各种改变和调整。首先，最明显的是增加如预估及预测方法中的数据量及输入。尤其是在研究原因、机制时，有助于产生更为精确与稳定的模型，因为它们"允许我们针对某个情况时，能够考虑或假定多个不同的变化模式"（1969，p.169）。因此仅仅关注人口趋势的预测是不够的：我们需要理解出生与死亡率的影响与意义，反过来，这种影响又如何作用于如人群的健康、富裕程度和迁移等方面。

第二种系统方法涉及采用不同的预测方法并通过建模将它们结合起来。规划中用到的那些模型因过于表面化、过于简单，以致不能捕捉到城市的复杂性。控制论方法涉及数学模型，寻求"通过对环境（城市与区域系统中活动发生的地点与流动路径）的表述，使得（建模者）能够理解并应对它"（McLoughlin，1969，p.223）。

在对任何复杂系统建模时，第一步是通过观察对模式进行识别。这需要对有因果关系的事件序列进行假设，例如将道路变成步行区，可提高零售业的租金，但可能会在其他地方引发交通拥堵。但是粗略的因果关系是不够的。一个模型必须能够做出如下预测：比如，如果x变化一个单位，将会导致y产生5个单位的变化。然而，当涉及的问题无法数量化的时候，将会发生什么？这是有可能发生的，比如试图解决无家可归的问题。怎样通过数学建模来解决这些质性问题？其实，即使不用数字，我们还是可以采取数学模型的逻辑。

除了我已经详细描述的那些启示外，系统论方法还有另外两个启示。第三个启示是，如何为系统选择一个预测的或者模拟的未来状态，使得其能够产生最优的结果。本质上，这就是怎样从众多模拟中选择需要遵循的路径。这可以通过将实用主义（资源的可获得性，如时间与人）与目标最优化模拟相结合来实现。如果目标是使经济增长最大化，那么可以以诸如增长率等标准来检验不同发展路径和模拟情景，或者比较能实现快速增长的不同方法，如改善通信联系或为工业增长而配置土地。

第四个也是最后一个启示，就是关于规划方案本身的选择问题。与评估不同的模型或模拟类似，其指原则是"每个规划在多大程度上满足规划实践中已确立的所有目标"（McLoughlin，1969，p.265）。推荐三个技巧，用以作为进行这一评估的方法：成本效益分析、规划平衡表及目标实现矩阵。这三种方法都不一样，但大体上都采用定量与定性分析相结合的方法。例如，目标实现矩阵可以量化不同规划产生的影响，并根据其对目标与宗旨方面能够给予的贡献度对其进行加权。其结果是一个指向"最佳"解决方案的，相对来说比较主观的成本与效益矩阵。

系统论方法并不是一种简单的，仅供规划师从书架上拿来即用的方法。它还会对如公共机构内规划职能的组织、规划教学与规划技能等产生影响。这里没有太多空间对这些主题展开讨论，但是有几点还是值得一提的。

第一个影响是：在公共机构内，规划功能的组织会更加中心化。一个核心群体或中央信息单元会对模型或系统予以发展，这些模型或系统也是其他功能，比如开发控制能够发挥的要点所在。其他的部门则可以使用该模型或者反馈给中央信息单元的信息来进一步改进模型。模型构建主要是职业规划师的职责，他们不仅要建立模型，而且还主要负责目标与宗旨的设立：

> 将目标制定的主要职责放在规划师身上，其最有力的一个论点是……存在这样一种针对专业人士的传统假设，也就是认为对于专业人士所建议的方案的具体情况，专业人士在某种程度上比他们的客户"知道得更多"（Chadwick，1971，p.121）。

模型将以数学为基础。在展望未来时，麦克劳林预测：

> 在现在及未来，大部分规划部门都需要至少一台小型或者中型电脑及更合适的设备，如自动电子计算器（1969，p.300）。

第二个影响，涉及系统规划所需的规划师类型。麦克劳林认为，在规划中，基于发展规划、发展控制等内容的传统规划职能划分，有必要被能够反映系统规划需要的劳动分工所取代。因此，规划作为公共构架的一种职能，可通过以下五个部分进行组织：

1. "活动"（Activities）贡献者：人口学家、经济学家以及了解特殊活动，如开采业、娱乐业、旅游业、造船业等的人员。
2. "空间"（Space）贡献者：建筑师、风景园林师、工程师、土地测量员、评估师、农业家、地理学家、地质学家等。
3. "沟通"（Communication）贡献者：交通工程师，航空运输、电信、公共交通等领域的专家。
4. "渠道"（Channels）贡献者：各种类型的工程师，也包括建筑师、风景园林师等。
5. 为规划组织提供一般服务的贡献者：
   a. 目标制定：社会学家、政治学家等。
   b. 模拟、建模与信息服务：系统分析师、数学家、程序师等。
   c. 评估：经济学家、社会学家、心理学家等。
   d. 实施：公共管理者、公共事业专家等（McLoughlin，1969，p.309）。

对于系统规划的批判，既针对它的自负，也针对它所依据的假设和带来的启示。例如，里特尔（Rittel）与韦伯（Webber，1973）认为：系统规划是一种失败的，规划师自我吹捧的尝试：

> 带着自大的信心，早期的系统分析师宣称：他们准备好了应对任何一个人意识到的问题，并能够诊断、发现其隐藏的特征，然后揭露其本质，并巧妙地将引起问题的根本原因彻底清除。经历20年的经验实践，这种自信也被消磨殆尽了（引自Faludi，1973，p.43）。

法卢迪专注于自己所提的两大批判。第一个批判追随巴蒂（Batty，1982）的看法，认为系统规划在麦克劳林与查德威克（Chadwick）写书时就已经过时了、不适用了，并且也不可能了。在20世纪60年代，规划作为国家的一种职能，变得越来越复杂且政治化，导致的结果是：规划师应该作为一种倡导者，而非客观的政策分析师（详见第七章）。被麦克劳林幻想为舵手的规划师，未能意识到越来越多的参与者所追求的相互竞争与冲突的目标的复杂性。如法卢迪指出的一样，20世纪70年代的规划成为一种"复杂的政治博弈，可能无法协调"（1987，p.46）。换句话说，系统理论家没有意识到所涉及的复杂性程度，也未意识到复杂性到底有哪些形式（例如，冲突的政治目标）使得系统论方法无法实现。还存在一个问题就是：系统论方法在多大程度上是不可取？多大程度上是无法实现的？我们应该以技术的手段而不是政治的手段进行规划吗？应该让规划师来决定使用什么手段及设置什么目标吗？

法卢迪的第二个观点（追随Webber，1983）关注的是系统论方法给规划职业留下的遗存。问题不在于系统规划注定会失败，而是它带给规划师带来了一种幻觉，也就是他们认为自己最终能实现某些东西，这些东西是可理解与可控制的：

> 科学规划思想的吸引力无法被抗拒，因为它誓言能给出正确的答案，能揭露我们想要的，能说出我们应该做的。它用确定性前景诱导，因此可以缓解模棱两可带来的不适，可以让人从需要在冲突的事实与竞争的需求中做出决策这样的困境中解脱出来。但是科学规划是一种海市蜃楼。科学与规划是两种截然不同的事情……科学家寻求观察、描述与解释……规划师则完全相反；他们的目的是改变他们正在面临的一切，当然，更好的情况是去改善它们（Webber，1983，引自Faludi，1987，p.46）。

针对系统论对规划职业影响，上述这种生动而又准确的总结，让我们几乎不能再增补任何内容。虽然我们可能会质疑规划作为控制手段的假设，但我们不应该拒绝规划需要进行设计、理解与建模这样的特点。因此，试图建模与预测影响的方法，仍然是规划的一部分。将系统规划这一规划工具当作是规划的本质，这就使得系统规划本身有被抛弃的风险。这是系统规划师他们自己造成的。系统规划倡导者混淆了其涉及的目标与手段。城市可视为系统，并且毫无疑问它们是复杂的自适应系统。这有助于我们理解城市和区域是怎样运转的——对于我们如何看待规划决策的影响，零售影响评估是当前一个很好的例子，它表明这种规划决策的影响不仅仅是本土与物质影响的。但是，把城市与区域看作是系统，并不是说要依据系统方法的各种启示来对系统进行规划。例如，在系统观中，公共参与在哪里？麦克劳林（McLoughlin，1969，pp.120-2）认为：目标应该通过"专业人士与政治家之间的对话"制定。他继续列出了他认为的"政治家"，包括如工会、教派等群体，"同时，在某些特定情况下，还包括普通民众"（1969，p.121）。系统观是高度"以规划师为中心"的，它在抽象的技术流程中非常重视专业意见。在这一流程中，通过问题分析来产生目标——拥堵需要更多的道路，住房条件差需要整体拆除与建设高楼。从这个方面来说，系统规划方法也遭到了类似于针对理性过程规划的一些批判，具体讨论如下。

正如法卢迪直接指出的那样，麦克劳林开始对他的系统论著述进行批判，其直接原因是："在20世纪60年代末，系统论方法、运筹学、数学模型及控制论为规划的官僚职业化及其学术提供了一个极好的正当性"（引自Faludi，p.45）。系统规划留给人们的认识是：只要有足够的计算能力，城市就能被建模。在规划理论，特别是在后实证主义时代中，倾向于摒弃这些观点，转而采取更具协作性或沟通性的方法（参见第十一章）。在实践中，比如在环境影响评估中，系统论方法仍然起着重要作用（参见Wilson，2000）。

关于系统论，还有一个发展值得一提。尽管法卢迪及其他人认为系统规划是不可实现的，但系统思想，尤其是自然界与人类社会中的复杂自适应系统，在20世纪80年代末再次兴起。意识到之前的模型不能理解与预测复杂的行为，在自然与人文科学的许多领域，人们开始发展更为复杂的概念。目前正在发展的两个领域，涉及到混沌与复杂性思想。这两个理论领域都试图解决系统中更加错综复杂的问题。与20世纪70年代更加倾向于使用理性与效用最大化来理解系统不同，复杂系统的特点是：

- 存在大量独立的主体，他们以不同的方式相互作用
- 非强制性的自组织
- 适应与（共同）演化
- 动态性（Waldrop，1992，p.11）

二者的主要区别在于，麦克劳林对城市的理解，我们现在将其看作是所谓的"简单的"，它基于线性的和可预测的行为。复杂性理论反而强调更为不规律的行为（表3.1）。

这并不意味着我们不能"规划"或建模。然而，它确实强调一种

更为温和与情境化的方法，即认识到人类的总体行为并不总是可以简化为一个简单的公式。它还强调：我们不应该过多的希望有一天能够依靠计算能力来实现对城市的建模。

　　复杂性与混沌的概念推动了基于系统的、有关空间的理解与模型的复苏。通过使用诸如元胞自动机方法，研究人员开始模拟城市的动态与互动，同时考虑包括规划在内的政策干预的影响（Byrne，1998；Batty，2005）。

复杂与简单系统的特征　　　　　　表3.1

复杂系统	简单系统
反常的，非因果关系的行为（比如，结果并不像预期的那样）	可还原的行为
通过持续的、多样的反馈实现自适应行为	很少有交互、反馈/正反馈循环
权力和权威的分散	中心化的决策与权力的集中
不可还原。某个部分的瓦解不会导致全面的崩塌	可解构。组分之间具有弱交互作用

来源：基于Casti，1994，p.269。

规划的理性过程理论

　　正如麦克劳林与查德威克是规划系统论的代名词一样，安德鲁斯·法卢迪的名字与规划的理性过程理论密切相关。但是，正如安德鲁斯·法卢迪指出的那样，这是对"芝加哥学派"在战后几年的规划理论与研究中所做的重要贡献的一种遗忘。虽然芝加哥的班菲尔德（Banfield）、佩洛夫（Perlof）等的贡献很有影响力，但它本身是建立在马克思·韦伯（Max Weber）和卡尔·曼海姆（Karl Mannheim）等人的早期研究基础之上的。即便如此，关于理性的一些辩论，依然可追溯到柏拉图与亚里士多德。

　　"理性"一词在拉丁语中的词源是*ration*，意思是推理。理性主义者通常被认为是强调逻辑能力并能就特定的观点能够给出推理的人。这通常与更情绪化或直观的推理形成对比。艺术是一个不需要分析技巧或理性的领域——你喜欢一幅画或一部电影，有时可能由于各种难以表达的个人原因。正如希利（Healey）、麦克杜格尔（McDougall）与托马斯（Thomas）（1982，p.8）所描述的那样，理性通常包括"政策目标的明确、系统的分析、基于逻辑而产生政策备选方案、对这些备选方案进行系统评估并且对其绩效进行检测"。

这种对理性的关注是法国经济学家和社会历史学家马克思·韦伯一直以来关心的事情，他认为主观判断或感观资料总是会或多或少地影响决策，他试图分析并给出一种官僚决策和理性决策的新形式，从而把事实和价值观分开。理性决策应该关注事实。价值观、目的、目标等都属于政治领域。这种二元论使韦伯区分了形式理性与实质理性（译者注：通常也称为价值理性）。形式理性关注方式与效率，跟目的无关。当考虑目的或目标时，形式理性方法通过寻找最有效的方式去满足那些目的。如果目的是穿过A与B，那么直线则是形式上最合理的方法。这种方式是基于逻辑或推理的。实质理性则关注目的及其评价。推理和逻辑仍忽视直觉或传统，但显然它不再是简单地涉及效率问题。以贫穷为例，贫穷的存在（对多数人而言）不存在争议，而如何处理它，从本质上来说还是一个理性问题。市场主导与国家干预是两个极端的解决方案，对于是支持还是反对，两者都可以开展争论，这又牵扯到政治领域。

规划应该关注形式理性，或者说手段。在处理形式理性时：

> 韦伯非常详细地阐述了开展客观分析的条件。他热衷于追求知识禁欲主义，认为应该严格地将事实陈述与价值陈述分开。他主张社会科学应遵循与物理科学相同的正式标准，尤其包括那些在分析中不应掺杂任何个人倾向和偏好的原则。他断言，价值判断没有科学依据性。他们是文化、传统、社会地位及个人偏好的结果，没有科学话语权（Friedmann，1987，p.99）。

生活中的非理性力量——尤其是政治——需要通过理性与科学规则加以约束。

规划是实现这一目标的手段之一。那些在规划等公共部门工作的人员，有责任以公正和专一的方式理性行事，以实现组织的目标。作为回报，他们获得地位和奖励，如安全的任期和公众的尊重。然而，正如洛（Low，1991，p.69）指出的那样，官僚们，比如规划师关心的不仅仅是服务政治家以帮助政治家们履行提出目标或实质理性的责任——官僚们实际上是反对民主的。虽然政治家们希望通过定期选举获得合法性，但官僚机构，如地方政府部门，则希望通过技术专长、"客观性"和公正性获得自己的合法性："技术知识的复杂性和官僚机构对专业人员持有专业秘密这种优势的保护，倾向于削弱政治领导人实施控制的能力"（Low，1991，p.72）。

这一冲突，暗示了韦伯思想在形式理性跟实质理性之间存在矛盾关系，也即弗里德曼针对韦伯的思想所指出的矛盾："人类在行动中追求形式理性，但他们越努力就越容易陷入困境：社会不是由工程师设计的逻辑结构所构成的，而是由逻辑、非逻辑元素及关系构成的"（1987，p.98）。尽管有些人试图调和形式理性和实质理性，但他们基于不同的价值观。功能理性与效率同源，实质理性与平等同源。

韦伯的思想在过去（以及现在）具有很强的影响力，并通过卡尔·曼海姆的努力被广泛地运用到规划中（广义上）。曼海姆有句名言：规划是对非理性的理性掌握。他所说的"非理性"大体上类似于实质理性——政治、民主和大众舆论等。与韦伯一样，曼海姆也将功能理性和实质理性区分开来，同时，在面对不可避免的社会与个人影响时，他主张规划必须做到客观公正。为了尽量减小这种影响，规划师需要从战略和相互依存的视角进行思考。战略思维有助于将他们提升到对原则的"更高层次"思考之上，从而超越现实情境的限制。相互依赖思维涉及我们现在所认为的形式理性，它关注实现既定目标的最佳方法。然而，正如弗里德曼（Friedmann，1987）所说，这种形式理性思维的建立需要基于确切的实际情况，并且与实际情况紧密关联。因此，与韦伯的理性主义相比，曼海姆的理性主义具有较少的教条主义，更注重实践。

尽管存在这些差异，韦伯与曼海姆在理性主义方面对规划的贡献具有一些共性和影响。第一个共性，也就是弗里德曼（Friedmann，1987，p.105）所说的"政治与规划之间的分歧"。大致来理解，就是认为规划就是给卑鄙且自私的政治体制包裹上了一层形式理性的外衣。在许多规划师的心目中，规划仍然保留了这种技术能力与政治中立的态度。例如，皇家城市规划学会（Royal Town and Planning Institute）的职业行为准则（RTPI，1994，p.1）规定：

· 应以能力、诚实和正直行事。

· 应无畏、公正地尽其所能运用其独立的专业判断
    能力。

第二个启示和遗存涉及规划师在规划中采取的态度、方法和理论。芝加哥学派是众多主要遗存中心之一，它发展和普及了规划理性思想（Faludi，1987；Friedmann，1987）。

芝加哥学派是20世纪40年代和50年代在芝加哥大学开设的一门学位课程。该课程的设置动机以及参与该课程的人源于两大事件。首先是20世纪30年代的大萧条以及应对该大萧条的罗斯福新政，其中包括在经济中重大的、大规模的计划性公共干预。第二个动机是经历了第二次世界大战后，需要对经济进行重大的集中规划。当时，主张计划经济和国家的干预主义的主要倡导者之一是雷克斯福德·特格韦尔（Rexford Tugwell），他（同时担任高级政治职务）参与到了芝加哥学派之中。特格韦尔支持经济和土地利用规划，认为它"将实现一个清晰的未来愿景，超越小团体政治的喧嚣，通过制度化成为政府的第四个分支，拥有自己的自治领域"（Friedmann，1987，p.109）。规划将通过专家的力量及规划技术、规划的客观能力来对抗政治的小团体及其声名狼藉的本质。

理性是特格韦尔的规划愿景的核心。通过官僚机构，规划：

> 为便于理解，它会调查整个有机体（organism），它
> 也是……的一部分，它会极其仔细地评估局部操作，因
> 为它们影响整体功能……它对资源和有机体发展方向进
> 行细致研究，并提出发展规划（Development Plan），
> 供公众审查（Friedmann，1987，p.111，引自Tugwell，
> 1940）。

请注意，"有机体"这一术语的使用，正如系统分析家和法卢迪（见下文）所认为的那样，是对复杂社会系统的一个有效隐喻。

特格韦尔的观点和思想对芝加哥学派其他思想家的发展产生了影响。推广理性方法以及特格韦尔的影响的活动，表现在一个项目的推行，其目标旨在将科学的方法和工具用于实现社会目的，以确保公共决策是基于事实而不是直觉：

在这一概念中，规划师几乎代表了自由流动的知识分子，这在卡尔·曼海姆（Karl Mannheim）的著作中发挥了重要的作用。他们的社会科学训练将奠定一种科学政治的基础，但他们的个人素质……将防止他们篡夺基于技术专长的民主制度下的传统决策功能（Faludi，1987，p.24，引自Sarbib，1983）。

根据芝加哥学派的说法，规划是一个通用术语。这意味着它涉及各种可以应用于不同情况和学科的方法。这种理性过程带来的结果，显然是一种明确而客观的决策形式。这是迈尔森（Meyerson）和班菲尔德（Banfield）的著作《政治、规划和公共利益》（1955）讨论的主题。迈尔森和班菲尔德都参与了芝加哥学派，并将其理性决策的主题应用于公共政策的具体领域，包括规划和住房。到目前为止，我们所讨论的理性的两个主题——形式理性与实质理性的分歧以及规划的通用性属性——是他们争论的核心。这两个主题认为理性决策有如下特点：

1. 决策者应考虑可实现的所有替代方案［行动路线］；即，根据实际情况和想要达到的目的采取相应的行动方案。

2. 确定并评估采用每一种备选方案后可能产生的所有后果，即，预测总体形势因采取的行动方案发生改变后将如何发展。

3. 选择出来替代方案，使其结果更符合决策者的最主要预期目标。（Faludi，1987，p.30，引自Meyerson和Banfield，1955）

这些标准已被转化为规划的理性行为过程。安德鲁斯·法卢迪的理性规划方法，既是对理性过程规划的清晰解释，又是一种启发式的方法，它提供了一个基准，其他形式的规划似乎可以据此进行判断。法卢迪在将规划作为理性过程这方面的主要著作，简单地取名为《规划理论》（*Planning Theory*）（1973）。其实际内容明显遵循芝加哥学派设定的路线，以及迈尔森和班菲尔德等人的贡献。根据法卢迪的说法，规划就是要获得实现既定结果的最佳方式（1973，p.5）。为实现这一点，规划师应像研究科学家一样，在寻找最佳方法方面采取多种行动。在试图从大量的信息和观点中决定采取哪种行动时，规划师必须使用理性标准。与韦伯和曼海姆一样，法卢迪认为规划师应采取非意识形态的和客观的立场：

> 意识形态的批判所提供的信息是一个有用的标杆，它也许构成了某个规划提议的基础，但是决不能让它麻痹了规划师们的能力，以免规划师们成了无动于衷的决策接受者。如此，他们才更有可能像清晰论证规划提议一样对这些规划提议给出清晰的评估……判断其可接受性的前提条件，判断其是否得出了适当的推论……简而言之，他们把特定需求和规划提议整合到一个整体的理性选择中。（Faludi，1973，p.37）

在麦克劳林及查德威克的系统分析方法中，他们也采取了理性方法。在早期著作中，法卢迪将上述这种理性方法与麦克劳林及查德威克所言的理性方法进行了比较（Faludi，1973，p.38），不过后来他放弃了这种方法（Faludi，1987，pp.42-44）。然而，同时强调过程和理性，会存在一些交集。这两个学派的分歧在于系统中是否包含实质理性。

和麦克劳林一样，法卢迪感到，理性过程规划不仅影响到个人决策，而且影响到组织结构。规划机构（planning agency），这个术语是法卢迪的提法，只是一个以有效方式识别和解决问题的官僚机构。因此，这种规划机构应该以有助于这种有效方式的实现来组织。法卢迪采取的方法，就是在规划机构的规范模型和大脑活动之间寻求共通之处：

> 规划机构的组成部分与人类大脑思维运行中所涉及的组成部分具有相同的目的，并且规划机构中发生的信息处理过程表现出与大脑思维运行过程相似的模式（Faludi，1973，p.58）。

尽管法卢迪可能会被指责做了太多这样的类比（尽管他确实意识到这些缺点），但这种比拟的核心是简单的。存储器由离散函数组成。它通过一个接收器接收信息和输入，接收器同时与存储器和选择器相关联，后者具有在可供选择的响应之间进行选择的功能。然后效应器对环境产生变化。基本上，我们通过感官接收信息，然后决定我们应该对它做出什么反应，再然后就是采取行动。当存储器补充进法卢迪所说的"蓝图"——未来的画面或愿景——的时候，与规划的类比就会生动起来。我们称之为"目标"（因此与实质理性有所联系）的这种未来式愿景，被当作一种理想状态，我们可以将当前的情况与之进行比较。然后通过效应器进行调整，以确保愿景能够实现。根据法卢迪的说法，这一愿景可以是一个社区层面的愿景，尽管如何将颇具分歧的不同利益整合成这一愿景依然是个问题。

与机构组织具有关联关系，源于对思维方式中相对应的离散功能的识别。现在，接收器可以被称为调查单元，负责规划方面的研究。发展规划部门从接收器或研究单元获取信息蓝图或愿景。选择器成为规划委员会或决策者，最后，效应器可以被视为类似于发展控制部门，他们对提案做出决策，并且决定这些提案如何与愿景或规划相关联。这是对法卢迪思想的简化表述，但它们表明了形式理性主义在多大程度上为决策或决策过程提供了基础。它还表明，对规划的这种思考方式（或任何其他决策过程，如征税或经营医院）不仅可以应用于决策过程，还可以应用到结构问题和组织问题本身。在这一阶段，有几点是值得注意的。

首先，法卢迪的理性决策方式，显然是借鉴了目的理性或实质理性。规划作为一种理性过程，包含了实质理性或驱动形式理性的某种愿景。和达到既定目标的手段相比，价值观、愿景或规划几乎成为次要内容。其次，目的（实质）理性与手段（形式）理性之间的关系的模糊性。尽管法卢迪承认这两者之间没有明确的界限，但分析模型似乎表明它们是截然不同的。正如许多对理性方法持批判态度的批判家所指出的那样，存在强有力的论据，表明不能也不应该坚持这种差异性。最后，在法卢迪模型中，对每个不同部分的输入和输出，都存在内隐的态度。有明确的和可识别的输入内容，如广泛的公共愿景和环境担忧，但这些基本上都没有被当作问题；在可能存在冲突的领域，这些却被忽略，并被当作技术问题，被供送到理性过程和组织中。

然而，针对这些问题的一个答案，可以表述如下：法卢迪所展示的理性模型并不是对如何完成事情的具体描述，而只不过是一种模型，或者是一种启发式描述，同时也是对已做出的决策的正当性进行解释。在这里，有两个要点。首先，一些人指责法卢迪创建的将规

划当作一个过程的这个模型并不现实。他接受这点。其次，法卢迪
还认为在决策过程中使用的一些不那么理性的方式——运用直觉、预
感等——和事后论证这个决策过程的正当性相比较来说，并没有那么
重要：

> 一个希望把自己所得出结论以令人信服的方式展示给
> 大家的人会指出，基于理性的考虑有可能让他们采取整齐
> 划一的风格来组织内容。他通常不会说这个过程是他实际
> 所使用的，而是会认为其他人应该同意他的结论，因为这
> 些结论看起来是从合理的论证中得出的（Faludi，1973，
> p.81）。

考虑到过程和组织对理性的贡献这个要点，上述这种立场看起来
非常奇怪。它所做的就是在强调"理想—现实"之间的鸿沟，当然也
在努力澄清法卢迪所说的"理性"这个术语到底是什么意思。法卢迪
对理性的看法，似乎指的是某个理想过程，并且也包括对没有遵循这
一过程所产生的决策给予正当性论证。

根据法卢迪的说法，遵循某个过程有助于明确什么是理性。与
系统观一样，理性规划过程也需要遵循一系列步骤，这些步骤在许多
方面与上述麦克劳林的方法类似。理性过程从识别和定义需要解决
的"问题"开始。这个问题可能是需要一个"更美好的世界"的愿
景，或者一些更加直接的问题，比如找到并配置最适合工业扩张的土
地。我们又一次发现，法卢迪并不是很清楚具体的问题是什么，它们
来自哪里，以及如何解决它们之间的冲突以达成一致的立场。他给出
的唯一的建议是："目标描述的是可能的世界，而不是一些幻想。"
（Faludi，1973，p.89）

目标一旦确定了以后，就要制定一个实施计划，该实施计划涉及
"各种行动意图，比如说具体行动的类型、强度和时机，旨在掌握具
体问题的控制变量，从而实现一系列目标"（Faludi，1973，p.89）。
法卢迪承认，在复杂的规划世界中，可能只有某一些计划能够实现既
定目标。因此，要找到能够实现目标的方案，就需要完成在各种替代
方案之间进行选择的任务，同时尽量减少支出或资源消耗。理想的情
况是这样的——制定目标，探索各种实现这个目标的可能方案，选择
某个方案并加以实施。然而，在现实中却存在着问题和目标不明确问
题，也存在外部影响不确定性等问题，比如其他机构的决策、经济稳

定情况等。尽管如此，理性过程方法仍然提供了解决这种不确定性环境的最佳方法，因为即使所选方案不能完全达到目标，至少它将公共行动推向了正确的方向。

　　这似乎暗示了现实与理性规划的这个理想是颇有不同的，法卢迪对此作了进一步探讨。在像规划这样复杂的环境中，如何做出决定和选择方案？法卢迪提出了一些旨在解决此类问题的决策方法：

- 程序化（*Routinization*）。在大多数官僚机构中，"捷径"的出现加快了决策的速度，使人们的注意力集中在重要而非琐碎的问题上。法卢迪认为，这种基于规则的自动化系统，在选择正确方案从而始终如一地实现特定目标等方面也具有重要作用。因此，如果自动化的、基于规则的系统是经过深思熟虑且合理的，它们可以提供有用的方法来决定使用哪种计划，从而避免每次使用过多的资源。
- 序贯决策（*Sequential decision-making*）。在出现过多的信息或项目需要评估以满足给定目标的情况下，确保不同项目在影响和资源方面都得到适当评估的一种方法，是基于矩阵的序贯评分机制。与程序化不同的是，这种方法确实对不同的方案进行即时的评估，从而确保每次都选择出最合适的方案。然而，这需要更多的时间和资源。
- 混合扫描（*mixed scanning*）。很明显，程序化和序贯决策之间的某种方法是一种明智的折中。埃齐奥尼（Etzioni，1967）开发了一种他称之为"混合扫描"的方法，该方法涉及对信息的识别和比对分类。对问题进行广泛的扫描，然后对较大范围的扫描所产生的各个方面进行详细的检查以作为补充。混合扫描强调，如果没有具体的预期愿景或"构架"方式，我们就无法处理问题。我们倾向于通过经验来识别各种有重要意义的方面。因此，混合扫描是一种折中的办法，它选择出的行动方案，很有可能会非常符合人们的实际工作方式。

　　上述三个关于如何进行理性行动的选择方案，在一定程度上凸显了针对规划的理性过程这个观点的一些批判。公式化的方法强调要遵循不同的理想化阶段，显然，这种公式化方法与"现实世界"之间存在着利弊权衡，后者往往更混乱、不那么直接。这种批判促使了其他一些方法的发展，其中最具影响力的是林德布卢姆的非连贯的渐进主义（disjointed incrementalism）（需要更多这方面的信息，请参见第六章关于实用主义的论述）。

　　粗略来说，对理性过程的方法的批判，还存在其他两个学派。第一个是基于广义马克思主义视角。这类批判主要涉及两个方面。第一个方面是认为法卢迪的方法对理性划分的假设是不存在的。正如克里斯·帕里斯（Chris Paris）所说：

> 对理性，法卢迪使用了一种分析性（*analytical*）的区分，并将这种区分看作是对规划（作为一项人类活动）的本质的一种真正划分……他采取了太过于简化的策略，以至于掩盖了规划的社会背景，规划师（有意识和无意识地）持有的理论以及规划实践的内部程序之间相互作用的现实。因此，有人认为，他从社会、政治和经济等方面扭曲了规划实践，如此来看，他的规划是运作在他自己虚构的城市问题上（1982，p3）。

　　我已经在上面对这种批判做了比较详细的讨论，所以在这里不再赘述。第二个有关广义马克思主义批判问题是建立在第一个的基础之上，认为法卢迪对不同理性的区分应该是不存在。一个典型的观点认为，"程序理论本质上是'空洞的'，因为它规定了思考和行动的程序，但对这些程序所处的背景是没有调查的"（Thomas，1982，pp.13-14）。这种"空洞"的性质使理性规划脱离了对历史事实和特定时代情境下的常规政治经济问题，同时将社会观定位在基于个人而非阶级冲突之上（见第四章）。相反，法卢迪采取了多元的视角，认为存在高度的社会共识，把规划看成一个将规划本身去政治化并最终寻求彻底消除政治的过程。对马克思主义这头公牛来说，这显然就是用一块红布来进行挑衅，尤其是因为过程规划没有提供任何批判社会或资本主义的立场，反而认可经济力量占据支配地位这种理性，并和其保持一致。

　　第二个对理性过程方法进行批判的学派，涉及其他形式的理性，并为沟通理论学派下的规划提供了前进的方向。从这个角度来看，有许多观点都可以被贴上后现代或新现代的标签。弗里德里希·尼采（Friedrich Nietzsche）更强调后现代主义的观点，他更加主张他所谓的人性中的酒神元素（Dionysian element）——与更为精明和理性的行为相比而显得更黑暗、更情绪化的一面。D.H.劳伦斯（D.H. Lawrence）说得很好：

> 真正的知识来自于整个意识库；来自于你的腹部的知识，和来自于你的大脑和理智的知识一样多。理智只能进行分析和合理化。把理智和推理凌驾于其他知识来源之上，他们所能做的就是批判，并制造死气沉沉。（1998，第4章）

这可能有点过了——我们需要做出集体决策并对其合理性进行论证，但不能仅仅以直觉为基础——不过，劳伦斯（Lawrence）认为需要平衡理性与直觉，这个一般性的观点与许多其他人的批判相呼应。例如，桑德考克（Sandercock，1998，pp.4-5）认为规划过于注重狭隘的技术理性，忽视了人性中更具有无意识特点的方面：

> 战后，在急于将规划转变为应用社会科学的过程中，许多东西都丧失了——城市的记忆、欲望、精神；场所的重要性和场所营造艺术；刻在石头上的本土知识以及社区记忆。现代主义的建筑师、规划师、工程师——所有浮士德式的英雄——都把自己看作是可以利用发展规律提供社会指导的专家……

> 社会科学被一种实证主义认识论所支配，这种认识论认为科学和技术知识优先于一系列其他同样重要的替代方法——经验、直觉与本土知识，基于谈话、倾听、观察、思考、分享等实践的知识；以视觉、象征、仪式和其他的艺术的形式表达的知识。而对于以定量或分析模型等形式表达的知识则甚为重视，这些形式的知识都是建立在一些拗口的专业术语之上，从定义上来看就把那些没有专业培训的人士排除在外了。

另一个对理性与系统规划进行抨击的是帕齐·希利（Patsy Healey）。她认为：

> 为追求目标而倡导和创造的技术和行政机制，是建立

在狭隘的和占据支配地位的科学理性主义基础上的。这些社会结构进一步损害了民主态度的发展，未能实现所倡导的目标。

对这类规划方法的实际影响的评估也表明，该类方法提出的过程和标准很难被吸收到量化的方法或逻辑过程，而该类方法却对这个问题视而不见。以色列的奥伦·伊夫特休（Oren Yiftachel，1994）和南非的马克·奥兰治（Mark Oranje，1996）研究了下面这种现象：规划为了达到一些具有强支配性的压制性目的，往往会使用或滥用更加趋向于技术理性的方法手段。本特·弗林夫伯格（Bent Flywbjerg，1998）探讨了丹麦奥尔堡镇规划的合理性和权力问题。弗林夫伯格遵循尼采和米歇尔·福柯的观点，即理性是创造和加强权力关系的一种方式。他认为，那些对"谁得到什么"有重大指向的政治决策，在事后被合理化为理性决策。规划作为一种意识形态，它为经济利益和政治利益之间的强大关系提供了一个理性和逻辑的前哨。这听起来类似于政治经济学的解释，也即关于规划在支持和再现生产关系中的"真正"作用的论点（参见第四章）。

弗林夫伯格（Flywbjerg）将尼可罗·马基亚维利（Niccolò Machiavelli）的《君主论》（*The Prince*）作为指引来理解行动者们控制形式理性的动机。正如马基亚维利所论述的那样，权力是一个关键主题："我们必须区分……那些为实现其目的可以强行解决问题的人和那些必须依靠说服力来解决问题的人。在第二种情况下，他们总是感到悲伤。"（Flywbjerg，1998，p.37，引自Machiavelli，1984）弗林夫伯格对使用"总是"这一词表示了质疑（必须记住《君主论》是一部虚构的作品），但他还是同意尼采的感伤，即认为"权力越大，理性越少"（1998，p.37）。

就理性来说，这是一个非常重要观点。基本上，它的意思是说我们把理性一词当作已做出的决定的烟幕，以掩饰强大的经济或政治关系。尽管加拿大吉尔·格兰特（Jill Grant，1994）的研究说明了规划师在事件发生对其进行合理化（正如法卢迪所指出的那样），也会在决策完成后再对其进行合理化，但是有些人可能还是会认为这是一种愤世嫉俗的观点。法卢迪认为，事后最大程度使不合理的决策过程合理化的方式，是完全可以接受的。因此，在支持理性过程的这样一个世界里，基于直觉做出的决策是可以接受的，前提是它可以在事后得到合理的解释。法卢迪在这里说的意思是，头脑不一定以天生的判断力方式来工作，但我们仍然可以做到理性决策和行动。然而，法卢迪没有说或者没有想到的是，规划师和其他人采用事后才对决策进行理性化的方式来支撑他们自己的合法地位，或者选择那些与他们直觉或意识形态所认为要发生的事情相协调的过程和方法："一个有说服力的理论，应该像现实中的行为者所看到的情况一致。如果某个理论与人们的常规看法一致，那么他就会推崇这个理论。"（Grant，1994，p.74）法卢迪对这其中的一些批判做出了回应（1982，1987）。他认为政治经济学相关观点的攻击是"彻底的、有力的和公允的"（1982，p.28）。到1987年，他还没有准备好割舍自己的理论根据（可能是因为在此期间出现了更多的批判，而规划理论也有了新的发展方向）。他的辩护基于四点，按他自己的说法，这四点在他最早的作品中已有明确。对批判理性规划是"空洞的"这个问题，他认为目标和手段都可以服从于理性过程。对于社会的认识存在不同的潜在观点的问题，比如多元主义的观点与政治经济学的观点，他同意那些与他观点分歧的批判者。他声称，理性规划并不是要取代政治，而是对其进行补充："所有的公共选择都包含了政治元素和理性元素，从这个意义上看，政治选择和规划选择是一体的，也是相同的"（1982，p.31）。最后，对于那些不太具有"批判性"的问题，他声称理性规划突出了公共讨论中的重要元素和公共选择，并且可以采取批判的方式对其进行讨论。

　　法卢迪的辩护在某些方面不具说服力——我毫不怀疑他的方法将导致规划的去政治化，也不怀疑基于专业技术的决策的影响力和权力会大幅上升。然而，正如史蒂芬森（Stephenson，2000）在其规划编制研究中强调的那样，有些要素，特别是住房和交通仍然是"技术性"的（零售业的"技术性"程度相对要低一些），并且主要由规划人员主导。然而，这项研究得出的结论是，独立于政治的纯粹理性和技术分析并不存在：

> 　　对于规划要解决的问题，对其最初的识别并不是首先来自于正式的技术分析。更准确地说，这些问题是从经验、日常观察以及公众、政治家和其他外行所提出来的一些事情中识别出来的。作为明确问题性质的一种手段，获取的技术信息也非常重要，它也反映了规划师对问题的理解。（Stephenson，2000，p.102）

然而，重要的是，法卢迪（Faludi）说了什么是一回事，而他及他的思想在更广泛的政治领域和规范领域中被解读成什么又是一回事，我们需要把两者分开。有些人批判理性的方法是"空洞的"，但我严重怀疑在缺乏制定和实施决策的方法的情况下，一个更具批判性意识的规划是否可以做到采取法卢迪的方法所能做到事情。法卢迪陷入了一个关于立场的更广泛的规范性讨论之中。因此，作为"别人所反对事情的一部分"，法卢迪经常受到苛责。

这并不是说不存在对理性方法的正当批评。更倾向于沟通形式的理性从理论上来说是协作式或沟通式方法的重要特点。向沟通式理性的转变，这既提供了一种针对批判的强有力的回应，也提供了一种方法，能够将前面所言的正式的理性方法嵌入到更具发散性和政治性的领域（见第十一章）。人们普遍觉得，正式的理性和系统方法充其量只是工具，而不是目的本身。而社会对"自上而下"的解决方案的日渐拒绝以及对专业人员的不信任，则更加强化了人们的这种感觉。

结论

系统和理性方法是实证主义规划理论的顶峰。控制和预测所展现的共同特性，正是许多批判家们所担忧的地方，这些批评家们对自然科学方法在具有更加混乱和开放属性的社会中是否适用的问题提出了批判。但他们也强调了第一章和第二章中讨论的许多主题。专家级规划师与外行之间的较量，不是仅仅为了获取计算机模型；而是为了控制。陈述问题使用哪种方式主要集中在控制权的问题上，而这种控制权则同时掌握在规划师和其他一些特选的人的手中，而那些不了解这种专业知识的人被排除在外。在第一章的措辞中，规划师是"标准的代理人"。在系统和理性方法中，真理是绝对的，而不是相对的。

这些"科学"方法对那些渴望技能和知识的人来说所展现出来的吸引力，或许可以解释为什么系统规划理论和理性规划理论能够如此经久不衰。但是，像大多数理论一样，当把它和现实进行对接时，事实证明它依然是失败的：

我依稀记得自己的第一份工作是关于莱斯特郡次区

域 规 划 研 究（Leicester and Leicestershire Sub-Regional Planning Study）。这个研究由布莱恩·麦克劳林（Brian McLoughlin）负责，他教授的系统理论对规划的影响，引起了我和他在曼彻斯特大学其他学生的兴趣。该研究试图将系统方法应用于具体的规划实践任务。系统论为制定战略规划政策提供了宝贵的方法论框架，但必须在各方面做出妥协，以适应现实世界中的政治期望、现有的承诺等。我记得，我们试图使用排队理论，但发现其实它与真实行为无关。这项研究是成功的，但完全是因为麦克劳林能够抛弃采取理想化或公式化的方法来使用他的理论，而是根据实践的实际需要来运用理论。（Thompson，2000，p.131）

　　像麦克劳林和查德威克这样的理论家是如何从其他学科和领域吸收理论知识并将其转化为内生的规划理论的？其方式是非常清晰的。许多观念，如来自生物科学的系统观，需要对其应用方式进行转换，使其匹配机构（如地方当局）、城市形态、现有政治现实及专业需求。考虑到这些，必须承认，麦克劳林等人提出的方法对规划来说是独特的。但是，时间和空间同样也是重要。系统方法的发展与20世纪60年代计算机的能力提升但价格走低且更易用同时出现并非巧合。而对这两种方法内含的自上而下的观点的反对行动的出现时间，正好也是公众普遍质疑政府作用的时代，这显然也不是巧合。实践中的这种反应，也体现在理论的反应上面。在理论反应方面，尤其体现在对系统方法和理性方法表现出来的无关政治这一属性的反对。在这种批判声中，最具力量的莫过于对政治经济学方法所持兴趣的复苏。

第四章
批判理论与马克思主义

引言

批判理论①的本质是改造社会，而不是简单地理解和分析社会。在广义的批判理论学派中，存在许多观点立场，特别是那些与法兰克福学派（Frankfurt School）有关的思想，但我们首先将重点放在马克思主义理论这一重要维度上。然后，我会继续强调批判理论，这些理论是从认识到马克思主义思想的缺陷中发展而来的，是对资本主义社会后来的一些表现以及苏联式的马克思主义解读的失败的一种接受和妥协，目的是为了保护和发展个人自由。马克思主义理论的核心主张是，城市地区和规划作为一种研究对象，不能把它们从社会中脱离出来。它们是由社会产生的，从根本上说，它们具有一种内在逻辑和功能，这种逻辑和功能主要源于社会的经济建构力量——大多数情况下是资本主义。简而言之，城市和规划（包括规划理论）是资本主义的反映，同时也是帮助构建资本主义。这种观点对许多根深蒂固的概念提出了严峻的挑战，特别是前一章所叙述的那些方法。例如，规划师通常以"公共利益"为参照来评判规划的合理性。根据批判性和马克思主义的观点，没有这样的公共利益，只有提出或创造国家机制的资本利益，如规划就是帮助资本主义能够继续发展，并给人的印象就是公共控制。这相当于尼古拉斯·洛（Nicholas Low, 1991, p.4）

---

① 批判理论经常被当作和马克思主义和政治经济学这两个术语具有相同的意思来使用。不同的思想学派之间存在着差异，最显著的是关于实证主义的角色以及资本主义的文化维度的讨论。重要的相似之处在于拒绝迷信和教条主义，且充满改造社会的欲望，而不只是简单地对社会进行分析。

所定义的异议规划理论，因为它是高度批判性的，且几乎没有提供除打破现状之外的其他可选方案。

　　看起来，在这里写一章关于马克思主义和批判理论甚至有些不合时宜。1989—1991年间东欧和苏联剧变，能够最终证明替代新自由主义霸权的激进方案一定是多余的吗？安德鲁·甘布尔（Andrew Gamble）和其他人认为，马克思主义方法仍然具有重要作用：

> 在马克思主义中，存在一个知识核心，它既值得保留，也有进一步发展的潜能。针对现代世界经济和社会制度的起源、特征和发展路线等，马克思主义仍然还是提出了许多关键问题。（Gamble，Marsh 和Tant，1994，p.4）

　　我同意这一点。批判性的和马克思主义的分析提出了有关规划的许多重要问题，并帮助，用劳永（Law-Yone）的话来说，"揭露（规划与）国家、民族和资本主义之间的共谋"（2007，p.317）。虽然环境可能发生了变化，虽然马克思所描述的系统及其提出的批判无论是在复杂程度还是在内涵理解上都因批判理论而发展到了新的水平，但在今天看来，这个系统和这些批判在本质上仍然保持着相似性和相关性。

批判理论与马克思主义

　　与大多数思想学派一样，马克思主义和批判理论包含着各种各样的观点。因此，任何试图对其进行概述的尝试都必然是不完整的。然而，理解这种方法的关键是马克思的著作。在马克思时代，经济和市场是最根本的调节和建构机制（不亚于当今的经济和市场作用）。政治经济学方法的创始人亚当·史密斯在他的《国富论》中曾经写到过这一点和所谓的"看不见的手"，从而帮助定义了资本和劳动之间的关系，这是马克思后期著作的核心。马克思从人们广泛认可的原则出发，即人们需要生产生活所需的物质资料（如食物、住所等）才能生存。为了做到这一点，他们需要进入与其他人构成的社会关系中，这种关系就是劳动分工，例如务农、工具制造等。在资本主义条件下，其不同之处在于，以前的工人需要生产足够的产品来生存和繁衍后代，但现在他们生产的产品已经超出他们自己所需，这些产品不是为了他们自己，而是为了获得报酬。

马克思区分了他所说的必要劳动和剩余劳动。工人的工资是工人及其家庭生存所需。他们所生产的高出他们家庭所需的那一部分（剩余劳动）全部归雇主所有。雇主和工人之间的这种关系是社会中的基本划分。两个群体——拥有生产资料的群体和出卖劳动力的群体——代表着资本和劳动力。他们之间的关系是一种剥削、不对称的关系，资本家通过占有剩余劳动获取更多利益的。二者代表了截然相反的群体或阶级——资产阶级和无产阶级。同样地，二者有着本质上不同的利益——资产阶级增加利润，无产阶级提高工资和生活条件。

为这种关系提供动力的是资本，其目的是利润。用马克思主义者的话来说，资本是"凝固的劳动"。劳动生产的产品超过了劳动者自身所需，其剩余部分被"锁定"在钞票、建筑物、机器等上面。因此，资本不仅仅是一个无生命的对象；它是社会生产出来的一种关系。这似乎相当模糊，但却是一个重要的特征。马克思花费了大量的时间和精力试图确定什么是资本。他认为这不是现金数量，而是一种生产手段，因此是过程的一部分。资本的这种动态特性与流通有关。在流通过程中，资本用于购买诸如材料、生产资料和劳动力等商品。此过程创造的剩余价值或利润则使得使这一过程得以继续。

资本循环还需要另外一个重要维度，那就是消费。必须有一些人购买商品才能使这一过程继续下去。这些人就是被剥削的工人。因此，我们才有一个完整的循环。然而，这之中存在一些明显的问题。如果工人被期望消费他或她生产的产品，但工资低于他或她工作的总价值，那么肯定会出现产品过剩吗？这里，我们就得到了马克思主义思想的另外一个重要维度：那就是危机。马克思认为，资本主义存在周期性危机的倾向，这种危机的产生是由于生产过剩。并非所有这些商品都能被工人消费，导致"消费不足"。危机发生的一个相关原因是利润率下降。资本家需要通过降低实际工资、增加工作日或引进机械化生产方式使剩余价值最大化。在所有条件相同的情况下，把整个过程进行大概简化后，可以看到长期的结果是利润率下降，因为总体上工人的开支相对会低一些。无论何种情况，结果都是一场危机。

如马克思主义者所预言的那样，资本主义经济已出现了危机，最著名的是1929—1941年的大萧条。但资本主义可以通过多种机制避免或转移危机。包括资本家消费部分利润而不是把利润放入投资，从而减少需求不足。寻求新市场或更便宜材料的国际扩张、战争和新技术发展，都为作为一个整体的资本主义避免危机提供了机会。但也许最重要的因素还是国家的作用。例如，凯恩斯主义就是基于这样一个基石，即认为通过操纵供给和需求，资本主义是可以"被管理的"。正如我将在本章中进一步详述的那样，城市规划可以说是另一种国家机制，它与国家的角色共同作用，目标就是避免危机。

　　马克思认为，危机不仅是不可避免的，而且还为不同的生产方式，即社会主义提供了机会。这样的革命不是对资本主义进行改造，而是资本主义之后的社会组织新阶段，它涉及"强制推翻现存的整个社会秩序"，除此之外，还要求征用土地财产和将所有土地租金用于公共用途，集中通信和交通工具，以及生产资料的所有权（Marx和Engels，1985，p.133）。

　　这是马克思主义思想的基本纲领。马克思主义思想没有涉及的内容是它所依托的假设和其可能带来的启示，而这些内容又是马克思主义思想和批判性理论的核心思想与规划能够关联起来并运用到规划之中的原因。这些内容所拥有的一个特征就是异化问题。工人不仅是买卖的商品，而且其满足感也发生着非人性化的异化，因为工人的产出属于雇主。此外，工人们承担越来越多的专业化工作，因此从来没有生产过一个完整的产品。对此，马克思的解决办法是共同拥有财产和生产资料。但是，既然工人们被权力所疏离，并且又对他们所得的份额感到不满，为什么他们没有对此做点什么呢？简而言之，是什么阻止了工人们的革命？

　　马克思提出了虚假意识的理论帮助解释这一点。工人们知道，他们从事某一项工作，而资本家则从中获得利润。但是，他们未能也没有完全理解其复杂性、牵涉的维度和全部含义。因此，人们认为资本主义是公平的（毕竟，是他们自己出卖的劳动力，并没有被强迫这样做），相应的资本家承担了风险。在个人层面和阶级层面，这种意识都能够有效运行。马克思并没有将这种虚假意识理论深入发展，但意大利的安东尼奥·葛兰西（Antonio Gramsci）这样做了。葛兰西探讨了资产阶级建立和维护其统治的方式。为此，葛兰西引入了支配权的概念（凌驾于他人之上的某种权威）："采用这个概念（支配权），他的研究表明，为了保持至高无上的地位，统治阶级必须成功地将其自身的道德、政治和文化价值观作为社会规范，构建一种意识形态上的共识。"（Hay，1999，p.163）支配权必须以积极的认可与共同的协议为基础，也就是要普遍认可资本主义对每个人都有利。这种共同协议或共同的支配权涉及各种国家机制，规划通常被认为是其中一种，我将在下文对其进行讨论。

不管支配权是什么，国家活动的表现最终只不过是形成了马克思主义所说的上层建筑，这种上层建筑是以资本主义生产方式为基础的。马克思在《政治经济学批判》（首版于1859年出版）的序言中，引入了基础和上层建筑的概念：

> 在他们因生活而发生的社会生产中，人进入不可或缺的、独立于人类意志的确定关系中；生产关系对应着特定发展阶段的特定物质生产力。这些生产关系的总和，构成了社会的经济结构，这是真正的基础。在此基础上，产生的是法律和政治上层建筑层，并对应着些确定形式的社会意识。物质生活的生产方式在总体上决定着社会、政治和智力等生活进程。不是人的意识决定了人的存在，恰恰相反，是人的存在决定了人的意识。（Marx，1971，序言）

马克思在这里所说的观点是：社会的经济结构（资本主义）决定了国家的存在和国家的形式，也决定了我们对国家的认识。因此，尽管我们可以对国家的日常运作和活动形式进行小修小补，但这必将受到资本主义的需求和其外在表现的限制。

与规划的关系

所有这些关于资本流通、支配权和危机等的说法在理论上听起来都不错，但是它与规划有什么关系呢？关于如何在城市化和规划中应用和发展政治经济学和马克思主义方法的研究有很多。针对土地利用规划怎样才能被马克思主义思想解释得通的问题，理查德·福格尔桑（Richard Foglesong，1986）提出了一系列不同的观点。所有这些观点都建立在大量的作品之上，核心就是讨论在资本主义制度下国家的角色和作用。马克思主义对规划的理解的核心在于理解国家这一角色。海（Hay，1999）识别出了四种基于马克思主义的国家概念：

- 国家作为资产阶级的镇压力量。基本上，国家是作为统治阶级的镇压力量的一种表现形式而存在的。
- 国家作为统治阶级的工具。这种观念认为，国家是统治阶级加强和保障阶级结构自身的稳定性的工具。马克思主义者的注意力主要集中在当权者的影响及他们之间的关系网上。
- 国家作为理想的集体资本主义者。在这种观点下，国家被看作是为了保障资本主义再生产而提供必要的条件和国家干预。
- 国家作为团结力量的一个因素。在这里，对国家的理解如下：通过认可阶级统治，国家给社会提供一种团结一致的结构。

无论是哪一种论述观点，国家都是马克思主义关注的焦点，因为它是"当代资本主义社会权力关系网络中的关键节点"（Hay，1995，p.156）。对国家的理解，最有影响的马克思主义观点，就是上文所说的把国家当作理想的集体资本主义者，也称为结构主义。这种观点认为，尽管资本是多样化的，而且经常处于竞争中，但它仍然依赖于某些基本因素，使其能够创造剩余价值和利润。马克思主义者认为，资本主义具有内生的不稳定性。它面临自身固有的矛盾性，这种矛盾性是与生产过剩相关联的。因此，国家需要提供一种稳定性，特别地，它要提供：

- 私营企业无法提供的，非营利性基础设施。
- 以军事手段捍卫国家经济空间的能力。
- 提供法律制度以建立和保护私有财产。
- 调节和改善阶级斗争、资本与劳动冲突的制度。（Hay，1999，p.157）

这些角色将资本主义固有的危机转移到了国家身上。"对马克思主义的国家理论来说，这其中的含义是深远的。因为这再一次揭示了国家在保护资本循环中起着至关重要的作用。"（Hay，1999，p.158）马克思主义的国家观随着时间的推移得到了发展。其中，葛兰西（Gramsci）提出的两个特别重要的发展，对于我们理解规划具有显著意义。正如我上面所概述的，葛兰西试图理解资本如何能够持续避开危机，并追问国家在避开危机的过程中扮演了什么角色。这种理解为我们提供了另外一种观点：与其说国家是一种镇压力量，不如说是某种说服力量的一部分，其目的在于让被统治的下层阶级确信除了接受现状外别无选择。因此，国家通过各种机制行事，使其在许多人的眼里是合法的，如此一来国家就可以不需要诉诸暴力即可维持资本主义。这种影响可能采取的各种形式，许多人，包括米歇尔·福柯对此进行了探讨。我在第八章及其他章节也对福柯的作品进行了讨论。

因此，国家在马克思主义理论中具有举足轻重的地位。规划作为国家的一部分，以完全不同的视角呈现在了系统和理性方法面前，因为系统和理性方法采取的是无关政治的和技术专家治国主义的观点。而根据上述论据，规划可能会帮助维持资本主义，甚至说服公众相信规划是在代表公众行事（通过公众参与等），而实际上它仅仅是强大利益的一个表象。正如斯科特（Scott）和罗威（Roweis）所说：

> 像所有的国家干预一样，城市规划的具体干预范畴……一般从确切的、历史已经决定了的冲突和问题之中产生，这种冲突和问题往往内嵌在资本主义社会所表现出来的财产和社会关系之中，尤其是会产生于资本主义的城市化之中。（1977，p.1103）

这种粗略的分析一直是马克思主义解释规划的主题，这些解释试图更深入地探讨资本主义中的规划职能。

地理学家大卫·哈维（David Harvey，1973，1989）提出了这样一个解释。哈维从基本要素入手，认为在劳动力市场和商品市场中存在一个空间维度。人们生活、吃饭和工作都是在场所（主要是城市）中发生的，因此，资本主义与空间的这种格局是有关的。简单来说，人们可以看到城市在资本主义中的映射，或者正如他所说的，"资本积累和城市化的生产是齐头并进的。"（Harvey，1989，p.22）。能够找到工厂、房屋、道路等事物的地方，大多数都是由资本的需求所决定的地方，例如工厂总是临近于生产原料，房子接近于工厂。除此以外，哈维还更进了一步。我们知道，资本主义是与利润相关的，利润是生产创造的剩余价值。而利润的创造与时间是相关的（创造剩余价值的速度）。而速度与空间也是有关的，因为跨越空间的运动（劳动力、货物、信息等）需要时间。竞争给资本主义施加了压力，使其在创造剩余价值或利润时，需要减少这些时空障碍。在这里，我们看到了马克思主义对城市的解释的关键及其对规划的启示——城市地区将不断受到来自资本主义动态的压力，城市必须变得更加"高效"才能应对资本获得利润增长的需要。这里的高效指的是

"通过时间来湮灭空间"（Harvey，1989，p.22）。换句话说，资本主义将不断寻求减少阻碍剩余价值或利润生产的物理障碍。这一点尤其值得反思，因为它对规划师实际所做的工作具有重大启示。

　　一个贴近规划师内心的例子有助于说明这一点。城镇是劳动力和商品生产及消费的中心。长期以来，有一种产品特别重要，那就是食品。传统上，市场（从买卖食品的空间范围这个意义上来理解）一直与城镇中心联系在一起。区位是受可达性驱动的（许多销售点的集聚减少了生产和消费的时间，从而增加了可获得的利润），因此市场通常设置在易于到达的区域（例如，十字路口）。

　　在中世纪，市场通常是用来交易剩余农产品的，也就是说，种植者到底做了什么决定对维持家庭来说并不必要。大概在工业革命时期，随着生产的产品超过生活所需的出现，商业街的商店成为此一时期发展的产物。资本主义一直都在寻找交易剩余商品和实现利润的方法。消费者对这些商品所拥有的可达性仍然是最重要的，并且仍然取决于步行或马车等交通。然而，竞争创造了一种不同的城市形态，而不是一个临时的中央市场。现在，我们发展出了永久性的商店，那些商店通常是沿着我们所知的商业街呈线性形态而分布。迪尔（Dear）与 斯科特（Scott）把这样的区域称为"集聚的集群"，它们位于原材料站点或运输节点周围，使得组装和加工的基本投入成本最低（1981，p.9）。

　　后来，汽车的普及又创造了一种新的城市形态。可达性仍然是市场区位的驱动力。然而，汽车（一项技术革新）使大型商店得以在边缘甚至在城镇之外发展。因此，大多数城镇的城市形态反映了资本主义的发展，其发展遗留，可以从以商业街的衰落、路旁及环路上迅速增长的零售厂房为典型的城市形态中看到。正如哈维（Harvey）所说：

　　　　　基于对资本流通的研究，我们随后的考虑是：为了资本积累，城市系统和那些"理性景观"必须经受持续不断的转变。从这个意义上讲，资本积累、技术创新和资本主义城市化必须并肩同行。（1989，p.23）

　　这种"理性景观"适用于城市地区的所有生产和消费空间，从而形成由不同功能、不同规模的中心构成的等级体系。（Dear和Scott，1981，p.9）

　　然而，关于城市地区与资本主义之间的关系，这并不是故事的全部。城镇不仅是资本主义动态的反映，也是资本主义发展的前提。劳资关系是马克思主义分析的核心。根据布罗代尔（Braudel，1984）的说法，在将劳动和资本两者结合起来这方面，城市地区发挥了至关重要的作用，使得两者能够被资本主义发动起来以进行多回合的资本积累。在资本积累开始之前，需要通信、市场和物质基础设施的空间集中。城市地区提供了这种设施集中的场所。这些地区还提供了一种既高效又有效的手段，将劳动力集中在一个地方，通过警察和军队等民事控制，一方面确保劳动力的可获得性，另一方面确保劳动力服从现有的制度。

　　哈维认为，城市地区劳动力集中的另一个含义是，城市政治需要建立一些机制，通过这些机制来确保劳动力的再生产，并且在需要时是可获得的。因此，教育、医疗保健和宜居环境成为城市政治家优先考虑的事情，比如伯明翰的约瑟夫·张伯伦这样的政治家就是如此行事的（Harvey，1989，p.30）。然而，不同的体制会采取不同的方法来解决劳动力的社会再生产问题。有些体制会采取彻底的极少干预主义的方法，而另一些体制则寻求采取更倾向于干涉主义的路线。城市治理的各种方法，其成功或失败均无定数，这给资本主义动态与城市地区之间的关系这个议题又增添了一个新的讨论维度。相对来说的成功或失败，可能与城市地区如何通过有意识的决策来适应资本积累有关。例如，一种更具干预性的方法可能会增加对资本自由流通的阻碍，例如使用征税手段来转移支付教育和福利支出。然而，这些城市地区对资本的吸引力未必会由于这些措施而降低，例如，熟练的劳动力可能会由于这些规定而更容易被这些地区吸引。

　　提供资本积累条件，并不一定意味着这种积累会发生。哈维（Harvey，1989）认为，更可能出现的情况（由经验证明）是：城市地区持续出现资本短缺和劳动力过剩现象。这是因为占据支配地位的权力关系有利于资本（当权者通常是资本家），而资本可以通过投资新产品来充分利用技术创新的优势，或者转向能够获得更高利润的其他类型的生产或其他的城市地区。

　　这就引发了资本主义动态在城市内部以及城市间尺度上产生影响的议题。正如一个城市不断地受到资本积累动态的影响一样，区域也受到这些过程的影响。因此，我们可以设想：为什么一些城市或地区比其他城市做得更好，以及为什么会出现国际城市层级体系（Cohen，1981）。据此我们得到两点启示，第一点是我们可以把这

些不同区域的分布及其财富看作是由资本主义动态的历史过程所形成
的。第二点是城市地区和区域之间总是处于相互竞争之中，目的是为
了保持或吸引未来多回合的资本积累。

　　总之，马克思主义分析认为，城市既是资本主义的组成部分，也
是资本主义的反映。城市地区：

- 反映资本积累的动态。
- 面临减小空间差异性的持续压力。
- 为未来的持续资本积累提供资本和劳动力集中的条件。
- 是国家对劳动力进行监管和控制的舞台，尤其是在劳动力过
  剩的时期。

　　城市与资本之间的这种共生关系，有力地说明了为什么在土地和
财产方面，需要某种形式的国家干预。基本原因有两个。第一，资本
主义不能提供维系自身所需要的全部条件。特别是道路、桥梁等基础
设施，不像土地或劳动力等是可以买卖的商品，因为它们涉及大量的
资本投资并且回报很少或没有回报。其他服务和商品，如公园、垃圾
收集和廉价住房也属于这一类。

　　第二，资本主义的动态意味着土地利用将发生变化，有时，土地
利用之间还会出现冲突。正如迪尔与斯科特所说：

> 　　由于资本主义社会也以一定的形式表现在城市形态和
> 过程中，因此其自身的进一步生存和发展也受到了约束。
> 在城市系统中，这些约束产生的原因，与其说源自于妨碍
> 社会进步的外部物理限制，不如说源自于生产和再生产带
> 来的空间动力过程所固有的内在矛盾。（1981，p.12）

　　住宅区可能会受到新兴产业的烟雾和噪声的影响，而零售业可能
会因新办公楼开发造成的拥堵而受到不利影响。关键是，一个区域的
快速变化，可能会影响到另一个区域，但是该区域对这种变化的实际
反应会相对更慢。这会造成不对称。比如，由于附近有一家工厂，人
们不能或有可能不想仅仅因此而搬家。房子可能需要出售（可能以低
于未偿还抵押贷款的价格）；孩子可能要转学；家人、朋友、就业和
一系列社交网络可能根植于附近。从长远来看，这种转变很有可能发
生；但在短期内，相互冲突的用途是非常具有破坏性的。

对规划为什么存在的这种理解，听起来类似于从新自由主义的角度来论证规划的正当性。然而，二者存在一些重要的区别。首先，根据新自由主义者的观点，资本主义是自我调节的——供给和需求最终将达到平衡。另一方面，马克思主义者认为资本主义本质上是不稳定的，并且容易发生危机，最终许多人会推翻它。新自由主义理论家勉强接受政府干预，以极少的介入方式帮助市场更加有效发挥作用。马克思主义者则认为国家要发挥更基本的作用。规划是"统一调整城市土地利用时空发展的手段"（Dear和Scott，1981，p.13）。规划是国家的一种延伸，它根据资本的需要改变自己的规则（目标、要点和理论等）。并不存在无关政治的规划，或法卢迪所说的基于客观技术或职业道德和标准的过程规划。相反，规划是：

> 一个不断变化的历史过程，受到各种广泛的城市矛盾体系的不断塑造和重塑。因此，欧洲和北美的城市规划师们，现在并没有把注意力转向分区规划、城市更新及高速公路建设，这是因为：只是在抽象的、自我推进的规划理论中出现了"新想法"。只有当城市发展开始产生真正的问题和困境时，规划师才会努力消除它们。（Dear和Scott，1981，p.13）

这是迪尔和斯科特对规划的葛兰西式解释，在这种解释下，专业的客观性、技术、方法和公众参与是一种安慰剂，它使公众相信市场的影响和不公平性正在得到解决，而实际上，规划却有助于这些问题永久存在。

对于规划的作用和意识形态的看法，哈维（Harvey，1985）做了更详细的解释。规划师被教授社会再生产的工具，例如，划分"最佳"投资配置。但规划师也需要权威和权力实施干预和执行这些想法。这种权威建立在一个乌托邦式的"和谐"社会的理念上——即"公共利益"的论点以及公众对"专业人士"的尊重和维护上。哈维认为，这种公共利益，实际上远不是一种对各种竞争权益的客观而专业的平衡，而是一种使现有社会秩序永久化，并促进社会再生产的意识形态。正如哈维所指出的那样，这并不意味着规划师仅仅是现状的维护者。相反，他们必须是活跃的，能洞见问题和潜在的危机。

这样的评价似乎是令人沮丧的，但事实可能比这看起来更令人沮丧。从为持续的资本积累提供必要条件的意义上来说，资本认为规划既是必要的，也是提供控制感或公共利益的缓冲手段。但是，由于资本希望尽量减少任何干预，因此其表现出不情愿的态度，同时考虑到规划在国家机器中的位置，规划的实际范围和有效性都受到了限制。因为国家服务于资本利益，所以规划也会如此：

> 规划存在的理由是政治和经济的相互配合。国家需要将规划制度化，以便为资本主义关系的发展和再生产奠定基础，资本的需求是希望通过国家干预使市场更平稳地运作。因此，现代规划把自己打造成一种为了公共利益而出现的制度化机制。（Law-Yone，2007，p.319）

这样一来，就将规划干预的范围限定为支持市场的这样一个角色（存在于以公共利益之名来实施干预这样的一个表象之下）。因此，规划是不可或缺的，但必须受到限制（Dear和Scott，1981，p.14；Foglesong，1986）。然而，由于它受到限制，规划在努力解决问题的同时又会制造问题，因此其实际的结果可能会是加剧更多回合的资本积累。在这里，迪尔和斯科特（Dear和Scott，1981）对于他们所认为的、因规划而产生的问题的论述相当含糊，反而是依靠一个普遍的观点来表达他们的看法，也即：规划既是药方，又是病源。

迪尔和斯科特继续指出，这些失败（不管是什么）既不是规划师自身的不足造成的，也不是理论的不足导致的。"实践中，规划的失败更多的不是知识的失败，而是与社会中的集体干预相伴随的一种不可避免的结果，这是因为我们的社会一方面强烈要求干预，而同时又强烈要求对这种干预进行限制。"（Dear和Scott，1981，p.14）因此：

> 城市规划干预，本质上是应对城市土地利用和畸形发展而产生的补救措施。规划师能够控制这些问题的表明症状，但他们永远不能废除产生这些病状的资本主义逻辑。（Dear和Scott，1981，p.15）

我们可能会感到资本和规划之间的关系看起来是如此捉摸不定和抽象，以至于我们可能会认为这种讨论几乎没有一点实际用途。有这种想法，也是可以原谅的。

还有一个方面值得一提。哈维（Harvey，1985）和福格尔桑（Foglesong，1986）都试图对资本的概念进行更细致的分解，识别其所包含的维度与涉及的利益。例如，"房地产资本"（如开发商、建造商、抵押贷款机构等）与制造业资本非常不同。前者可能会抵制国家活动扩展到其所辖的领域，而后者可能对此会持欢迎的态度。其原因并不难找。通过限制竞争，或管控土地和不动产的流通以避免这些东西被用于资本积累，监管管控就可以在地方上维持或创造自己的利润。例如，在英国，地方当局一定会确保五年的住房用地供应，这就有助于对房地产资本进行规划，从而获得一定程度的确定性。另一方面，如果国家干预能够限制一个地区的恶性竞争或保护某个制造业的紧邻地区免受有毒害作用的开发，制造业资本就会欢迎监管干预。因此，没有一个统一的资本概念，在特定的时间和地点，资本的不同方面之间的组合会有所不同。

马克思主义观点还有另一个重要的启示，这和上述的迪尔与斯科特的方法有关，具体来说就是涉及对一般意义上的理论和具体的规划理论的理解。总体上看，规划理论和规划一样，受制于社会基础的动态变化和实际表现形式，即资本主义生产方式及其阶级制度等各种社会必然产物。因此，不存在独立自治的规划理论。相反，所有的规划理论（可能除了马克思主义的相关解读），都是根据资本主义的需要而产生和发展的："城市规划根据需要确认自己的具体目标和重点，也会根据需要确认和改变自己所支持的意识形态（包括规划理论、专业行为准则等）"（Scott和Roweis，1977，p.1105）。正如他们所声称的那样：

> 城市规划不是（也不可能是）传统规划理论的某种稳定不变的现象，而是一个不断变化的历史过程，以广泛的社会矛盾体系为参照，规划会不断被塑造与重塑，最终它本身也成了社会矛盾的一部分。（Scott和Roweis，1977，p.1105）

这也并不意味着规划理论是固定的。哈维（Harvey，1985）认为，他所说的规划意识形态会随着危机而改变。虽然他没有详细说明这一点，但似乎可以看出他的意识形态危机类似于库恩（Kuhn）的范式概念（见第一章）。但是，两者的一个主要区别，可能是发生这种变化的原因和理由不同。库恩认为理论变革是因为现有的范式无法解释某些东西，而哈维则声称变化的发生是由于积累的危机以及规划在其中发挥的作用所造成的。

这种观点带来的一个后果，就是对所有现有的规划理论、规划理论之间的差异性（如程序性和实质性）和正当性（如为"公共利益"行事）都相当蔑视。例如，托马斯（Thomas）特别蔑视系统论，他把系统论描述为"空洞的"（1982），而斯科特（Scott）和罗威（Roweis）则认为规划理论总体来说是"微不足道的"和"空洞的"（1977）。系统规划等方法将整个规划过程视为非历史的和无关政治的，从而掩盖了规划的真实功能。在规划的实际角色中，规划理论和规划以提供干预和公共利益为表象，掩饰和合法化国家的真实角色，而实际上它几乎不能带来什么区别。因此，资本主义的具体现实表现，诸如城市剥削或城市贫困等，都被视为官僚问题，而不是资本主义产生的直接结果。这种看法，就是让资本主义的生产方式去政治化，而通过指出规划和其他国家职能的失败将其政治化。因此，需要让规划承担资本的后果，从而分散人们对"问题"本身的注意力：由资本主义造成的不公平。

规划的政治化，还有另外一个维度值得思考。这种看法除了让我们关注规划（毕竟这只是国家活动的一小部分），它还助长国家活动的不同利益方将彼此视为阻碍者或推动者、盟友或敌人。国家内部（不同部门、不同职业、不同级别的政府）也会因此发生冲突。

从马克思主义到批判理论

由马克思主义的分析发展出来的一个相关领域或者立场，就是批判理论。马克思主义者从苏维埃式共产主义（Soviet-style communism）的经验中看到，苏联的社会主义实践没有带来他们所期待的结果。此外，德国的资本主义危机导致了法西斯主义的兴起，而不是社会主义的兴起；而且在西方的某些地区，资本主义在面对生存危机时，和马克思主义者所预想的不同，也表现出了一定的适应性。因此，有必要对马克思主义和政治经济学进行完善。

批判理论的发展，很大程度上是通过法兰克福学派（Frankfurt School）的努力实现的，我将在第十一章中更详细地讨论批判理论及其与规划的关系。在这里，我想谈谈它与马克思主义思想的关系。正如洛（low，1991）所指出的，马克思主义与法兰克福学派的区别在于，前者将奋斗目标确立为共产主义，后者则仅仅聚焦于共产主义的一个维度也即自由。就批判理论家而言，他们没有否定马克思主义，而是试图再次复兴和发展它，以解释为什么资本主义能够发展到今天等一系列现象。

特奥多尔·阿多诺（Theodor Adorno）和赫伯特·马尔库塞（Herbert Marcuse）是两位有助于发展这种思想的人物。阿多诺（Adorno）致力于一系列思想的探索，但他的一个主要目的是动摇封闭的思想体系，想要打破这些思想体系不受批判而占据主导地位的这种形式，即使这种思想体系是善意的也不例外。他主张不断批判这种封闭体系（这一观点预示了后现代思想的核心信条——见第八章），从而维持批判能力。马尔库塞（Marcuse）则更多的介入对马克思主义的研究。由于当前一些社会主义实践仍然围绕生产和技术进行组织，因此其在加强个人自主权和自由上依然还有发展空间。

马尔库塞（Marcuse）还将注意力转向资本主义如何成功地避免危机、动乱和革命等问题。他认为资本主义是通过建立一种文化团结（cultural solidarity）（在某种程度上类似于葛兰西的支配权）来实现这一点的。这种团结使用蓝图、谎言和其他技术使大众接受不平等、失业或通货膨胀等问题。马克思主义观中的这种文化维度的观点是由法国哲学家让·鲍德里亚（Jean Baudrillard）推进的一项重要发展。与法兰克福学派一样，鲍德里亚（Baudrillard）在马克思主义观基础上提出了自己的思想观点。继1968年在巴黎举行的学生抗议活动失败后，他和其他一些思想家也开始重新思考为何资本主义能够继续存在。

与马尔库塞（Marcuse）一样，鲍德里亚（Baudrillard）也关注资本主义的文化维度，他认为资本主义导致了技术爆发和"真实性"（authenticity）的消亡，取而代之的是与现实没有任何关系的假象。假象指的是现实的意象或描绘。鲍德里亚（Baudrillard）认为，我们无法看到或感知现实，因为资本主义创造了如此多的现实的意象。迪士尼乐园就是一个经常被提及的例子。在那里，我们可以"看到"城市形态的一个理想化的现实，那里的街道没有贫穷、危险或肮脏。在参考各种理想化的过去和现在的基础上，使用一些某种程度上应该被珍惜和令人愉悦的意象（例如，低层、无小汽车和无垃圾的街道），街道景观因此常常被进行各种"包装"。

二战后消费主义和产品的爆炸式发展，反过来又导致了新的价值观、行为模式以及与物体和其他人的关系的发展（Kellner，1989， p.10），这些发展取代了基于阶级的社会划分和结构体系。物品，比如说耐用消费品，主要通过社会建构的意义来赋予使用者某种地位。正如凯尔纳（Kellner, 1989, p.18）所指出的那样，如果社会中的一切事物，现在都可以被看作是一种独立于任何固定意义的买卖商品，那么在资本主义的掌控之下，个体就不可能意识到个体困境的存在。如果没有个体意识，那么就没有集体意识，没有集体意识，就不可能发生集体反抗。鲍德里亚（Baudrillard）试图将马克思主义思想更新为新马克思主义框架（neo-Marxian framework），但其结果却是对其进行了强有力的补充。然而，与法兰克福学派的著述者们不同，鲍德里亚（Baudrillard）与马克思主义观（Marxist analysis）的距离愈来愈远，进而转向了一种虚无主义或后现代的视角（见第八章）。

批判与马克思主义规划

批判理论和马克思主义的许多观点，一直以来既构成了攻击规划的基础，又构成了规划防御攻击的基础。而争议或影响较小的领域是另外一套理论。本书的第三章论述了系统和理性规划理论——它是众所周知的过程规划理论（Procedural Planning Theory, PPT）。历史上，随着安德鲁斯·法卢迪的《规划理论》（1973）的出版，PPT在20世纪70年代初到中期达到了最高水平。这里对规划所依托的实质性的、过程性的基础给出一个最新的解读。粗略地说，规划是一个可以融入政治目标和公众参与的决策过程。这一理解规划的观点受到越来越多的来自新兴的马克思主义的批判。例如，托马斯（Thomas）认为，过程规划理论，尤其是工具理性"在行动者们（规划师们）的内部引发了一种观点，这种观点是通过对行动者们所处的定性的、真实的历史境况进行抽象而产生的"（1982, p.14）。卡米斯（Camhis）同样担心，"过于关注抽象的程序或方法，往往会把真正的问题抛到一边"（1979, p.6）。根据过程规划理论的观点，法卢迪和其他人"把规划实践从其所处的社会、政治和经济背景中剥离了出来"（Paris, 1982, p.3）。

对过程规划理论日益增长的批判是由两项主要研究推动的，尽管它们都不是马克思主义。第一个名为《限制英格兰的城市》（*The*

Containment of Urban England）（Hall等，1973），声称战后规划系统主要有三个影响。第一，它通过诸如绿化带之类的手段成功地遏制了城市蔓延。第二，实现快速郊区化进程：即家庭到工作距离的增加。这主要是因为新的发展"跨越"了绿化带。第三，限制城市也导致土地和房地产价格的上涨。出现这种情况是因为遏制措施固定了土地供应，同时在需求固定甚至增加的情况下，不可避免地导致价格上涨。在详细研究了规划在布局上的影响的同时，报告还认为规划实际上导致了财富不平等。之所以出现这种情况，是因为土地和房地产的通货膨胀不成比例地影响了贫困阶层。

《限制英格兰的城市》似乎是对战后规划和过程规划理论的控诉。马克思主义对其的一种理解是，它过于强调规划在确定价值中立、以公共利益为目的的活动中的作用，但同时却助推了基于阶级的资本积累。另一种马克思主义观则声称规划对房价、土地分配和不平等几乎没有实际影响。后一种观点由皮克万斯（Pickvance）提出：

> 根据对战后英国城市发展的传统解释，物质规划是决定因素，因此物质规划人员必须承担"失败"的责任，如"没有灵魂"的住宅区、高层公寓或内城的衰落。（1982，p.69）

皮克万斯认为，这种传统观点是错误的，城市发展的决定因素是市场力量的运作；尽管规划有影响，但其限制能力很小。基于这一观点，皮克万斯提出了如下看法：规划没有实施变革的积极力量，但有阻碍事件发生的消极力量。因此，它必须与市场一起规划，而不是反对它。关于这一点，可以通过评估土地开发的空间配置和市场的预期是否有很大的不同来检测。如果的确有很大不同，那么规划就是一个强大的管控力量。如果没有，那么说明市场力量决定了土地利用的规划分配。不出意料，皮克万斯认为，大多数规划都是趋势规划——遵循市场决策，例如在市中心为办公楼开发分配土地（有关更多信息，请参阅Brindley，Rydin和Stoker，1996及第十三章）。而诸如绿化带和新城等干预性规划本身并不具有代表性。

这是马克思主义对规划的经典解读——土地利用调控只是一种基于理性的、公共利益的决策的外在表现，其内隐藏着市场机制的逻辑。但这种解读是有局限的。这种解释的问题在于，它忽略了由于规划和两者的存在而带来的规划与市场的变化。对此可进行举例说明，假设一个地方规划当局发布房屋设计指南，以帮助开发商理解哪些是可接受的，哪些是不可接受的。尽管这可能需要时间（以及大量的驳回和上诉），但如果地方规划当局坚持这一立场，建筑师和建造商最终将开始提交与之相应的提案。皮克万斯对此的解释是，规划当局正在对来自市场的设计和布局合法化。更整体性的解释是，随着时间的推移，来自市场的设计很大程度上收到了负面力量的影响。在某些特定时期，当开发压力大小不同时，规划的影响也会有所不同。因此，如皮克万斯所说，虽然不是不可能，也一定是很难测试两者"或有或无"的情况。事实上，这两者是密不可分的。

这不是要严重质疑规划很大程度上是市场导向的观点。规划的确是市场导向的。然而，这基本与规划的无效性无关，而更多地与规划的目的到底是什么有关。一个用于维护和论证规划合理性但颇受批判且含糊不清的概念，即"公共利益"这个概念，能够轻易地被用来论证公共利益在很大程度上与市场具有一致性。这是关于规划的边缘主义的观点——规划的存在是为了制造小差异而不是大不同。如果一个人接受这个观点（像新自由主义者和公共选择理论家们所接受的那样），那么他将会对皮克万斯的看法抱以耸肩的回应。但是，对于皮克万斯的观点所隐含的启示，是不存在怀疑的，即规划和市场以一种合作而不是冲突的方式在运行，因此国家（包括规划）也会对资本主义进行管控——我们不应该期望规划带来的结果会明显不同于市场带来的结果。

第二项有助于阐述规划与市场的关系并帮助我们理解这种关系的是名为《土地利用规划和城市变迁的调解》（*Land Use Planning and the Mediation of Urban Change*）的研究（Healey等，1988）。霍尔等人（Hall等，1973）和皮克万斯（Pickvance，1982）关注的是规划对布局的影响，而希利（Healey）等人则研究了规划体系本身是否偏向于某些特定利益群体。他们发现：

> 尽管（规划）体系具有相当大的延展性，但它也表现出一些限制，它会系统地赋予某些群体和利益特权。这些做法进一步巩固了强势集团的利益……因此，规划实践是由社会的主导权力关系所"建构的"，最显著的是受到经济驱动力的建构，从而确保可营利性和保障未来的生产条件。（1988，p.244）

相较于基于阶级的分析，希利等人则专门识别了那些相较于其他群体而显得更加强大的利益集团：

- 农业。
- 采矿行业。
- 一些工业公司。
- 知识产权运营商。
- 对所持财产增值感兴趣的土地和房产所有人。
- 组织良好的社区和施加环保压力的群体。（1988，p.245）

更为严重的是，他们得出结论：

> 因此，国家会保护那些根本性生产活动（农业、采矿）所在的土地的利益。在一些生产商寻找生产场地的过程中，国家又会促进他们获取利益，尤其是特别注意保护土地和财产作为投资的交换价值，从而促使利益群体把建成环境用作资本价值的储备以吸引资本（1988，p.245）。

在这里，我们看到，这项研究着眼于规划的运作，并支持了马克思主义者的观点（尽管这项研究本身并不是马克思主义的观点）。

一些人可能认为，规划倾向于将某些利益置于其他利益之上的这种分析，强调的只不过是一个显而易见的观点：所有的政治制度都有偏见。这当然是希利等人的观点，他们认为偏袒于土地所有者或开发商的并不是规划，而是因为这种偏袒本身就隐藏在国家标榜的公平的背后。这就回到了马克思主义者倡导的解决方案上来了。

正如我前面提到的，从马克思主义的角度来看，可供选择的解决方案并不丰富。在马克思主义者眼中，这部分源于规划师所持的矛盾立场：

> 作为"问题解决者"，规划师可能会使用平等和社会公正等预期目标，但为了达到这些目标，他们必须采取服务资本的手段（如鼓励投资）……规划师也是工人，并且是其自身所处阶级的成员。他们并未置身于阶级斗争外，也不是资产阶级的仆人那么简单。在行使自己拥有的权利和知识方面，他们还是有一些选择权的。（Low，1991，p.211）

　　规划师是问题的一部分，还是问题的解决者？根据马克思主义者和批判理论家的观点，两者都是。存在着两种广义的方法，分别代表了规划针对自身所处的矛盾而采取的不同立场。第一种观点认为，即使规划师与市场合作，也无法取得多大成果，因此解决方案是更强大、更积极的规划（例如，Boddy, 1982, 1983; Reade, 1987）。例如，埃文斯（Evans）认为：

> 英国目前的土地利用规划体系主要以所谓的"趋势规划"为特征。换句话说，它的主要特征是适应和支持市场趋势。如果可持续性是其真正的政策目标的话，那么就需要一种更加积极主动的规划方法，这不可避免地要对市场力量提出强烈的反对意见。（1997, p.10）

　　同样，博迪（Boddy, 1982）认为，英国的土地应该国有化以确保更有效的建设用地供应，并加强对发展形式的控制。他认为，这不会有问题，因为"土地私有权，对于剥削阶级（资产阶级）占有生产阶级（无产阶级）的剩余价值，并不是必不可少的"（1982, p.92）。

　　第二种马克思主义和批判性观点关系到规划师的角色和价值观，以及他们影响规划体系变化的能力。这种方法采取更加务实的态度接受规划的现状和市场导向的角色。这一立场与第十一章将要讨论的协作学派有着广泛的联系。泰勒（Taylor）认为像约翰·福雷斯特（John Forester）这样的理论家寻求：

> 将那些与资本主义保持阈值距离（也就是与资本主义不能走得太近，也不能离得太远。——译者注）的新马克思主义政治经济学家的看法和更务实的、认为有必要与资本主义土地开发商（及其他利益集团）合作的实践理论家的见解结合起来，以确保规划至少获得一些效益。（1998, pp.127-128）

　　甚至更为激进的规划批判者也不一定希望看到，规划被废除或被更积极和强有力的干预所取代。例如，马尔库塞（Marcuse）认为，规划不应该强加于人，而应该通过自由协议达成。这些批判理论家寻求一种更激进的，从根基挑战资本的民主模式。

　　这种方法的风险在于，为了实现某些目标，更大的蓝图会被丢失或忽略。规划师是同谋而不是批判者，并意识到他们在资本主义中的角色。在更坚定的马克思主义者看来，与资本主义合作的规划师，只是通过妥协和交易来维持资本主义。例如，奥曼丁格（Allmendinger，2004）认为，规划援助（一个在英国提供免费规划建议的慈善机构）的存在，有助于掩盖规划中的偏见。有人认为，规划援助的作用是通过提供帮助，确保那些不满意或被排除在系统之外的人最终拥有"发言权"或"公平发言权"，从而推迟规划危机和规划挑战。规划援助的作用是转移人们对规划和资本之间密切关系的注意力。

正如泰勒（Taylor）所指出的，无论是赞同"阈值距离"还是"在制度内工作"的思想流派，都归结为个人价值观。通过"批判实用主义"（参见关于实用主义的第六章和关于协作规划的第十一章），当前的思想寻求调和两者，鼓励规划师成为"反思的实践者"。不可避免的是，由于日常压力和实践救急的盛行，规划职业变得更投身于实践而不是反思。

结 论

马克思主义和批判性的规划解释是强有力的，提出了许多重要的问题，并对土地利用干预的作用和结果，提出了独创性和启发性的观点。然而，在借鉴这些思想时，必须特别小心，不要把批判与意识形态混为一谈。正如泰勒（Taylor，1998，p.127）指出的，所谓的分析只不过是对更少资本主义和更多集体规划的观点的论证。

针对这些解读的一个主要批判是：这些解读是典型的还原论。卡斯特尔（Castells，1977，p.62）曾经提出城市并不是一个与资本主义经济与社会进程不同的研究领域，对此他深感惭愧。迪尔和斯科特是资本主义逻辑的早期倡导者，他们认为资本主义逻辑是影响城市地区物质、经济和社会特征的主要决定因素，但这种特征"不能自动从主要的劳资关系中解读出来"（1981，p.6）。也就是说，除了生产方式之外，还有其他方面的影响。他们接着说：

当代资本主义绝不可简单地还原为一种僵化模式，由

　　　　　资产阶级和无产阶级对立的二元社会结构组成的模式……
　　　　　存在许多不同的社会群体，这使的资本主义中的社会和政
　　　　　治联盟模式极大地复杂化了……这种复杂性的重要表现是
　　　　　现代城市，其中领土分割和冲突，不断打破阶级分立和阶
　　　　　级冲突。（1981，p.7）

　　正如斯科特和罗威（Scott和Roweis，1977）认为的那样，个人
对土地的购买、销售和开发拥有实质性的控制权，但没有人能够控制
这一过程的总体结果。这种不太属于彻底还原论的方法触及了现代社
会理论的核心问题：结构与代理人之间的关系（见第一章）。

　　不局限于考察资本主义，而是对规划的政治化以及规划和规划师
在规划政治化中的角色的认识，带来的是基于马克思主义或批判理论
的、针对规划师的独特观点。就像对自身以外理论的蔑视一样，马克
思主义和批判理论家，对规划师自身的日常职能持不屑一顾的态度。
无论他们的角色或作用是什么，在资本主义、社会再生产以及规划师
在其中担任的角色等方面，规划师都是上当受骗者。他们不仅捍卫现
有的资本主义社会秩序，而且积极通过预见问题、以公共利益之名以
发挥职业人的作用来避免问题的发生，从而为其找到出路。甚至那些
诉诸于"理性"规划秩序的做法也受到了质疑——任何的理性规则和
命令都是为了社会再生产的理性。而那些质疑这种秩序的人，也会被
指责为"非理性的"。因此，如果规划师们要以最小的阻力取得进展，
他们需要以技术的方式提出深刻的政治问题。比如，对于一个城镇外
的超市可能带来什么影响这个问题，往往需要以技术的方式，采取专
业的零售业评估研究来搞清楚产出、客流量和交易分流等问题，而不
是提出其他问题，比如说质疑大型超市的垄断控制是否真正有益于
社会。

　　规划师和规划是无法摆脱上述这种论证逻辑的。即使是激进的规
划师，他们也只是"有助于资本主义"。正如哈维（Harvey，1985）
承认的那样，所有的规划师，并不具有相同的世界观；有些人技术性
较差，政治性较强。但是，哈维认为，技术规划与必要的意识形态
（证明技术观点必要性）的融合，意味着规划师的"理解"和"行动"
能力将受到限制。规划师们对他们工作的真实性质了解得"很少或根
本不了解"（Harvey，1985）。哈维以人口疏解为例，说明了规划和
规划师的两面性。

　　规划和规划师，采用了两种有序安排人口的策略，以避免低工资

和失业地区的骚乱和冲突。第一个是分散——在二战后的英国新城运动中使用——降低人口密度并创造了"社会稳定"。第二个是试图在城市地区重建"社区精神"，以期在各阶级之间围绕共同的社区价值观理念建立更大的和谐。这包括诸如环境改善之类的变化，哈维声称这些变化并非旨在改善居民的生活，而是通过让居民"更幸福"来提高劳动效率。

有些马克思主义观点似乎采用了过于宽泛的批判的言辞，在这里，将这种好斗的（也可以加上偏执的）马克思主义言辞和一些更根本、更具启发性的观点进行区分是非常有用的。不得不再一次承认规划和规划师无法摆脱上述的理解逻辑。无论做什么，都被解释为有助于资本主义运作。马克思主义理论属于我在对规划理论进行分类时所称的社会理论（第二章）。它提供了一个整体的但很大程度上的抽象的思想体系，旨在解释和探索社会的不同维度和运作过程。该理论还包含有一些属于预测性质的内容（例如危机和社会主义兴起）。显然，它也是规范性的，因为对支持该理论的证据的解读是价值驱动的。

鉴于国家在这种思想中的角色，以及规划在国家活动中所担任的角色，对马克思主义和批判性思想进行的解读，为规划提供了内生的规划理论，这相对来说还是比较直接的。而规划和国家二者在时间与空间上的调解则提供了一个有趣的思考维度。作为反对20世纪60年代的官僚主义和国家主导的做法的回应，它给那些在当时寻找如下这个问题的答案的人提供了一个解释。这个问题是：为什么国家在当时会以相当高压和傲慢的方式来行事——马克思主义理论在此之前已经存在了近100年，那么为什么现在才发生这种事呢？刻入社会科学良知的一个时间和地点，是1968年5月的巴黎，正是在这里，许多前马克思主义者看到了他们的分析的局限。反对国家和资本主义的学生骚乱，在知识分子界引起了更广泛的影响。许多人开始寻求对这些思想进行新的发展，其最终结果是带来了如调节理论和体制理论等其他形式的社会理论（见第十三章）。另一种回应是完全否定马克思主义，并最终带来了后现代理论（第八章）。一种更实际的回应，是通过回归到古典自由主义，从而加强资本自身的力量。现在，我们将转向讨论这个方向上的发展。

第五章
新自由主义规划

引言

在过去的三四十年里，新自由主义理论和思想在规划和其他国家活动中具有很大的影响力（例如，McGuirk，2005；Andersen和Pløger，2007；Purcell，2009；Gunder，2010；Allmendinger，2016）。尽管许多人不同意福山（Fukuyama）庆祝自由市场的自由主义在东欧社会主义崩溃后的胜利，（1989，p.3-4），但毫无疑问，新自由主义经济学在许多国家已成为广泛的主导范式。然而，"新自由主义"是一个宽泛的术语，包含了许多不同的思想和立场。而与新自由主义这个术语相伴随的各种宽泛而抽象的定义，对于厘清这个术语本身似乎也没有提供什么帮助。例如，斯文多夫（Swyngedouw，2007）相信，新自由主义涉及新的社会经济调节模式，并从分配政策、福利照顾和定向服务供给转向了更倾向于市场主导的和市场依赖的方法，从而追求经济增长。也许事实就是这样的，但是这种转变对规划和规划师意味着什么？人们一直在谈论新自由主义推动了规划变革，以至于它几乎是"规划"一词的永久前缀。

对新自由主义的理解既有广泛性又有模糊性，而新自由主义给不同部门带来的多样化启示也进一步凸显了它的这种双重属性组合的特征。比如说在规划领域，新自由主义规划在不同的时间、不同的地方之间拥有各种不同的经验。这种经验的差异在很大程度上可以用三个因素来解释。首先，在新自由主义思想的宽泛框架下，不同思想所强调的内容存在显著差异性，比如说：有人认为国家的作用类似于极少主义者、"守夜人"的作用；另一些人认为国家在克服市场失灵、支持和促进市场方面具有更积极的作用。这两种观点都与新自由主义思想相一致，但它们对规划产生了截然不同的影响，而且这两种观点在指导变革方面都颇具影响。因此，一个值得一提的要点是，以多元的形式谈论新自由主义可能会更加准确。第二，新自由主义理论与新自由主义实践存在显著差异。在公共政策理论和规划理论等领域也同样存在这种理论与实践相差异的情况。新自由主义理论在这个问题上表现得尤为突出，这是因为在近几年来新自由主义对规划实践的影响占据绝对主导的位置。这不仅有助于我们理解"理论与实践的鸿沟"，比如说政策是如何转译和实施的；并且也使我们能够依据产出结果对理论及其基本假设进行评估。这本身又给新自由主义思想带来了反馈并促进其演变，从而创造出了更大的理论多样性。最后，正如不存在"唯一的"新自由主义理论一样，我们也必须承认理论在时间和空间上的变化。也就是说，新自由主义的信条随着时间的推移有不同的解释（例如，取决于经济状况或政治气候的变化），也会因地点的不同而不同——例如，澳大利亚的新自由主义可能与加拿大的新自由主义不同。

考虑到这些所有的变化，人们有理由问"新自由主义"一词是否有用。当"新自由主义"这一标签既可以用来指放松管控、规划权力的"回撤"，又可以用来指规划权力的显著"扩展"和膨胀时，这个问题就更加重要了（Allmendinger，2016）。如何才能把规划的削弱和扩张都视为新自由主义？部分答案是，要将规划视为达到目的的手段。在这种情况下，目的是在经济全球化的世界中实现增长，手段是为实现这一目标而对国家活动进行重新定位和调整。有些人认为新自由主义思想挑战了规划的真正内涵。在一些幌子下和理解中，的确如此。然而，新自由主义远不是要对国家进行粗暴的瓦解。我们应该感谢那些质疑新自由主义是否真的存在（Marsh和Rhodes，1992）的人，但同时我们要是能以如下这种理解为起点来理解新自由主义可能会更有帮助：虽然"新自由主义"一词不能解释现象，但它为我们研究现象的同一性和连贯性提供了切入点。尽管对新自由主义是否存在有不同的看法，但基于多数人的观点，我们认为新自由主义有两大学派：受19世纪自由主义思想影响的自由市场的新自由主义和更支持市场的新自由主义。前者认为规划在纠正市场失灵方面应该担当最小干预的角色，而后者则认为规划担任着更加实用的、支持市场的角色，规划通过创造确定性、克服市场失灵和确保高生产能力的经济所必需的要素，如社会住房、教育设施、公共交通等条件，帮助促进市场和经济的增长。规划师（和社会）面临的问题是，这两种方法对具有不同信仰的执政党都产生了影响，导致了政策框架的混乱，因为政策框架看起来似乎是既包括"回撤"又包括"扩展"的新自由主义。

这两大观点均已用于公共政策，规划也不例外：例如，在澳大利亚，"因新自由主义的政治权威的日益加强，根深蒂固的反规划保守主义已经得到复兴"。（Gleeson和Low，2000，p.133）

本章将探讨新自由主义的理论与实践及其对规划的影响。除了新自由主义的上述两个主要理论分支的对立和矛盾之外，我还想强调最近脱颖而出的另外三个维度。第一个维度是新自由主义和规划具有演化的属性，这关系到它是如何变化和适应新环境的，尤其是在不同的地方是如何变化和适应的。脱离新自由主义如何影响诸如城市等实际的地方政策，却在抽象之中把新自由主义当作某种指导性的政策来讨论是一回事；而"自下而上"进行思考，并在不同的国家和地方背景下探索新自由主义元素的多样性组合则完全是另外一回事。第二个维度是新自由主义的实验性和终点"未知"的特点。我们应该把新自由化视为一个不断展开的过程。最后，对规划来说，新自由主义远不止是一种总体精神。它涉及创造和破坏规划的一些假定的固有特征，从而开启更具流动性、开放性和暂时性的规划实践空间和规划实践尺度。

自由市场，"回撤"的新自由主义

我们所说的自由市场的新自由主义这个术语，涵盖了一系列涉及市场机制的重要性、个人自由和国家角色等问题的思想和理论。其中许多理论起源于史密斯（Smith）、伯克（Burke）、米尔（Mill）和托克维尔（de Tocqueville）等人的著作，但他们的主要政治拥护者们尤其是借鉴了两位人物的思想，即米尔顿·弗里德曼（Milton Friedman）和弗里德里希·冯·哈耶克（Friedrich von Hayek）的思想，其中，许多新自由主义思想和政策都是受到后者的启发。哈耶克（Hayek）某种程度上被妖魔化为是"反规划"的（Faludi，1973；Cherry，1988），正如赖（Lai，1999）所指出的，在19世纪中叶土地利用规划概念开始引入的时候，哈耶克确实批判了这一概念。然而，哈耶克反对规划的论点，通常是针对中央经济规划，因此有人以这些观点为依据，认为其攻击包括城镇规划在内的其他类型的规划。

哈耶克著作的核心是市场的主导地位。不言而喻，市场是组织社会的一种最优方式，因此他认为问题的关键就是为市场能够更有效运作创造条件（Gamble，1988，p.38）。在欧洲法西斯主义和苏联的斯大林独裁的背景下写作，哈耶克最关心的是个人和政治自由。他认为国家对市场的干预应该远远低于当前的实际情况。哈耶克的作品围绕四个主要主题进行组织（Kavanagh，1987）。首先，中央规划（虽然不是所有的规划）是危险和低效的。它通过在国家机器内创造自由裁量权来干涉市场、减少人身自由并削弱法治。此外，干预的逻辑毫无例外地会导致更多的国家控制要求（见下文关于公共选择学派的讨论）。他还抨击支持这种干预的价值观的模糊性，也抨击"社会福利"等概念：

> 依据一个单一的规划来指导我们所有的活动，也就是要假设我们的每个需求都需要按价值给定一个排序，各种需求的排序必须足够完整，规划师们才能在所有不同处理方式之间做出决定。（Hayek，1944，p.42-44）

不平等可能是福利和国家干预等概念的基础，但是它实际上是市场背后的驱动力。虽然不平等的直接好处比较隐蔽且分散，但它对衰退地区的影响就更为明显，导致了对干预的呼吁（Thornley，1993，p.65）。而这种干预会挑战自由，但在一个自由的社会中，个人的属性，如主动性和技能，决定了他能得到什么。

其次，哈耶克声称社会具有不可还原的复杂性。市场互动会自发形成秩序，而这种秩序会对社会进行分层。这样的秩序不是规划或设计的结果，而是人类的行动所致。规划师不可能做到这一点，因为他们只了解社会的一小部分。第三，在资源配置方面，市场和市场机制具有压倒性的重要性。社会的复杂性使得通过有意识的规划来协调活动变得不可能，但有利于社会总体利益的活动的协调，通过自由和竞争的市场也确实发生了，而市场利用的是全社会掌握的知识。价格机制是实现这一目标的关键，它能够让个人行动得到集体协调（Low，1991，p.169）。

最后，政府和国家的干预只给予了相对有限的角色作用，例如确保维持法治、提供基础设施和国防、充当争端的仲裁者。在这种情况下，政府应该使用预先制定和获得同意的规则来干预市场："在已知的游戏规则中，个体可以自由地追求自己的个人目标和愿望，确保政府的权力不会故意阻挠个体的努力。"（Hayek，1944，p.54）政府将确保维持法治，确保法院对所有争议进行仲裁。因此，不存在自由裁量和特设的决策。

正如赖（Lai，1999）等人指出的，尽管哈耶克反对中央规划，但他不反对规划本身。他也不反对城镇规划：

> 在《自由宪章》（*The Constitution of Liberty*）中，哈耶克区分了（a）作为纠正不完善土地市场的实际措施的"城镇规划"，和（b）旨在彻底取代市场机制"城镇规划"。哈耶克拒绝后者，但接受前者。（Lai，1999，p.1571）

尽管哈耶克认为市场失灵最好通过市场力量来解决，但这并不适用于城镇规划。哈耶克承认房地产、城市地区和"邻里效应"等在市场中的独特作用（Thornley，1993，p.69-74；Sorensen和Day，1981；Lai，1999），并承认城市地区不可避免地会出现土地所有者和使用者之间的冲突。正如哈耶克所说：

> 城市中几乎任何一种房产价格的效用都将取决于你的近邻所做的事情，并且部分取决于公共服务。没有这些服务，独立业主几乎不可能有效利用土地。（引自Thornley，1993，p.73）

在完美的市场环境中，这些问题可以由受害方通过法院解决。但是会出现大量的案件，而且可能涉及两个以上的当事人，使得这种解决办法不切实际。开发商在做出决定时会面临不确定性，法院会发现很难评估污染或噪声等造成的损害：

> 私有财产或契约自由等一般准则并不能……为城市生活产生的复杂问题（邻里效应）提供直接答案……控制权需要在上级权利所有者和下级权利所有者之间进行某种划分，其中上级权利所有者决定大片土地的开发特征，而

下级权利所有者则有权使用较小的地块单元。（引用Lai，
1999，p.1572）

在这个摘录中，"上级权利"是对某种规划需求的明确暗示。"下
级权利"是指个体土地所有者或使用者。"上级权利"持有者被赋予
控制较大区域的土地利用的责任，例如区划。这就赋予了国家推行的
组织或机制（如规划）以正当性，使其能够用来改善和支持市场。但
根据索伦森（Sorensen）和戴（Day）的说法，这种赋权只能局限在
能够产生上述影响的条件下，而不能将其当作一种自然的权利："在
这里有一点暗示，也就是说在邻里效应不存在，或者邻里效应是正面
的，或者邻里效应虽然是负面的但非常微小的情况下，业主应该可以
自由的、以其认为合适的方式开发他们的不动产"（1981，p.392）。

尽管哈耶克和其他自由主义哲学家普遍认为，需要对城市土地市
场进行某种干预，但在实现这一目标的机制上却缺乏共识。哈耶克提
出了这样一种观点，即城市地区的市场失灵，并不意味着市场应该完
全被抛弃。市场所依据的原则可以，而且应该为任何国家干预提供机
制和工具。事实上，理解市场和价格机制对任何形式的规划都是至关
重要的。

根据哈耶克（Hayek）的说法，在空间上，只应在地方层面进行
规划。国家或区域规划是不合理的，因为它们与"邻里效应"没有直
接关系。"法治"的概念是任何干预制度的核心，因为它能最大限度地
减少官僚干预和自由裁量权。为使市场有效运作，在做出任何决定之
前，必须尽可能多地了解信息。如果影响市场的决策是官僚临时采取
的，则会增加不确定性。官僚和自由裁量权的到底担任什么角色作用
对新自由主义者尤为重要。目前，普遍存在一种感觉，感觉有利于市
场的假设已经被反转了，反而是规划和干预通常成为了社会中的"规
范"。这是公共选择理论（Public Choice Theory，PCT）特别关注
的问题（参见Pennington，2000）。PCT将经济分析方法应用于政治
活动和官僚分析，并提供理论论证，反对公共代理人或机构是无利益
和中立的观念（Gamble，1988）。公共选择理论背后的假设是，个体
是理性的、自私自利的行动者，这些特征塑造了选民、政治家或官僚
的政治行为（King，1987，p.92）。就像新自由主义本身一样，公共
选择理论并不是一个统一的理论，而是可以划分为三个主要分支。

首先，阿罗（Arrow，1951）发展了哈耶克和弗里德曼关于不
可还原的复杂社会的观点，认为不可能将个人偏好聚合成可以用来证

明国家干预正当性的"共同利益"。公共利益最大化的最佳途径是，通过最大限度地提高个体自己做选择的自由。其次，唐斯（Downs，1957）接受了自私个体的概念，并将其应用于政党和选民。他认为，政党提出政策是为了取得政治上的成功，个体作为选民或消费者，在做出选择时也会采取类似的行动。问题在于选民没有意识到他们的行为所带来的全部经济成本；而在政治家们诱导人们投票给他们投票的时候，对于政治家们需要提供什么内容也没有真正的约束。因此，政客们倾向于向选民提供不具有长期利益的投票诱因。最后，图洛克（Tullock，1978）提出了与官僚相关的类似观点，将其描绘成自私的预算最大化者。政客们试图"购买"选票，这为官僚们扩大预算和提高自身地位创造了可能性。政府因此变得"过度供给"，官僚们为了自己的目的而干预市场，不考虑长远后果。

公共选择理论认为，政治制度必须通过限制自私的政客和官僚的活动来促进个体自由（King，1987，p.104）。与哈耶克和弗里德曼的观点一致，市场原则是任何决策的最佳基础，但是在需要政治投入的情况下，则必须做出一致的决定（Buchanan，1975）。这样，现实的情况就会有利于任何决策，即使是这个决策会伤害到一个人。

公共选择理论已被波尔顿（Poulton，1991）和彭宁顿（Pennington，2000）等人用于分析规划：

> 作为投票人的消费者，希望规划能够改善他们的个人福祉；作为顾问和管理者的规划师，寻求最大限度地从他们的工作中获得个人回报；政治家试图利用规划，作为有助于获得或保持政治权力的手段。（Poulton，1991，p.226）

规划是获得政治优势和个人优势的另一种方式，如此一来，它的"恰当角色"，也即支持市场的角色则会让位于上面这个目的。彭宁顿（Pennington）对这一点进行了进一步的发展，他利用公共选择理论来解释为什么战后规划没有达到保护环境的目的，也没有实现成为福利国家一部分的目的，而是把财富从穷人手中重新分配到了中产阶级手中。

"新自由主义"的自由信条虽然各不相同，但归结起来，也只不过是两声不情愿的呼吁，呼吁在城市地区采取有限和局部的干预："因此，问题不在于人们是否应该反对城镇规划，而在于规划所使用的措施是对市场的补充和协助，还是对市场的弃置而同时又将中央指挥置于中心位置。"（Hayek，引自Lai，1999，p.1573）

尽管我们可以确定自由市场的新自由主义的核心原则，但这种思想如何才能迅速应用于土地利用规划的问题还是模糊不清的。特别地，世界上大多数规划体系，都是基于统制模式和干预模式，考虑到这些，上述问题就更加突出了。规划师自身并不完全热衷于新自由主义，人们可以看到规划师在总体上表现出来的集体主义思想，与那些敌视国家实施多种市场干预的观点并不合拍。然而，也存在一些从自由市场、新自由主义的视角看待规划理论的学者，如马克·彭宁顿（Mark Pennington），艾伦·埃文斯（Alan Evans），安东尼·索伦森（Anthony Sorensen）和马丁·奥斯特（Martin Auster）等。所有的这些尝试，统一起来就是对战后规划的原则和实践的一种批判，但是同样重要的是，所有人都同意需要某种形式的土地利用控制，所有人都相信这种控制应中央引导，定位为帮助而不是阻碍市场。

无论是哪种规划体系，也不管是哪个国家，批判大体上都是相似的。根据新自由主义的说法，对于英国的规划体系，琼斯（Jones，1982）的总结可能是最好的："规划政策……构思不当，管理不善。它的目的并不明确，即使在规划政策能够被清晰理解的情况下，也几乎没有证据表明这些政策得到了实现（Jones，1982，p.25）。"根据西根（Siegan，1972）的观点，美国的做法并不是对规划体系进行修修补补："更好的分区制是没有分区制，正如更好的审查制度是没有审查制度。"（引自West，1974，p.xii）但这并不意味着将规划控制付之一炬。几乎所有自由市场的新自由主义者，都认识到了哈耶克定义的城市生活中的外部性，如污染、噪音等。皮尔斯（Pearce）等人（1978）认为，如果规划师能够传达外部性的重要性，这可能是对有效、公正地进行资源配置所做出的最重要的贡献（Pearce等，1978，p.86）。佩南斯（Pennance，1974）继续呼吁规划专注于如下问题："准确地建立起城市这种存在带来的最重要的外部性类型；这些外部性是如何要求规划干预的；以及如何通过对我们的财产控制体系进行一般性修正从而有效处理这些外部性"（Pennance，1974，p.19）。针对缺乏土地利用控制和其他替代规划体系所带来的影响问题，人们提出过许多共同的观点，这些观点，大多是基于雅各布斯（Jacobs，1961）著作中所提出的方法。在这些观点看来，规划的目的应该是鼓励多样性，而正常的市场运行就可以产生这种多样性。但是，现行的规划调控不具备必要程度上的灵活性，这就使得城市地区固有的多样用途无法得到发展。因此，我们需要的是一个不将城市各种业务进行严格分类并相应地对土地进行分区的规划体系。

许多战后规划的批判者都借鉴了西根（Siegan）的思想，以证明其他监管方法的合理性（Walters et al, 1974；West, 1974；Jones, 1982）。许多人认为没有土地利用控制也不会产生规划师们所说的噩梦，而琼斯就是其中之一：

> 规划的捍卫者们往往会联想到，如果把规划取消，会导致可怕的、多种多样的后果。然而，很有可能出现的情况是，最终的秩序可能比规划师们强加了影响的环境更受欢迎。（Jones, 1982, p.21）

安东尼·斯泰恩（Anthony Steen, 1981）赞同市场机制最适合分配土地用途的观点。在谈到将新生活带回到城市时，他认为，"这意味着放弃僵化的分区政策，摒弃各种规划限制以及埋葬结构规划。"（Steen, 1981, pp.62-63）除了批判当前的做法外，大多数著述者还提供了两种类型的建设性替代方案。一是聚焦于对土地利用控制进行整体的结构性改革，并重新强调市场。第二个方案也涉及结构性改革，但认识到需要不同程度的控制，以解决不同的空间要求。这两种类型的替代方案，也即重大的结构性改革和关注空间的差异，都突出强调常常被忽视的，来自于自由市场的新自由主义思想的一个元素，那就是需要一个强大的中央政府来维护自由市场。这些备选方案生成的基础，也即其所关注的问题，大体上可以分成三类：

· 国家与市场的关系。
· 行政自由裁量作为决策的一个基础。
· 规划体系在行政管理方面的成本，以及延迟和拒绝开发许可带来的机会成本。

提出来的第一种形式的备选方案是基于市场机制和法治的，其中包括了涉及有害发展以及约束开发范围的限制性契约。这种方法的典型代表之一，是琼斯（Jones, 1982）提出的五要点规划。首先，一项重大的结构性改革引入了土地利用法庭，从而取代整个规划体系，土地利用法庭将在有关使用中针对噪声和污染的情况，决定应采取何种措施。其次，私人契约将取代详细的规划控制许可的需求。第三，在农村或环境敏感地区，将对政治上有争议的提案，直接实行部长级控制。第四，所有私人建筑物都需要第三方担保，以应对因光照损失等外部因素而产生的索赔。第五，对于大型提案（如发电站），仍然需要公众调查。基于市场机制的这种大规模的替代方案，在规划的批判者中广受欢迎（Bracewell-Milnes, 1974, p.92；West, 1974, p.29）。然而，针对他们的方案，琼斯（Jones, 1982）的研究得出的是不同的结论，这就构成了第二种方法的基础：需要进行重大的结构性改革，但是目标是简化规划体系并消除不必要的限制。

基于空间差异的替代规划体系将建立在三个区划上。第一种类型的区划，即"限制区"，尽管程序将被简化，行政管理是核心，但仍然会有像现在一样施加控制（Thornley, 1993）。第二类区划是内城的工业区，在这里唯一的要求是根据安全、公共健康、控制污染和有害发展的需要进行调控。第三类区划是剩下的其他区域——住宅区等的一般区域——根据索恩利（Thornley, 1993）的解释，是处于严格保护和免于规划的"产业区"之间的中间地带。

所有的变革倡议之间都存在相似之处，包括从战略规划和详细规划的两级模式转向基于"蓝图"或"分区"的规划；从认可公众参与的角色，转向以更明确的界定标准来限制其他群体的介入，转向更加依赖市场来决定什么是"成功"和"不成功"，特别是围绕设计这个概念更是如此。这里的想法是，成功的设计将由市场通过价格信号和供需互动来决定。在索恩利（Thornley, 1993）看来，批判家们对规划的批判观点在细节层面上有所不同：

> 总的来说，似乎一致认为，规划体系存在巨大的缺陷，土地利用和控制的决定过程应该从规划体系及其所处的政治背景转到市场和法律的平台。（Thornley, 1993, p.11）

从批判者们提出的规划替代方案那里，我们可能可以得到三个共同的原则，这些原则与新自由主义的自由信条和权力主义信条密切相关。这些原则的全部或部分构成了新自由主义规划理论方法的基础（表5.1）。

从表5.1中可以明显看出，这三项原则相互关联的程度，取决于规划批判者使用的不同方法。因此，尽管琼斯（Jones, 1982）特别强调法治和市场导向，但其他人，如亚当史密斯研究所则追求空间的差异化（一个三级系统）。这为针对现状规划体系的改革提供了广阔的空间：从全面更换现存的规划体系到对现存规划体系进行修正。但是，我们面对的明显的问题是：用什么标准来证明其使用的某个具体原则的合理性，比如有时候使用法治原则，在另一种情况下又使用中央集权？

规划备选方案的共同原则　　　　　　　　　表5.1

原则	表现形式
法治	基于法庭、契约、第三方担保的制度
中央集权	无地方决定权的集中导向方法
市场导向	最小调控及信息提供，以帮助市场做出投资决策

来源：基于Allmendinger和Thomas，1998。

　　许多规划批判家们都对自由市场的新自由主义的核心原则进行了清晰的思考。最明显的相似之处在于，都强调需要更加依赖市场机制，但克里斯托（Kristol，1978）等人认为，需要警惕上述波尔顿（Poulton）等人所认为的官僚"阶级"。显然，琼斯（Jones，1982）和沃尔特斯（Walters，1974）等学者认为规划师属于这类人，并且许多替代的规划体系从土地利用控制中清除了学者们所认为的这一不足。伴随着对规划师本身的批判，还存在着对社会变革采取全面抵制的情况，这可以在新自由主义中的中央集权这一思想分支中看到（Hirst，1989）。关于规划体系替代方案的意见中所参考的许多观点，都承认存在与土地市场有关的外部性，并指出需要一个（经改善的）规划体系来解决诸如保护等问题。这些让步可以被视为是对来自选民压力的回应，选民通常赞成放松管控。然而，为了在大多数地区保持规划控制，就需要抵制来自选民的这些压力，因此国家的强势将是必要的。

　　自由市场的新自由主义的另一个分支，也即中央集权的、权力主义的这个分支认为不能只是停留在"回撤国家的锋线"上面——人们需要被迫才能变得更有进取心。土地市场的收入在很大程度上由供给侧的不足来保障，当然这种保障还包括要求土地利用满足规划体系的各种要求。取消这一限制将导致竞争，土地所有者和使用者也必须进行调整以保持其地位，从而提高土地利用效率。也许，新自由主义理论家（如哈耶克）与那些试图将这些想法转化为规划备选方案的人之间最重要的总体关系，在于他们各自所提的建议所依据的假设。规划被视为经济增长的供给侧的约束力。根据这一理论，供需关系中的需求方则是被限制的，他们正等待着机会以充分利用规划管控的放松。

"扩展"的新自由主义和规划

新自由主义的另一种观点的出现，很大程度上是源于对如下问题的洞察：所谓的新自由主义政府实际上采取的政策和变革，和新自由主义所主张的简单的去管控概念并不是一致的。尽管去管控的新自由主义被确立为资本主义的主导形式，但很明显，在这种形式的资本主义自身的矛盾和冲突的压力下，所预测的资本主义的崩溃并没有发生。相反，新自由主义却演变成了新的、更复杂的、因地方而异的多种形式：

> 必须强调的是，这种（新自由主义）是一种动态变化的秩序，与市场规则的变异策略有关。事实证明，新自由主义体制在面对制度障碍、深层次矛盾甚至是极具挑战性的联合运动时，具有显著的适应性，例如1997年的亚洲金融危机和2008—2009年的全球金融危机。（Theodore 等，2011，p.15）

目前，世界范围内仍然有各种不同体制政权为开放、竞争和"不受管控"的市场的存在而努力，他们依然在继续大力推行新自由主义政策。因此，当前许多学者的注意力开始转移，专注于解释在面临各种挑战和危机的时候，当前世界各个国家到底发生着什么——也就解释实际存在的新自由主义。解释的关键存在于两个要素的组合之中。第一，自由市场的新自由主义所主张的"无管控"市场在理论和实践上的差别；第二，为了应对替代方案、意识形态等方面的挑战和各种经济危机，新自由主义和新自由主义者表现出的投机取巧式的适应性。

如前所述，自由市场的，"回撤"的新自由主义是一种众所周知的、长期存在的思想，其所依赖的基础是建立在相当抽象的经济运行概念之上的，也即他们的经济运行概念与社会和政府是脱节的。对于这种解读的另一种理解方法来自于波兰尼（Polanyi，1944），他指出经济和市场的本质是植根于社会的。根据这种观点，市场不断发展和适应，并因其所处社会的不同而总是表现出偶然性特征。与自由市场的新自由主义者推行的不变的经济学定律不同，波兰尼和其他人认为市场是复杂的、具有偶然特征的国家-市场-社会的混合体（Peck，2013a，2013b）。从这个角度来看，规划是嵌入到市场中的文化、社会、政治和制度的一部分。

这两种对新自由主义的不同看法带来的政策后果是显而易见的。自由市场的新自由主义者提出的政策建议基于"理想化"的世界，在这个世界中，政府不应试图通过改变其"自然"自主过程来"扭曲"市场（Gamble，2009；Peck，2010）。然而，即使是像哈耶克（Hayek）这样最激进的自由市场的新自由主义者，也由于土地的独特性质，而认为土地利用规划在市场偏好中是一个例外，这是因为在提出基于邻里尺度的规划变更过程中，以负面外部性的形式表现出来的市场失灵对于个体来说很难避免（Allmendinger和Thomas，1988；Lai，1999）。"扩展"的新自由主义反映了上述这种对市场的态度，也即深入到微妙的、"现实世界"中的市场。因此，在规划政策和改革中，其寻求将规划体系转变为市场友好型和支持型等新形式（Morton，2011，2012；Niemietz，2012）。对于"扩展"的新自由主义者来说，国家的作用，包括规划，是"创建和维护适合（市场）实践的制度框架"（Harvey，2006，p.145）。在这种方法中，规划是达到目的的一种手段。正如杰索普（Jessop）指出的那样，新自由主义需要城市来管理：

> 地方经济与全球流动之间的相互作用；地方可持续性、地方福祉的需求与国际竞争的需求之间的矛盾；社会排斥、全球极化的挑战与自由化、去管控、私有化等持续需求之间的相互关系。（2002，p.466）

换句话说，城市对于未来经济的成功太重要了，不能任由市场的一时兴起来左右城市的发展。

对新自由主义的理解发生变化的第二个方面的原因，是我们可以观察到政府在特定时间和地点会扩大和加强规划和其他国家干预职能的作用。这种扩张往往与去管控并肩而行。其结果就是对"实际存在的新自由主义"（Brenner和Theodore，2002）或"实地里"发生的事情进行更深入、更偏实证的分析。"扩展"的自由主义产生的原因有三。第一，如上所述，成功的经济和市场需要某种形式的规划，例如土地征集、净化、公共交通等。投资者和全球资本所关注的公共产品和确定性。然而，采取何种规划的模式是有微妙变化的。自上而下的、管控型或控制型的规划，开始让位于强调协调和提供便利性的规划。规划背后的假设是，它可以"袖手旁观"并调节需求。然而，在这种需求较低或不存在的地方和时期里，就需要刺激。此外，为了吸引和保留投资，不同地方之间是存在竞争因素的。

新自由主义出现的第二个原因在很大程度上是务实之需。衰退等经济危机，给包括新自由主义在内的执政理念带来了"冲击"或挑战。反对意见和替代方案的出现，需要各国政府做出反应，以保持民望和合法性。这可以通过并不符合新自由主义准则的政策转变来实现，包括对市场的更大力度的干预和监管。正如佩克（Peck，2010）提醒的那样，新自由主义者所主张的偏好与信条和更具统治性的国家战略相结合时，会出现挫折和周期性的高低潮。最后，新自由主义的思想和战略绝不是连贯的或完整的。其中所包含的一些元素比其他元素更"有效"。这与自由市场的新自由主义和极少干预主义规划的理想相距甚远。

对新自由主义思想这两个不同分支——自由市场和市场支持——的讨论，让我们离新的理解框架更近了一步，这个框架有助于我们"理解"规划的经验，有助于我们理解住房、更新和气候变化等各种相关的政策领域。

多样的、进化的和试验性的新自由主义——寻找"完美解决方案"

那么，上述讨论将新自由主义带向了何方？一个重要的问题是，看起来"新自由主义"这个标签现在被应用到了如此广泛的领域，如政策、战略甚至处置等——也许这个词本身是没有意义的？

在某种程度上，问题产生的原因，是因为我们倾向于研究新自由主义的两种要素，一种是理论的、抽象的思想，另一种则是更具体的、基于具体地方的政策实践。关注政策部门和监管体制（如规划），有助于"弥补"宏观层面的抽象和中微观具体过程之间的鸿沟。这有助于突显新自由主义在不同地方、不同时期所展现出来的进化性和矛盾性要素。新自由主义一方面指向更具抽象性和全球性的内涵，另一方面又聚焦于地方层面上展现出来的混合性、偶然性和矛盾性，两者之间的这种二元对立很大程度上是一种分离力量。最好的方案，是将这两种方法看作是互补的，而不是概念上的从属关系，两者都有助于启发对方。

然而，如果我们考虑到时间维度以及新自由主义的思想和实践是如何发展的，那么我们就可以不局限于上述"两个层面"的观点。新自由主义作为一种统治意识形态，其要继续存在下去，就必须超越简单的、去管控的这种新自由主义，也即自由市场的新自由主义。它需要一种更加灵活、多变和实验性的方法，这种方法需要利用机会来塑造国家的角色，而不是一味地削弱国家的角色。新自由主义的规划不等于"没有规划"，而是以市场为基础、以增长为重点的规划，以及具有足够公共利益合法性的规划，以满足更广泛的社会需求。如果我们遵循哈维的观点，即"无论对就业和社会福祉产生什么样的影响，新自由主义国家的根本使命是创造一个'良好的商业环境'，从而优化资本积累的条件"（Harvey，2006：25），那么将为我们提供广泛的可能性和微妙方案。

值得一提的是，继2008年许多国家遭遇的经济和社会问题之后，新自由主义的"第三阶段"出现了。除了"回撤"和"扩展"两种形式之外，我们现在还有"滚动式"的新自由主义（Keil，2009），这是一种更加务实的、（在许多种条件下）"什么有效"选择什么的方法，是实验性的、机会主义的和地域特色的。其结果是在空间上明显不同、具有超多元性质的新自由主义，其和具体的表现形式和策略虽然难以辨别，但却深深地纠缠在一起。这个阶段的新自由主义的一个要点是，不再把规划简单地看作是新自由主义的焦点或目标，而是把它当作新自由主义影响变革的重要手段。

在这个"回撤"、"扩展"和"滚动式"的叙述中，有一个方面的问题被忽略了，那就是规划的功能问题。根据上面这种理解，规划似乎是其无法控制的力量的被动受害者。对于规划的功能，更具实证主导性的理解方法，比如对不断变化的"实地里"的规划实践的评估，突出强调了更加不同的看法。很明显，将规划看作是上当受骗者的观点并不全面。特别是，新自由主义的"回撤、扩展"的观点是相当二元的，并且它建立在国家活动被最小化或扩大化的概念之上。在规划中，两者似乎会同时发生。

理解这一点的一种方法，是将规划看作既是新自由主义的客体，也是新自由主义的主体。我所说的客体，是指受新自由主义影响，成为市场化改革的受害者或目标。我所说的主体，是指作为新自由主义工具的规划方法，通过促进和协调基础设施、交通、学校等，为城市和地区的发展创造合适的条件。规划作为新自由主义的一个客体，在无休止地寻找管控和市场自由的"完美解决方案"的过程中通常是劳而无获，其范围、尺度、工具和目标周期性地受到挑战和改变。换句话说，规划一直试图减少其作用，最大限度地减少其管控的"负担"，并采取措施制定更加积极主动地促进市场的方法，强调合作关系、技能和知识等。正如佩克（Peck，2010）所说，"政府俘获"（指私有力量向政府公职人员提供利益以获得有利于自身的国家法律和政策等——译者注）试图通过微妙的、不那么微妙的方式来改变规划的文化、目标和价值观，将新自由主义嵌入到规划等部门。去管控，是一种早期的、粗暴的、基本上无效的尝试，旨在使规划服从新自由主义。更为复杂的后续战略，试图通过部署新的公共管理技术（如绩效目标和激励措施）、更大程度地使用信息技术以及更加强调发展管理而不是发展管控等方法，重新调整规划实践的方向。

作为新自由主义的客体，规划还肩负着一系列的任务目标，包括需要为成功的增长和发展创造场所与条件，需要解决新自由主义和资本主义的内部矛盾及内在的紧张关系。

这种二元性——主体和客体——使规划产生了一系列的问题和后果，但其中最为重要的问题，可能就是广泛的社会群体对规划和规划师的信任和信心问题。传统规划精神中的一部分就是主张脱离政治活动和政治对立。规划师就是利用专业知识为决策者提供建议。对于规划的角色的主张是，规划师和规划需要以广泛的公共利益为依据，在需求不是不可调和的情况下，对具有竞争关系的需求进行平衡。但是，新自由主义至少对这一观点进行了挑战，最糟糕的情况是，新自由主义为规划创造了一种新的精神，这种新的规划精神背离了上述传统目标。这种转变本身并不一定是个问题，特别是，有人认为规划的无关政治的本质这种观点是浮夸而不是现实。然而，这种"无关政治"的自我形象（这种形象是否反映现实是另一回事）与规划驱动市场的角色之间存在着矛盾关系。问题的关键在于公信力和信任——只有在规划体系和规划过程被认为是公平和公正的情况下，邀请公众参与到规划过程才可能是有效的。如果规划师蓄意倾向于其中一组利益而非另一组利益，那么公众的介入可能就会减少。这可能引起的另一个后果是，规划领域之外的政治和法律行动的兴起。如果规划过程的平衡受到质疑，那么决定和结果将被视为缺乏合法性，公众更有可能通过法院对其提出挑战。规划师可能会对这些转变采取某种抵制。毫无疑问，对规划的重新定位存在着一些厌恶，甚至敌意，但新自由主义也为规划师和规划提供了体系革新及参与市场的机会。与新自由主义下的更为粗糙的去管控体制相比，"扩展"方法拒绝减少规划作用，而是要求采取干预型的规划形式，尽管这与更传统的管控型规划不同。

空间、尺度和政治

埃克斯（Akers，2015）描述了底特律为了应对2000年以来的城市人口减少和去工业化的危机，出现了新自由主义空间：

> 城市治理越来越注重对市场信号的解读和响应，以及对房地产市场的维护。这一取向是由资本与地方之间的联系不断弱化所驱动的，而这种弱化又是由经济的金融化和持续的国家财政回撤所导致的。（Askers，2015，p.1843）

关注的焦点从领地治理（例如由地方选举产生的代表们所代表的市辖区）转向房地产市场，只是空间新自由化的一个方面。正如列斐伏尔（Lefebvre）所说，空间生产也受到了影响，因为在财政激励和市场友好的规划策略的影响下，开发商和投资商都得到了追捧。

这些转变是斯文多夫（Swyngedouw，2011）所说的后政治城市的一部分。在后政治城市中，选择和冲突等问题，过去通常是作为政治过程的一部分来处理，现在则由规划师和政治家共同"管理"，以便通过市场支持政策和战略，促进增长。除斯文多夫外，其他一些人也特别分析了新自由主义治理术的新形式是如何出现的问题，对于简单的、来自"中心"的单向的权利和控制这种治理而言，新自由主义治理是一种补充，它使得传统治理转向包括自治、对行为进行引导的新治理形式。米歇尔·福柯（Michel Foucault）（见第一章）认为，在新自由主义下，政府不限于传统理解中的国家权力，还包括在学校、医院、工作场所等机构中存在的社会控制形式，这些机构进行知识的再生产，而生产出来的知识则被个人内化并由此形成"自我控制"。在新自由主义时代，权力并不存在于政府内部，而是存在于供求互动和市场运作中。然而，有必要给个人灌输这种形式的社会关系，这已经得到了部分实现，不过在自治中人们自己也发挥着积极作用，比如主动吸收行为准则和规范。这里我将重点介绍与规划有关的两点。第一个涉及前面讨论过的空间和尺度的性质问题。传统的国家权力能够有效，一定程度上是通过创建领地——地图上的边界线——来实现的，这些边界线"嵌套"在尺度等级中，而权力则通过这些边界线来流动。在全世界的许多政府体系中，都可以看到这样一个体系在起作用。从政府的角度来看，新自由主义者把原来稳定不变的容器——承载传统领地和尺度的容器——给打破了，这主要是为了应对中央政府的统治权流失到市场的这一现实——例如，从权力和影响的角度来看，全球化意味着跨境资本的涨落和流动已经跨越了政府。其结果是领地空间的模糊、破碎和分裂，以及新的、功能性的或政治性的空间的出现。目前，在一些地区，出现了地方性和区域性的身份认同和空间政治，这些内容所涉及的空间与地图上原有的领地空间和尺度并没有对应关系。规划必须对这些变化做出反应，但通过创造新的、灵活的空间和尺度规划反过来又促进这些变化。我将在第十章中详细介绍这一领域。值得强调的是，从管制的领地空间转向治理的弹性空间，将有助于打破传统的、代表性政治（包括规划）与空间之间的联系。权力已经去中心化，因此权力也"很难被找到"——当代许多实践中的一个要害问题是："在哪里才能找到规划？"在更实际的层面上，如果我们是在处理多个规划空间，这些规划空间有一些是重叠的而另一些又是不确定的，那么我们在哪里才能找到这些空间的民主合法性？如果我想参与规划过程，我应该联系谁？

这就引出了我想强调的，从新自由主义治理术的角度来说的第二个问题。这涉及规划和规划师作为"规范的代理人"的这个角色，也即帮助界定在规划过程和结果方面哪些是可能的，哪些是不可能的。如前文所述，新自由主义需要新的、弹性的规划方法，需要把规划的目的转变为更具市场支持作用的角色。在这里，我们从规划师身上看到了福柯所强调的自治和行为规范，因为规划师扮演着设定哪些期望才是可以实现的角色。如果规划是为了管理某些地方的未来，以取得经济上的成功，那么它就会强调某些特别的过程和结果。这可能涉及创造和控制知识，创造和控制关于什么是可实现和值得向往的知识，使更广泛的公共利益及其他利益群体开始约束他们的期望和介入，从而有效地实现自治。在城市更新等领域，随着公共财政的减少和所有计划的成功越来越依赖于私人投资，对房地产市场的需求就显得尤为迫切。然而，正如我在第九章中所讨论的，针对这种规划的"窄化"以及规划与新自由主义的合谋等问题，有人采取抗议和游说等形式的行动来对其进行反对，从而抵制规划提案及其带来的结果。从某种意义上说，阻止规划的尝试并不成功，事实上，它使人们更加认识到，它如何与新自由主义形成了合谋。

"实地里"的新自由主义

现在，人们越来越关注上述这些力量和运动，如何在不同的地方重塑和重新聚焦规划思想与规划实践。如前所述，有假设认为新自由主义原则和战略与"实地里"发生的事情之间存在直接关系，对于这种假设我们必须报以谨慎态度。在英语的普及以及国际咨询公司的传播和宣传作用下，知识和各种解决方案在全球范围内得到了广泛转移，但有关所谓的政策流动的研究强调，这些舶来的政策通常会经过地方的期望、文化和政策历史的修改从而使其适应当地环境（McCann和Ward，2011a）。在这一观点中，各个地方会选择某些政策和思想，并将其转化为新的政策组合。这个选择过程需要行动者们根据地方上的制度形式、能力、历史和经验来进行。

然而，尽管新自由主义具有混杂性，但欧洲各地的广泛经验有着惊人的共性。荷兰经历了规划的重新定位，将其从传统的住房供给重点转向促进经济发展，并强调从传统的、由国家主导的方式转向公私合作的方式，相应地规划在政府内部的职能也得到削减。相比之下，在德国，更多的联邦政府结构和宪法意味着规划演化就越不统一。在统一之后，规划开始演变，并承担着更大的增长职能，从更传统、更平衡的模式转向了伴随着增长区域而出现的区域内竞争精神，而规划形式也从空间规划转变为经济发展战略。同样的，伴随着去管控的实

施和约束性规划向发展规划的转变，法国也从基于再分配的区域政策
转向了基于领地的竞争方法。总之：

> 虽然方式不同，但是空间规划已然是在如下条件中
> 得到构架和确立：构建经济增长、去管控和减少行政复杂
> 性（例如，在获得规划许可方面）的宏大图景；推动权
> 力的去中心化和再中心化；转向私营部门和市民社会的
> 参与；聚焦于更高效、更有效和项目导向的政策实施。
> （Waterhout等，2014，p.154）

城市，尤其是面临极端财政和社会危机的城市，越来越多地通
过市场来进行治理，也越来越多地为了市场而进行治理。（Askers，
2015，p.1843）

结论

具有讽刺意味的是，新自由主义彻底革新了规划，为21世纪的规
划提供了一套新的目标、尺度和空间。一个明显的例子，是在推行增
强区域竞争力的背景下，战略空间规划在欧洲得到了复苏（Olesen，
2014）。同样地，由于新自由主义更加强调对项目层面上的市场和发
展经济学的理解，因此它也提点规划师们需要发展新的知识和技能。
当然，这不是没有后果的。一些人声称，规划已成为新自由主义的女
仆，它将某些规划的过程和结果合法化，从而使某些群体利益凌驾于
其他群体之上（Purcell，2009；Allmendinger，2016）。在他们愿
意接受新挑战的情况下，规划师们可能有助于规划的去政治化并维持
这种状态，从而为扩展的新自由主义规划的进一步发展打开通道。我
将在第九章和第十章中进一步探讨这个论点。

新自由主义思想和政策，在其所依托的所有幌子和表现中最重要
的影响之一，是质疑被视为理所当然的规划的地位、挑战陈词滥调和
为规划开辟新的可能性。规划不再是（如果曾经是）不受到挑战的。
虽然规划不太可能消失，但现在有更大的可能性随时对它的目标、手
段和效果进行质疑和审视：

> 虽然规划政策和规划过程旨在解决市场失灵问题，但也可能产生与政府干预相关的成本。在信息不完全的情况下，规划可能对某些非市场商品的供给不足或供给过剩，而干预的交易成本可能很高。政策也可能会产生意想不到的后果。因此，规划体系需要确保以高效和有效的方式解决市场失灵问题。（Barker，2006，para1.5）

人们认识到，正如市场不能取得最佳结果一样，规划也不能。在新自由主义的世界里，规划会处在什么位置呢？其中一种观点认为，规划已经演变出一套新的功能和目标，即所谓的新自由主义空间治理（Allmendinger，2016）。目前，规划的作用是实现增长，并为此提供政治合法性。这不是一个特别新的论点，我在前一章中讨论过，也将继续在第九章和第十章中进行讨论。然而，这种支持增长的角色的实现方式却是全新的和独特的。这些方法在不断进化和调整适应，但这里的主要观点是，规划师作为此过程的一部分也参与其中。时间和空间——本书的一个主题——是理解这一不断演变和变化情况的关键。在时间上，新自由主义出现在动荡时期，出现在对国家角色进行重新思考的时期，也即20世纪70年代的经济危机时期。马克思也与此类似，其核心思想在马克思主义以及其支持者找到属于自己的地位的时候已经至少经过了一个世纪。在空间上，新自由主义出现在盎格鲁-撒克逊（Anglo-Saxon）的经济体中。和更为中间偏左的欧洲大陆的社会民主国家相比，这些经济体对自由市场思想的态度更为开放。对规划师和学者来说的挑战，是要抵制这种转变。据塞杰（Sager）说，现在还为时不晚：

> 与以往相比更甚的是，公共规划师一定会遇到强势市场行动者的反对。这些市场行动者们会通过使用能够扰乱公平、公开审议的权力策略来追求私人目标，从而挑战有关公共利益的任何想法。（Sager，2013，pp.xxi）

第六章
实用主义

引言

　　对规划而言，实用主义和新实用主义是高度切合实践的规划方法。实用主义强调针对具体问题的直接行动——即在指定的情形或环境中最有效的行动。这导致了实用主义因为保守和无视社会中的深层次力量与结构性影响而受到一些指责。在这点上，它与第四章中讨论的政治经济学方法是对立的。实用主义起源于关于现实与经验的本质的历史哲学争论。在此，我们不过多关注这些争论。与规划相关的是实用主义立场采取的"把事情做好"和"什么是有用的才重要"的方式：

> 　　考虑到规划的理论多元性以及大多数（理论的）观点在处理具体规划实践中表现出来的明显失败，出现许多反对理论的反应行动是不足为奇的。许多规划师现在极度急于展示他们和地方机构、中央政府以及颇具批判精神的公众之间的"相关性"。重点是"把事情做好"……形成可见成果。这无疑是一个值得称赞的目标，但是产品的制造与目标、价值的分离最终是一项对社会而言危险的活动。这也使得规划师更容易受到指责，即他们只不过是自己所处系统的盲目操纵者。（Healey，McDougall和Thomas，1982，p.10）

与本书讨论的所有理论与立场一样，时间与空间是理解这一理论的核心。行动与"把事情做好"是英国规划1980年代的主导主题。如我在第五章中所讨论的，新自由主义政府在这十年中追求一种反对国家与反对规划的途径。许多公共部门的职员发现他们必须证明自身的存在，并借助于一种以行动为导向的途径。在美国，"把事情做好"早已成为土地管控背后的主导哲学。因此，实用主义本身以及将其理解为一种规划理论或规划方法，在很大程度上源自美国也就不奇怪了。实用主义是发源于美国的一项重要哲学运动，并且基本上也会完全留在美国。实用主义风格反映了在公认的自由民主框架下，一种对实践性与基于"常识"的解决方案的美国式关注。它往往对宏大或抽象的理论缺乏耐心和不屑一顾。

尽管实用主义仍在发展，尤其是近些年，但其基础哲学与核心始终没变。现在十分明确的是，实用主义作为一种实践的哲学不单单是"把事情做好"。它已经发展成为一种解决复杂与棘手问题的方法，这种方法以规划师的角色及语言的运用为基础。从这个角度上来看，它与协作式方法具有密切的关系。但它与后现代思想也存在关联，尤其体现在理查德·罗蒂（Richard Rorty）的作品中（Rosenfeld，1998）。罗蒂首先指出，实用主义是超越其时代的后现代主义，因为它也否定了后现代理论家所称的元叙事或基本真理。它还融入了后马克思主义思想的元素。像有些人所声称的那样，新实用主义承认，注重行动的渐进式方法忽视了社会中的不平等和强势力量的关系。现在所需要的是一个更加批判的视角，该视角仍注重行动，但力求采取一种包容的而非（默认情况下）持续不平等的方式来实现。

这样的结果将是哲学、理论与实践的有效结合，表面上很简单但实际上更深入，尤其按照最近的发展情况看。规划实用主义方法中仍有一些尚未解决的矛盾。这样的矛盾就使得很多批判者指责实用主义对权力问题视而不见。由于哲学家们与规划理论家们已经发展了实用主义的核心思想来采纳这些批评意见，因此目前实用主义看起来似乎横跨了后现代主义与协作规划，并兼具来自二者的元素。这可能过于简单化。如我下面所讨论的，这里存在一些重要的区别，但值得提出的是实用主义并不像表面看起来那么简单。各种实用主义哲学家所强调的重点不同，让局面更为复杂。

什么是实用主义？

依据词典中的定义，实用主义通常指解决问题的实践方法的思想。但是，对作为一种运动或哲学的实用主义来说，"实践"一词到底是什么意思这个问题可能更重要。实用主义学家们，例如约翰·杜威（John Dewey）、理查德·罗蒂（Richard Rorty）、查尔斯·皮尔斯（Charles Peirce）和威廉·詹姆斯（William James）争辩道，在缺乏先验理论的情况下，我们对世界的看法往往是渐进而务实的。我们决定去相信什么不是由于其符合世界现实，而是因为一种想法或者信念有意义，并有助于我们行动。我们改变信念不是因为我们有了某种新的或特殊的世界观，而是由于新信念更有意义或能解决矛盾。相对于对问题进行哲学化思考，杜威与罗蒂建议采用一种理智的实际的方法。"做与干"作为活动，既改变所感知到的问题，又为其提供解决方案。杜威认为，知识只是经验的一部分。杜威也"强调实践并将批判性智慧应用到问题的解决上，而不是局限于先验的理论化"（Festenstein，1997，p.24）。相对于其他哲学，这是一种更加趋向于动态性和（有些人认为的）相对主义的看法。正如威廉·詹姆斯所说：

> 知识分子的一个巨大假设是，真理本质上是一种惰性的静态关系。当你对任何事情有了真正的想法，事情就结束了。真理由你掌握：一旦你知道了，你就完成了思考的宿命。在精神上你已经到达你该到达的地方；在理性宿命的高潮之后再也没有什么东西是必要的了。在认识论上，你处于稳定的平衡状态。

> 然而，实用主义会提一个它经常会提的问题，"让一个想法或信念成为真理"，也就是说，"它变成真理后对某个人的实际生活来说会带来什么确切的不同？真理将如何实现？与错误的信仰相比，能从真理中获得什么不同的经验呢？简而言之，从实验角度看，真理的实际价值是多少？"（James，1878，引自Soloman，1997，p.207）

这是很多学者在向别人解释他们所做的工作时得到的普遍反

应——这非常好，但对我有什么用？实用主义者们在抽象与理论化时遇到挫折是显而易见的。不能通过上面这种方式来证明真理；它是将某个想法付诸实践后的一种结果。如果从众多理论中选择一种自认正确的理论，而结果也是成功的，对实用主义者而言就足够了。这就引发了在相互矛盾的想法或理论之间如何抉择的话题。实用主义者们强调文化或者社会对思想的影响。这些影响为我们提供了各种观念的"大集合"，这个"大集合"有助于我们建构我们自己的思想。这些想法同样帮助我们依据直觉——我们认为最好的或者可能发生的事情——展开行动。我们由此发展出各种本能以及"对可能的事物的嗅觉"。

这样的想法如此之多，以至于即使在面对动摇它根基的证据的时候，也难对其进行改变——我们倾向于相信某些事物，不会去理会那些消除或嘲笑它们的其他观点。这是因为，这样的信念不是简单地权衡证据的问题。实用主义者们认为，不要期望我们能够对人们为什么相信这些信念给出充分的理由，也不要期望我们能回答所有可能的疑问，除非是要解释我们自己的信仰或疑问。但是，虽然我们知道我们必须对未来保持怀疑的态度，因为未来是不确定的；但是，我们还是会根据自己的直觉采取行动——在对世界的日常感知基础上，我们是务实的。如果在理性主义与直觉间存在冲突，那么直觉可能令人信服。

宗教是这种冒险或凭直觉行事的问题中的最好例子。威廉·詹姆斯争辩道，上帝的存在不能被证明。这是人类信仰的一次飞跃。然而人们要么相信，要么不信。他们不会因为上帝不能被科学证明而轻易地收回对上帝的支持。像詹姆斯所说：

> 这就好比在一群绅士中，如果一个人在没有得到证实的情况下不会推进任何工作，对每一个让步都要求有保证，不相信任何人的话，那么这个人就会因为这种无礼而让自己与一个更值得信任的灵魂所能获得的社会回报割裂开来——所以在这里，如果一个人把自己封闭在这种无礼纠缠的逻辑中，试图让众神违背自身意愿来迫使他认可，或者他自己根本就不认可，那么他可能永远切断与神结识的唯一机会。（引自Soloman，1997，p.322）

换言之，信任它不需付出任何代价，尤其是它有可能是真的。

如果我们不相信而上帝又真实存在时，我们可能已经失去了救赎的机会。这是一场不是基于证据而是基于概率与回报估算的赌博。

与这种观念"大集合"理论相关的一个问题是偏见问题。如果我们拥有包含信仰和价值观的"统觉大集合"，那么其结果就是某种明显的态度或偏见。实用主义者们使用"偏见"这一术语没有表示贬损的意思，而是将其作为行动与思考的固有部分。回想第一章，这样的视角在某种程度上与库恩（Kuhn）的范式概念类似。库恩等人认为范式建构思想与实践，实用主义者们则认为个人与社会均会建构影响或偏见。对个人而言，需要强调的是，当我们不能超越自己的信仰时，那么许多特定的观点将是不可通约的（incommensurable），因此冲突是不可避免的（也是库恩的范式概念中的一个主题）。但是，解决分歧不能求助于外部的"真理"。

解决这样分歧的唯一途径是通过论说或者语言。像罗蒂（Rorty）所说，"在对话中，准则和论说之间的分歧是可以弥补或超越的。"（引自Mounce，1997，p.194）在这里，语言被赋予的核心角色与协作规划强调的重点（见第十一章）在表面上有一些相似之处。但是，他们之间的巨大差异（以及实用主义与后现代主义的相同之处）在于实用主义对绝对、共识或先验真理的摒弃。协作理论学家倡导某种绝对真理，如开放、免于压迫等。虽然并不否认这种价值的可取性，但实用主义者们辩称这些价值是临时的，可通过谈话和公开论说进行修改与检验。规划师与哲学家们的角色就是要为这种论说提供便利，为此，他们需要提出看待问题的新方法，或者自己主动出击，有时候还需要带点讽刺性。

我们无法超越高度个人化的观点所带来的另一个启示，是理论与实践概念的瓦解。我们难以实证或客观的方式"检验"理论（许多与库恩的理由相同，例如价值观与主观判断总是有影响的）。因此，理论只是信仰的表达——我们所选择的是一个摘取和合成的思想集合，因为它类似于我们已经认可的事实。对此，一个恰当且极端的例子，是本书其他地方所阐述的自由主义和批判理论这两种截然相反的理论。从这个逻辑上说，理论也是不能被"证明"的——它们在这方面是形而上学的。一个人是认可A理论还是B理论（或两个都不认可）的依据，在于查看这些理论是否符合诸如平等之类的价值观。的确，无论我们相信与否，实用主义自身就是这样一个理论——它可能符合我们的人生哲学或世界观，也可能不符合。下面，我将讨论这种方法的一个特别应用，非连贯的渐进主义。

顺应开放与反思性论说的需要以挑战和发展既定的信念与道德，杜威（Dewey）与罗蒂（Rorty）探索了自由式民主作为一种手段来实现它的可能。在此，实用主义的倡导者在观点上开始出现分歧，但分歧的具体细节与我们无关。杜威认为实用主义是对知识或真理无既定目标的一种偶然性探索。为了说明这一点，他引入了他自己所认可的两个根本事实。第一，最纯粹形式的自由主义关注个体和自由，是实用型社会的最好基础。第二，科学的途径或方法论是确保自由主义保有自身价值的最好方式，也是提供无既定目标的、偶然性的知识探索的最合适方式。

杜威的实用主义思想的两个方面显然是相关的；自由主义提供了最适合实用主义的政治和社会框架，同时科学的方法强调不断的批评和反思，允许民主与自由不断进化发展，以满足变化的需求。在追求实用主义途径的过程中，罗蒂对科学强调的较少，但更加强调自由主义和交流，辩称"没有比保留自由的制度更重要的事情"（引自Festenstein, 1997, p.113）。罗蒂确实提出了另一种方法论。人们之间的大多数分歧都发生在罗蒂所谓的"正常"论说的情况下——即对包容、尊重差异等价值观存在共识。在此条件下，开放式交流与论说足以解决分歧。然而，在罗蒂描述的"非正常"情景中，这种方法是不够的。非正常情景指那些与根深蒂固的世界观相互对立的情景。仅仅依靠讨论将无法劝阻任何一方放弃他们的立场。赞同堕胎者与反对堕胎者能够通过双方认可的方式达成某些共识吗？赞成发展的群体与反对发展的群体间可能找到平衡吗？在这样的情景中，罗蒂建议哲学家们（或者我们案例中的规划师们）扮演调解人的角色，并采取积极主动的态度，激发新观点或激发描述某种情况的不同方法，以解决所有僵局。类似于正常情况，非正常论说也需要集中在讨论与对话上。对话必须"持续进行"以达成共识，并保持能够继续达成共识的潜力。

在不同世界观之间是否能够取得一致？这个问题至少是一个开放式问题。对于我们而言，更重要的是规划师在这一过程中的角色。罗蒂将这种角色称为"讽刺家"。一个讽刺家（字面上，这样的人通过讽刺或者使用语言来表达言外之意、特别是与字面意思相反的事情）将在说和做上与自由主义哲学相一致（例如，强调个体和经济自由，政府中更多的个体参与，以及确保这些目标的宪法、政治与行政改革）。作为讽刺家的规划师需要致力于确保政府的开放和民主（例如，通过公众参与）。然而，在我个人看来，作为讽刺家，规划师有潜力与义务对上述这些概念进行再思考，并确保自由主义哲学在知识领域成为主流。某种程度上，这个角色类似于协作理论学家对规划师提出的要求，规划师需要不断批判现状，并警惕占据统治地位的语言和官僚主义的使用。

根据来自后现代主义与女权主义的批判，罗蒂对自己所提的讽刺家的概念进行了重新思考。在发起和支持变革、挑战静态和压迫性权力结构的过程中，作为讽刺家的规划师等专业人员被认为具有颇多权力且处于核心角色的位置，对此，批判者们给予了猛烈抨击。他们认为这个观点存在两个问题。第一，专家之所以存在是由于他们具备专攻的专业知识。突破这个限定而将其他角色期待安放到规划师身上，本身就是对规划师这个角色内涵的挑战，也是对和规划师职业相匹配的威望与待遇（例如，薪水等）的挑战。规划师等专家阵营有什么动机去挑战那些占据支配地位的力量呢？这一点不仅对实用主义来说有关，对协作和后现代的理论与实践来说也都如此。

第二，专家们是在官僚机构内工作的。即使是他们中的个体有意挑战现有结构，也必须在该结构之中来进行，这可能就是要抵抗现行的官僚机构（在隐性与显性两方面）。但是，任何个体也都是受雇于类似的官僚机构。对它做出挑战，就需要得到官僚组织或勇敢之人的支持。罗蒂的再思考得到的方法，提到使用预言的概念来取代他提出的讽刺的概念："预言是思考尚无法想象的事情。通过创造新的隐喻、语言与思考的方式，预言家引导社会进入一个特定的方向，并使可能不会发生的事情变得可能。"（引自Harrison，1998，p.10-11）

与讽刺家类似，预言家负责设想并努力实现更好的未来。区别似乎是预言家们在道义上有义务这样做。因此，预言家开始看起来类似于大卫多夫（Davidoff）所倡导的那样。然而，不变的是，预言家的观念与行动是嵌在自由原则与自由民主之中的。

这提供了实用主义的基本概况，显然与后现代主义规划和协作规划之间存在一些相似与不同。类似于后现代主义，虽然实用主义者引入了自由主义等基本原则，但仍强调不可通约性。类似协作规划，尽管实用主义者拒绝共识的观点，并在接受想法与观点时更多采用相对主义的方式，但语言是重点。在威廉·詹姆斯看来，实用主义者：

> 毅然决然地抛弃了许多职业哲学家所钟爱的、根深蒂固的习惯。他拒绝抽象和不足，拒绝语言的解决方案，拒绝不好的先验理智，拒绝固有的准则、封闭的体系以及

假想的绝对事物与起源。他转向具体和充分，转向事实与行动，转向权力。这意味着经验主义倾向占统治地位，以及理性主义倾向被由衷地放弃了。相对于教条、人为性、对终极真理的假想，它意味着开放的姿态以及本质的各种可能性。同时，它不代表任何特殊的结果。它只是一种方法。（引用自Muller，1998，p.296）

规划与实用主义

实用主义这样一种方法对规划的意义何在？查尔斯·霍克（Charles Hoch，1984，1996，2002）是实用主义思想与规划的最重要的倡导者与阐述者，并遵循杜威（Dewey）对实用主义的解释。其中，他强调了经验而非理论才是真实性与实用性的最好仲裁者。他还主张为实际问题提供切实可行的答案——那些真正有效的答案。最后，这样的务实方法应该由社会共同认可的、民主的方式来实现。这就与多元社会有了联系——在这样的社会里，相互竞争的想法受到检验，最有效与最流行的方法将会得到使用。这种方法是自由主义最核心的部分。

约翰·杜威设想了自由主义如何才能最有利于实用主义与实践中的民主。用霍克（Hoch）的话说，这样的社会应该由一个社区集群组成，它们通过各式各样的协议、传统和公约凝聚在一起，其凝聚的途径需要通过民主的自由主义方式达成（1996，p.31）。霍克接着争论道，这种观点及实用主义思想与不同的规划理论在概念上有着密切的联系（Hoch，1984）。还值得强调的是，霍克的观点是独特的北美式的。他对规划中实用主义思想的解释包括迈尔逊（Meyerson）的"中尺度规划"，林德布洛姆（Lindblom）的"渐进主义"，大卫多夫的"倡导性规划"，弗里德曼（Friedmann）的"交互式规划"和格拉博（Grabow）与赫斯金（Heskin）的"激进规划"："显然，这些作者之间有许多差异，但我认为他们对实用主义概念的依赖超越了这些差异"（Hoch，1984，p.340）。下面，我将更详细地讨论林德布洛姆的渐进主义，虽然其他的理论都强调自由主义、行动和公开讨论。

霍克并没有不加批判地将哲学实用主义直接发展成一种规划方

法。在他后来的工作（1966）中，他认可了福柯作品中提出的权力关系，并将此与实用主义进行了融合。霍克认为，福柯论证了旨在提供科学和客观知识的职业机构，如何在事实上形成了新的权力中心，并进一步限制自由和引导选择。这个过程的发生，主要通过专业人士的调解角色来实现，他们将个人的斗争转换成某一种"类别"，然后将这种类别以专业论说的形式呈现出来。如此，规划人员有责任来分析诸如交通拥堵等问题、评估备选方案、选择并实施解决方案。在这里，个人只是担任边缘化的角色，专业团体组成的"调解层"将对他们进行归类，预估和处理：

> 在福柯的审视下，专业人员的实践提供了一种有悖常情的，允诺可以给人带来安全的现代性，因为它把个体诱导到各种不同的需求类别之中。有许多理论尝试来论证规划是一个拥有特权的、道德的和科学的实践，其以服务于公共利益为宗旨。如此来看，福柯的批判可以说是直接切中了所有这些尝试的要害。（Hoch, 1996, p.35）

霍克（Hoch）认为，摆脱这种情况的出路在于实用主义的哲学。霍克虽然接受福柯对现代权力形式的批评，但拒绝福柯主张的，似乎是虚无主义的最终结论。他主张的实用主义，与此相反，提出了一条基于"共享研讨与共识目标"的前进道路（Hoch, 1996, p.37）。和杜威一样，霍克认为这需要通过各个社区的联合，经验与价值观的分享以及信任的发展来实现。这里，霍克所想的不只有物质社区，如村庄或城镇，也包括如单身母亲的兴趣社区或如环保主义者等主题社区。问题的关键，不在于社区内部的团结和信任，而是社区之间的团结和信任。无知和偏见以及更多的世俗权力问题，意味着规划师和其他人的立场需要做到清晰明确且深思熟虑，以便在民主的背景条件下避免这些因素妨碍公正。

霍克是鉴于哈贝马斯的工作才提出这样的观点的。正如我在第十一章中所讨论的，哈贝马斯强调在信任、真诚、理解和合法性等关系的基础上开展主体间的交流（个人和团体之间的讨论）。哈贝马斯认为，使用这样的工具和方法，那些更具危害性的支配和权力形式就可以被克服。规划师显然有这方面的作用。和其他个体和群体相比，规划师处于强权的位置，他们可以从这种有利的位置中获得个人利益，但他们应该抵制袖手旁观的诱惑，进而以批判的、积极的姿态介入传统和规范之中。这可能要求规划师让自己变得不受欢迎，或切断自己的职业前景，毕竟"怀疑和讽刺艺术家或设计师在不降低自己地位的情况下是无法为他人让路的"（Hoch，1996，p.40）：

> 理性方法要求从业人员去追求更强大的政治权威和更专业的能力以把事情做好。和依靠理性方法相比，规划师如果能够对官僚式命令和敌对式民主的缺陷进行批判性审视，那么他们可能会受益更多。也许，规划师可以考虑认同弱者的力量，认同同事、邻居、市民而不是认同专业知识的协议。（Hoch，1996，p.42）

约翰·福雷斯特（John Forester，1989）也将实用主义与哈贝马斯的工作和他的理想演说的概念结合起来以形成他所谓的"批判性实用主义"。对于福雷斯特来说，规划是一项基于解决问题和促成事件的非常实用的活动。但是，相较于一个纯粹务实的方法，像霍克和希利一样，福雷斯特认为有强大的力量在起作用，可能意味着规划实践只会再生产不平等。因此，他在务实的规划中添加一个规范性的维度，主张一个更为开放、民主的方式，使得规划以更加开放的方式倾听更多的声音和意见。正如福雷斯特所说：

> 当解决问题在很大程度上取决于其他人的利益、观念、承诺和理解的时候，规划师怎样做才能最好地表达他们自己的想法，显示出什么是有重大影响的，揭露危险并为行动提供富有成效的机会？在规划实践中，谈话和论证很重要。（1989，p.55）

总的来说，多元主义的权力关系观、强调解决问题的实践观、强调辩论与沟通的作用等构成了美国的规划背景。在美国，存在多种正式的规划力量，但整体上来看这种力量没有在欧洲和其他的地方那么明确。因此，协商受到了更大程度的强调（Teitz，1996a，1996b）。考虑到理论或哲学与实践的融合，对于下面两点我们就不足为怪了：一是许多实用主义的作品发端于美国，二是和其他地方相比，实用主义在美国得到了更大程度的支持。对福雷斯特（Forester，1989）来说，规划本质上是一种务实的活动，它受到权力的建构与影响。规划师需要意识到他们可以"预见障碍并切实有效地做出反应，以多种方式培育而不是忽视——但很难确保——实质上的民主规划过程"
（1989，p.5）。这样的规划以沟通为基础，规划师则充当守门人的角
色，根据需要有选择性地引导人们关注各种可能性。同样，就像实用
主义者一样，福雷斯特意识到这种活动需要在自由主义中发生。规划
师不可能挑战这样的框架（并不清楚他们是否会在其他不同的世界中
挑战这种框架），因为他们忙于"扑灭丛林大火，接听'随机的'电
话，与其他工作人员辩论，处理优先事项，四处与组织讨价还价，试
图理解世界上其他人（或者文件）的意图"（1989，p.15）。

在工作中，规划师意识到失真曲解和强大利益的存在，要挑战
这些问题，规划师需要通过沟通的方式，或者更确切地说，采取和上
述霍克所倡导的基本相同的方式，也即坚持哈贝马斯的理想演说的方
法。从本质上讲，福雷斯特主张更加开放和民主的过程，其中规划师
在揭露和挑战强大利益方面发挥积极作用。在这里，我们看到罗蒂所
谓的讽刺家和预言家以及福雷斯特所谓的"进步的规划师"之间的联
系。这样一个进步的规划师的角色和日常职能也符合实用主义的广泛
主旨，即以"什么最有效"和手头掌握的情况为基础。

这种方法的结果可能是相对主义，也可能导致一种"什么都行"
的态度。如果一个规划师不断地适应特定的情况，那么有"对"跟
"错"吗？规划师是否要有指导行动的准则或价值观？在拒绝先验理
论的同时，福雷斯特也拒绝了实践中的相对主义思想：

> 说所有的请求都是利益的表达，并不意味着所有的
> 请求都是同样真诚的、正当的或值得尊重的。很简单，没
> 有理由认可任何请求，比如下面两种请求，都应该得到等
> 同的公共考虑：小企业主提出对某个区划进行调整；偏执
> 者公开提出将某个种族的人送到另一个国家、某个性别的
> 人送到厨房或者把信奉某个宗教的人送到监狱。（1989，
> p.59）

问题是如何能够在务实的同时追求价值观和信念。实用主义哲学
通过两个基本原则来实现这一点：其中，把自由主义作为辩论和讨论
的舞台，把多元主义作为对待相互竞争的思想和立场的原则。作为一
种规划方法的实用主义，必须以这两个概念为基础来理解。我将在下
面详细介绍其中的一些问题。

为了整合某些后现代主义观点，人们对规划中的实用主义还有

广泛的解读（Harper和Stein，1995）。在整个过程中，重复出现的两个中心主题是强调差异性和接受所谓的"新时代"。第一个问题关注于对差异性的接受和鼓励，这种差异性可能是个人、政治或制度层面的。规划和规划师不应试图通过共识等程序或想法来掩盖或隐藏差异性，而应鼓励更积极的多元化立场。这与"新时代"这个观念有关——技术、资本主义和知识等因素的显著转变，意味着许多现代性的概念，如社会和进步，不再像以前那样具有重要意义。现在，关于各种术语，例如"平等"，到底是什么意思存在很大的分歧。

接受这些想法必然涉及挑战一些根本概念，比如自由主义这个概念。这不一定是对它们的反对，但它从更基本的角度质疑先验思维。与一些后现代观点的不同之处在于，哈珀（Harper）和斯坦（Stein）拒绝接受差异性的全部含义。极度强调差异性的意思，就是排除任何共识，从而不会挑战现有的权力关系。同时，他们也遵循一种明显的务实方针，主张实践性的渐进式改变，但也强调更加开放和更少虚无的方式来关注差异。尽管如此，他们的方法仍然处在自由主义和自由民主的范围内。

鉴于实用主义的实践性质，出现了许多关于规划日常实践的研究并不奇怪（参见Liggett，1996；Watson，1998）。让·希利尔（Jean Hillier，1995）也通过她对研究生规划实践者的研究，考察了规划师的工作方式。学生们强调了他们工作中的"实践"元素和"常识"元素。而英国皇家城镇规划协会（Royal Town Planning Institute）等专业机构以及系统规划或理性规划等规划理论则强调更多基于技术的知识，这两者形成了鲜明的对比。学生们还证实，在评估备案方案时，他们可能会根据直觉或经验来低估某些方案，并支持其他方案——这与实用主义者强调的方式大致相同。因此，福雷斯特（Forester，1989）所拥护的先验原则，例如哈贝马斯的理想演说，希利尔对解释学这种形式的偏好，就和科尔曼（Colman，1993）所强调的更多的"现场"学习之间产生了分歧。

实用主义强调的很多概念都相当模糊，如讽刺和批判理论，并没有过多解释其对规划的意义。在查尔斯·林德布洛姆的作品和他的渐进主义观点中，出现了一种方法，它几乎成为规划的实用主义解读和规划的一般方法的同义词。必须强调的是，虽然实用主义和渐进主义之间存在相似之处，但也存在重要差异。和杜威或罗蒂的实用主义思想相比，林德布洛姆的著作基于不同的理论基础，并且被一些人概括为是对事情发生方式的描述，并在规范意义上偏爱这种方法。林德布洛姆之前的著作也是较为天真的多元主义，忽视了权力的不平等及其影响。许多实用主义者，比如罗蒂对权力的不平等更有意识（特别是在这种不平等向实用主义者指出之后，如林德布洛姆），因此他们强调更加批判的立场。实用主义和渐进主义的相同之处确实在于他们注重行动和实施，并且限定在自由民主的框架之内。正如法卢迪（Faludi）所说，"因此，规划理论被强烈建议去研究林德布洛姆的著作，特别是有关规划行为研究的述评部分，同时还需审慎对待他给出的处方。"（1973，p.120）。

林德布洛姆（Lindblom，1959）采用实用主义的（通常意义上的）或渐进主义的方法进行政策分析，并且以规范性的方式来描述规划师和其他人应如何处理政策问题。在这里，我想更多地关注他所提出的替代方案。该方案通常被贴上渐进主义的标签，尽管这一标签掩盖了林德布洛姆思想的重大进展。

林德布洛姆方法的核心是：认为政策制定者不能也不会"雄心勃勃"。林德布洛姆更进一步地补充说他们也不应该这样做。就我们而言，这其中最重要的原因集中在协议或共识问题上。与实用主义者一样，他认为在自由民主社会中，讨价还价和"相互调整"是民主和开放的。这也导致制定的某个特定政策更有可能实施，因为能得到更多人的"支持"：

> 当来自不同项目和机构的官僚必须彼此达成协议时，和让官僚们自己来管理自己狭隘的政策部分的情形相比，他们将在很大程度上被引导到采用更多的角度来考虑问题。（Lindblom和Woodhouse，1993，p.69）

决策应该以精选和政策略有不同为基础来进行。没有什么目标或愿景比关注日常问题还伟大。所采用的方法应该基于试错法，基于实用主义者常讨论的直觉。

为了帮助相关人士，林德布洛姆（Lindblom，1977）提出了一些方法来帮助推进渐进式决策，帮助聚焦和简化复杂问题：

- 对一些熟悉的替代方案所做的分析的局限性。
- 将价值观和政策目标与问题的实证分析结合起来。
- 聚焦于需要补救的弊病，而不是聚焦于所寻求的目标。
- 试错学习。

- 分析多种备选方案及其后果。
- 将决策工作分配给众多参与决策的党派人士。

林德布洛姆强调协定、共识和相互调整，这与最近协作规划理论的一些发展（参见第十一章）之间并不存在巨大的飞跃。福雷斯特（Forester，1989）在他开创性的著作《面向权力的规划》（*Planning in the Face of Power*）中提出了两个论点。首先："在一个信息不足、处理问题的时间有限的世界里，我们怎么可能来仔细分析其他各种可能的未来？"第二个是一个声明："在规划实践中，谈话和论证很重要"（1989，p.5）。两者似乎都是林德布洛姆的伟大工程的核心。而福雷斯特和其他协作规划理论家拒绝接受林德布洛姆的规范性或规定性方法。主要原因和如下两点有关：一是这种方法缺乏批判意识，二是这种方法需要对权力视而不见。对渐进主义的进一步的批评，是因为它"很少谈到规划实践的改进问题，规划师应该做什么以及他们如何做到"（Forester，1989，p.32）。

公平地讲，林德布洛姆回应了这种批评，并在他后来的工作（1977）中确实包含了对接受了不平等的权力关系的论述。大公司和其他强大的集团可以而且会设定决策者的议程。他对此的回应，是更加重视对政策的分析。这种宏观思维和相关技术旨在解决更加短期的和无视权力的指导方案等问题（也即渐进主义中"非连贯的"方面），以便给出一些指导。在这里，林德布洛姆存在向系统方法和理性方法靠近的风险，尽管他强调这种战略思想受到了其自身认识到的不完整性和其他可能性的限制。

霍克、福雷斯特、林德布洛姆和其他人的研究显著地发展了规划实用主义的核心思想，达到一种似乎完全不同的程度。值得铭记的是其核心信条。哈里森（Harrison，1998）对与规划相关的实用主义特征做了有用的总结。首先，实用主义为规划师提供了一个讽刺的视角以检视自己及自己的行为。它强调批判机制，这种批判机制可以用来反思规划师角色，也可以用来描述和重新审视各种形势。实用主义将规划视为一项不断发展的活动，其目的将随着时间而改变。其次，规划并不是为了揭示现实，而是按照我们的理解服务于某个实践目的。规划的作用是鼓励、参与并最终在竞争关系的理论和观点之间进行仲裁。仲裁使用以下标准："这个理论如何帮助我们应对现实世界？"这可能会导致一些渐进式或短期性的方法的产生。第三，实用主义关注的是规划实践，这导致人们对规划实践的微观政治产生了新的兴趣。

这样做的结果是从开展抽象的理论化工作转向现实的规划实践——规划师在做什么，而不是理论说他们要做或应该做什么。第四，实用主义注重的是偶然性和选择性，而不是抽象的基础主义，它强调伦理维度上的深思熟虑。虽然福雷斯特提出了一些评估规划实践的标准且罗蒂等实用主义者声称实用主义无关乎价值观，但在实用主义规划中无疑还是缺乏伦理维度的。这并不是要说实用主义不鼓励伦理维度上的深思熟虑，而是说它并不像其他方法那样直接表达"这是对还是错"。然而，它也没有像后现代主义思想那样在伦理维度上离开得那么彻底，毕竟实用主义还是镶嵌在自由主义框架之下，其中确实含有一些伦理维度的内容，比如说言论自由等。最后，哈里森（Harrison）发现实用主义强调人的行动，这与理想主义、现实主义、马克思主义等思想中表现出来的抽象思维正好相反。这让人们趋向于检视这些理论的实践维度——这些理论会对规划和规划师造成什么不同？

对实用主义与规划的讨论

福雷斯特（Forester）将规划看作是一种潜在的非零和博弈——他暗示如果不必要的扭曲被消除，那么每个人都将成为赢家，因为开放式沟通必然带来一致协定的实现。然而，另一个问题是，依然存在着如下两对令人不安的关系。一个是福雷斯特的自由主义信念和实用主义对基础主义思想的否定；另一个是先验的康德伦理法则和对权力扭曲的批判性理解。福雷斯特想鱼和熊掌兼得——一方面是关注后现代主义/实用主义强调的差异性，另一方面又是渴望现代主义主张的共识；一方面是对规定性思想所持的实用主义的怀疑态度，另一方面又要依靠颇有根基但模糊的伦理框架，从而拒绝某些主张（偏执）凌驾于其他主张（小企业主）之上。现在，正如我在第八章所述，如果认真关注现实世界中的行为，会发现基础主义和非基础主义思想的融合是大多数后现代思想的共同立场。然而，这种融合有损于他对规划师毋庸置疑的沟通作用的完美诠释，因为他指出了规划中存在一些目光短浅的且（具有讽刺意味的）不加批判的主张。问题的核心是："基础是什么？"例如，"失真"是福雷斯特关注的核心，但是失真来自于哪？采用谁的标准？罗蒂在一定程度上规避了这个问题，他把自己的立场设定为西方/北美式的自由民主而不带任何羞愧感。但是，将实用主义与批判理论融合，福雷斯特就把自己置于批判性分析的矛头之下了，而罗蒂则规避了这个问题。福雷斯特在为谁代言？规划师为什么要放弃权力？福雷斯特的分析为我们提供了一种务实的方法来处理很大程度上被称为规划的务实活动——不管多么令人不满意，但在融合批判理论过程中，他揭露了实用主义自身的一些缺点。

虽然霍克（Hoch）对美国规划理论的实用主义基石进行了分析，但是这个分析提供的解释令人难以信服。不过，他对实用主义和实用主义规划理论基础的批判还是很有用的。这种批判可归纳为三大主题。首先，霍克认为实用主义对经验的依赖把经验当作同质的，并且以此来识别问题是远远不够的。关于社会行动的效能问题和规划师在解决问题方面的作用问题，杜威的一个内在假设是：历史主义的进步论。按照霍克的说法，这种假设未能对渐进主义所限定的边界之外的问题进行分析，也不能对渐进主义行动带来目光短浅这个局限性进行分析。"大卫多夫对那些要求倡导的具体不公正行为没有进行评估，弗里德曼没有提供指导交互式对话的工作议程，而林德布洛姆也没有特地为渐进主义提供渐进的幅度和方向"（Hoch，1984，p.341）。其次，霍克质疑实用主义的如下假设，也即认为实用主义试图解决的问题存在于那些妨碍社会学习和反思的障碍上。实用主义者认为，我们都有一种通过工具性探究来解决问题的自然倾向，这种倾向既是人类进步的价值，也是人类进步的工具。霍克认为，我们不能简单地假设这种学习的意义，这可能会暴露社会中的基于性别、阶级或种族等的深度分工。换句话说，我们不能将某个单一方向作为这种社会学习的结果，我们也不应期望人们有共同的反应——非理性或更深层次的欲望，通过使用或滥用权力可能会扭曲社会学习的过程与结果。在这里，霍克的观点似乎更多的是指向某些规划理论，而不是实用主义本身，尤其是考虑到真理所依托的更趋向于相对主义的基础，这也是杜威和后来的罗蒂的思想的支柱。然而，他的总体观点是实用主义对权力视而不见，具有使社会问题长期存在而不是解决它的危险。一旦你意识到杜威著作中实用主义所主张的整个自由世界观，是接受结果的不公平性但主张机会的公平性的时候，你将认可上面的观点是一个公正的批判。因此，相比于对权力视而不见，它更多的是对权力的认可。霍克似乎在主张一种不同的实用主义概念，也不是杜威/罗蒂所谓的实用主义的变种，其在变革的潜力上更为激进，而且可能根本就不是实用主义。

最后，霍克提出批评，认为杜威过度依赖专业人员在发动和支持更多公众参与方面所起的作用，公众参与的目的在于挑战社会的停滞不前，抑制妨碍个人自由与发展的各种社会结构。霍克感到，杜威坚信不同利益群体之间具有自愿联合的能力，这种想法忽视了社会历史会影响专业人员发起变革机会及其可能的角色。大多数专业人员是为国家官僚机构工作的，但这种官僚机构却会限制他们在变革中的角色。此外，鉴于权力的集中和专业人员的既得利益，霍克认为期望专业人员鼓励更多的公众参与是不现实的，因为"虽然规划的实践、制度的实施和资源的分配要求一定的解决问题的能力，但这些事情更多的是受到政治力量而非论证力量的引导"（Hoch，1984，p.342）。对霍克而言，由于上述权力问题导致的结果是，实用主义更多的是一种有用的理论见解，而不是一个有价值的规范性立场。

结论

作为哲学的实用主义虽然把自己伪装成"反理论"的样子，但实际上它是深度理论化的。在将实用主义转换为内生的规划理论的过程中，它因对下面这个问题的不同理解而一直受制于空间中介：面对权力的不平等，实用主义规划要成为什么样子才能够变得现实可用。因此，美国式的方法虽然对现有的权力关系持批评态度，但却深深植根于自由民主框架内；欧洲对此的理解，则表现出对现有的制度现实和替代方案的可能性更为敏感的特点。这种差异构成了对实用主义方法进行的批判的一部分。

杜威由于给"技术官僚"提供了理论基础而颇受批判，这是因为科学方法已经侵入到了政治和社会领域，更是因为杜威的自由主义概念涉及的是积极而非被动的社会。他拒绝接受消极的自由主义观念，认为要完全变得具有反思精神，必须给人们提供充分参与社会的方法。他并不是一开始就从如何实现这一目标这个问题入手，而是从第一原则出发，认为如果把自由主义当作是人类能力的解放和全面发展的基础，那么这可能涉及诸如财富再分配等行动以克服全面参与社会所可能遭遇的最大障碍，也即因资源匮乏引起的障碍。在实用主义框架下，这种详细的政策规定不可能是基础主义的——因为这些政策需要依据具体情况而定。这导致了对渐进保守主义的批判，也导致了有人认为他的干涉主义社会基本上就是为社会主义辩护。杜威意识到后一种指控，并声称他的目标是追求一个"规划中"的社会，而不是一个"被规划"的社会。在此，我们再一次看到它与协作规划方法的一些联系，看到它回避对过程而非哈贝马斯（Habermas）所关心的理想演说的先验性限制。而且，就像沟通与协作学派一样，几乎没有详细的方法来评估这样一个社会如何运作或它会是什么样子。

　　尽管存在这些批评，但实用主义仍然是解决实际问题的实践方法的一部分。它对开展宏大的理论化的规避则是另一个规划理论学派，即倡导性规划理论学派的基础。

第七章
规划师作为倡导者

引言

　　虽然本章的标题是"规划师作为倡导者"，但它所涵盖的规划相关问题要更加多样和更加根本得多。在规划理论中，倡导性规划通常与保罗·大卫多夫（Paul Davidoff，1930—1984）的工作相关联。大卫多夫主张应该以深度个人的与高度政治的视角来看待规划和规划师。这种观点通常与更具政治无关性、更具技术性及官僚主义的观点和方法形成对比，例如，系统方法和理性方法（见第三章）。这两种世界观之间的分歧代表了一种分裂，它反映了社会对国家角色的态度，对国家利用所建立的国家机器尝试控制发展所做的事情的态度。因此，本章还涉及一些关于规划是什么以及如何进行规划的基本问题。它还提出了有关规划师为谁规划的问题——国家的雇员（例如一个地方当局），更广泛的利益群体，或融入了专业技能和价值的一套价值观。

规划的政治

　　第三章详述的系统和理性的规划方法将规划视为一项技术性而非特别民主的工作。规划师是能够对城市和地区进行建模和预测的专家，并通过规划控制工具确保他们高效、有效地工作。这是工具理性方法，由启蒙运动和现代性所产生（见第八章）。它将规划师定位为处于社会体系的中心的专家，负责对控制杆进行操控。但是，正如我在第三章中指出的那样，实际结果是，规划远不是无关政治的。正如20世纪60年代和70年代的一些经典规划研究所强调的那样，对那些将要"被规划"的人来说，其影响往往是高度政治化和个人化的。有两个这样的案例值得思考。

诺曼·丹尼斯（Norman Dennis，1972）毕业于一所规划学校，居住在桑德兰的名为米尔菲尔德的一个工业化和工人阶级聚居地区，该地位于英格兰东北部的威尔河以南。在20世纪60年代，地方政府已经将该区域拆除以分配给需要重新安置的居民。正如丹尼斯所说，该地区主要用于容纳附近工厂的工人，由19世纪建造的单层联排住房组成。这些房屋状况各异。有些从最初建造时就变化不大，缺少我们现在习以为常的设施，例如厕所、洗手盆等。但是，房屋的结构质量似乎基本满足需要（尽管缺少防潮层），从书中的照片看起来它们像迷人的维多利亚式联排住宅。

然而，地方政府希望从中央政府获得重建资金。米尔菲尔德有一个强大而团结的居民协会，其对拆除原则和笼罩该地区的不确定性感到愤愤不平。该计划实施中的不断变化带来了不确定性，这让我们可以理解该地区居民所遭受的煎熬。希望改善房屋的居民被拒绝贷款，因为该地区可能会被拆除和重建。这种情况持续多年，该地区房屋的总体情况恶化，这在委员会对该地区房屋质量进行评估时得到了自我应验。在与当地官员会面中，当被告知"耐心"与"等待规划出现"时，居民们得到了安抚。几个月后，新的规划公布了，采取的是不同的（另一个）工作方案。不安不仅集中在日程安排上，还集中在那些认为这个区域需要遭受拆除的基础研究上。规划部门对"不合适"的界定似乎是武断和主观的。但同样显而易见的是该地区房屋设施的调查是以相当简单的方式进行的。如果在来访时居住者不在家，官员则从邻居那里收集一些关于房屋情况和设施的信息。在多数情况下，这些信息不准确也不足为怪。

如果地方政府及其规划师能够更多地投入到该领域，那么这种误解和事实的不准确就可能得到解决。虽然规划师与居民协会之间有一些会议，但这些会议只用于宣布规划内容或捍卫根深蒂固的立场。规划师在任何会议上都不做记录，根本不考虑当地居民的意见，只管继续执行其规划。一个例子总结了规划师对自身角色和居民角色的态度。在一次地方会议上，规划委员会主席（也是地方议员）出席了，要求居民协会今后应该向规划师而不是他发送所有信件。当居民以他是他们选出的代表为理由提出反对时，他回答说，他只是规划委员会的主席，而规划委员会按照规划师建议行事。从那一刻起，规划师们拒绝承认或回答任何不发送给他们但发给选区代表的信件。规划师曾在米尔菲尔德的一次公开会议上说："在任何正常组织里，任何正常得体的交易都是经过官员完成的。如果你正在与一家公司打交道，你就不该写信给总经理，而应该去找官员。"（Dennis，1972，p.209）正如丹尼斯指出的那样，除了规划与产业之间这种有趣的类比之外，使用"得体"这个词意味着居民协会在寻求代表权和发言权方面是不得体的。写信给他们选出的代表，规划师继续说道，"会引起我们所有人的反感。这会让所有必须处理这个问题的工作人员都很反感"（Dennis，1972，p.211）。这一系列提案和程序的结果是该地区没有被全面拆除，但这更多的是与规划实施缺乏资金有关，并不是当地规划师缺乏决心。

米尔菲尔德的案例证明了理性的使用和滥用，以及一些涉及规划师的态度、道德和责任的隐晦问题。许多规划师被揭露，在最好的情况下，也会选择性地使用信息及其权力地位，在拥有成千上万居民的地区强行推进不受欢迎的提案。虽然丹尼斯的说法令人信服且可信，但我们仍需谨慎。作为他们协会的主席，他显然同情居民。他对规划师在规划中试图采用系统模型也报有一定同情——认为模型需要改进使其更有效，而不是完全弃而不同。然而，正如他所说，规划师声称他们提出的一切都是基于不可侵犯的技术基础和无可挑剔的事实数据。很简单，居民们在面对来自训练有素的，为"公共利益"奋斗的专业人员提供的信息时，会"非理性地"行事。

乔恩·高尔·戴维斯（Jon Gower Davies，1972）提供了另一个颇带指责之意的规划研究案例。该案例位于纽卡斯尔的黑麦山，主要对规划师的态度和社区的无助感展开研究。黑麦山与附近的米尔菲尔德之间有很大的相似性，但也有重要的差异性。像米尔菲尔德案例一样，它被政府指明需要"改善"，尽管这是通过强制购买和翻新而不是拆除和重建来实现的。像米尔菲尔德案例一样，这里是牢固的维多利亚式房产，主要由居住者拥有。同样，该计划也被拖延了九年，使得这一地区在计划制定与修订期间遭到严重破坏。两个主要的差异是：社区内部对采取何种措施存在分歧（虽然他们团结在一起反对政府的方案），规划部长拒绝确认强制购买令。

戴维斯（Davies）在对案例的研究和对更广泛影响的分析，尤其是当时的规划背景所带来的启示的研究之间取得了平衡。他的观点涉及为什么规划师对社区采取如此高压的态度。当首席规划官于1963年宣布黑麦山的初步规划时，他评论说这个规划相当大胆，"很多人会因此受到伤害"。尽管全城对这个自负的综合规划的反对意见不断增加，但首席规划官仍然由于果敢而受到规划和建筑专业人员的称赞。戴维斯辩称，规划师设法通过他们的自信来面对这种反对。正如纽卡斯尔市政府规划部门的一位高级规划师所说的那样："你必须有一点孤傲才能成为一名规划师——即使在错的时候也要对自己是对的充满信心，现在的城市规划官员就是这种人。"（Dennis，1972，p.119）这种新教徒式的热诚来源于规划师的教育，他们形成了一种自以为是的意识形态，从而保护他们并应对来自天生保守人士的不可避免的批评。纽卡斯尔的规划师为他们享有作为国家最"进步的"（自负的？）人的声誉而自豪。他们利用技术的合理性来支撑自身的观点，尽管戴维斯声称，在很多情况下这些规划只是一时兴起。官僚福音主义可能听起来像一个强有力的术语（它是戴维斯所著书籍的标题），特别是从我们40多年以来的视角来看；但值得再次引用纽卡斯尔首席规划官的话："如果我们真的相信人类的爱，那么综合的社会规划是不可避免的。"（引自Davies，1972，p.121）

我们很容易回顾这一时期，并反思在公众参与方面到底往前发展了多少。然而，在2000年，沃克（Walker）和斯科茨伍德（Scotswood）地区的纽卡斯尔居民与市政府围绕本地的规划进行了斗争。40多年来，同一市政府仍在推行重建计划，尽管这次他们提议要拆除的，是曾经为了替换维多利亚时代的联排住房而新建造的房屋。该委员会提出了一项全面的重建计划，涉及拆除6600所房屋，且没有送审另外的方案。政府的领导评论道，"政府必须有自己的愿景"，而居民们认为，在他们所担心的事情已经变成现实的时候，才来征求他们的意见是不够的。

其他研究表明，这种集权、高压和自负的规划现象不仅限于英国，也不是仅限于20世纪60年代。例如，本特·弗吕比约格（Bent Flyvbjerg）对丹麦奥尔堡市规划过程的分析表明，与我在第三章中所考虑的一样，在"规划师和被规划对象"相互被分隔开来的这一点上是相似的。上面讨论的两个研究提出了一些关于我在本章开头概述的规划师的角色的问题。作为一名职业规划师到底意味着什么？谁是规划的委托人？规划在多大程度上可以与它可能影响到的群体分开？是否有可能进行客观合理的规划？后面的问题在第三章中讨论理性的时候已经得到了部分解决。显然，规划师无法求助于某些客观的技术现实，因此规划是一个高度政治化的过程。这就是保罗·大卫多夫和托马斯·雷纳（Thomas Reiner，1962）在20世纪60年代初期提出的观点——规划融合了形式理性与实质理性。但是，其他人却把规划问题都归结为工具理性的范畴。令人惊讶的是，这篇文章和大卫多夫（Davidoff，1965）的之后的一篇文章都先于纽卡斯尔（Newcastle）和桑德兰（Sunderland）这两个案例的研究。

保罗·大卫多夫与倡导性规划

无论是过去还是现在，各种城市问题都不只是发生在英国。在20世纪60年代，许多美国城市遇到的问题远远超过纽卡斯尔和桑德兰存在的住房条件差的问题。在大量黑人移居城市内部同时大量白人逃往郊区的背景下，其他浩大的运动也在影响社会：

> 黑人和白人发起了民权运动，他们的大规模游行、抵制和静坐是一个觉醒的过程。学生们加入了这场运动，并引发了以校园为基础的抗议活动，反对越南不断加剧的战争。当地居民抗议推土机式的城市复兴工程，以及社区中拟建的高速公路路线，其中一些引发了对种族主义、贫困和黑人与白人之间日益扩大的差距的愤怒。（Checkoway，1994，p.140）

当时美国的规划师与英国同行一样，都倾向于理性和技术性的规划视角。大卫多夫进入该领域时，呼吁规划不仅是一项技术活动，还应包含社会正义。他从深刻的多元主义立场出发，依据的思想基础是："合适的规划行动不可能是通过价值中立的立场得到预先制定的，因为规划是基于欲望的函数"（1965，p.331）。换句话说，就像对形式理性的分析一样，在我们的出发点上，价值观和事实是不可分割的。大卫多夫继续争辩道，因为不存在价值中立这样的事情，规划师实际上应该对引导他们选择特定选项或做出特定决定的价值观保持公开。但大卫多夫的思考不止如此。规划师不仅应该对自己的价值观保持公开，还应该为与其价值观一致的组织工作："对于那些希望给社区的未来发展提出政策建议的政府部门和其他团队、组织或个人，规划师应能够作为其利益倡导者参与到政治过程之中。"（1965，p.332）大卫多夫声称，规划师的这种职能将使公民能够在民主中发挥积极作用。规划师们将在法庭上扮演倡导者的角色，他们分别代表两个对立案件。他们会站在委托人的立场进行争辩，无论客户是个人、团体还是组织。大卫多夫还提出了与这个方案相关的另一个观点，也就是存在多个相互竞争的规划方案的可能性。目前，一个地区通常会有由公共当局制定的一个规划。根据倡导性规划的方法，应该存在多个规划，由不同的团体制定。其中一些规划可能与政府当局制定的规划截然相反。社会团体可以用他们自己的某个规划对其进行反击，而不是简单地反对"官方"的城市规划。其结果可能是不同想法的相互竞争。这事实上就是展示了这样的想法：规划是一项技术官僚型或工具理性型的事业。如果是这样的话，那么我们应该期望不同的规划师各自制定不同的规划方案，但最后能够形成统一的规划方案。显然，这是不现实的。公选官员的作用仍然是批准规划，而被其他机构雇佣的规划师则需要各自制定规划，且必须与其他规划方案进行竞争以获得批准。

根据大卫多夫（Davidoff，1965，p.332-333）的观点，这种方法有三个优点。分别是：

1. 向公众提供更好的选择。
2. 迫使政府与其他规划团体竞争以赢得政治支持。
3. 迫使那些对政府制定的规划持批评态度的人自己准备自己的规划。

对大卫多夫而言，主要问题是如何在不同的、相互竞争的规划之间做出选择。在倡导性规划方法中，内在的一个理念是需要在评估不同规划时不能采取中立——我们都有自己的观点，并且这些观点对于任何评估方法都会有影响。倡导性规划师不仅要承认自己的价值观，而且要在其他规划中体现这些价值观：

> 通过这种方式，作为对对立规划方案的批判者，他将执行类似于交叉审查的法律技术任务。虽然要求规划师暴露自己的偏见会让规划师很痛苦（而且没有一个规划师可以完全摆脱偏见），但是不同规划方案的支持者之间

的直接对抗，其最终效果将是更仔细和更精确的研究。
（Davidoff，1965，p.333）

　　大卫多夫没有提供更多关于如何判断相互竞争的规划的具体线
索，这将由读者来决定。
　　关于大卫多夫的倡导性规划方法，还有其他一些值得一提的维
度，其中一个是倡导性规划可能涉及哪些类型的组织。对此，大卫多
夫强调了三个：政党、特殊利益集团和特设协会。一个地区的政党
应该根据自己的价值观建立社区规划。特殊利益集团，如商会、工会
等，也可以参与制定自己的社区规划，尽管这些集团中某些群体的
性质不同可能会使规划制定变得困难。最后，可以根据特定问题建立
特设小组，例如超市选址或旧建筑的拆除。尽管大卫多夫认为，倡导
性规划更有可能在这样的基层产生，但很难设想这些团体会如何参与
"规划"而不是"抵制"规划。虽然某个特定群体可能对某一个问题
有强烈的看法，但对另一个不相关的问题，其在多大程度上具有同样
强烈或一致的意见是值得怀疑的。
　　根据格查威（Checkoway，1994）的观点，美国规划界中的倡
导性规划超越了大卫多夫所提出的理论，并以各种形式得到实施：

　　　　一些倡导性规划师与社区居民合作，反对那些威胁说
　　社区可能衰落的联邦计划；与社区组织合作，让其"从抗
　　议转向制定计划"，从而发展自己的服务。还有其他群体
　　组织形成倡导性规划项目且为示范项目获得资金……一些
　　城市规划机构指派规划师编制分区计划，组织分区规划委
　　员会，并鼓励居民参与全市规划。（1994，p.141）

　　作为对大卫多夫的倡导性规划方法的反应，一系列问题开始出现
了。大卫多夫认为，规划师是在"寻找"与他或她有着密切关系的雇
主。这个观点的真实性值得怀疑。很少有组织具有单一的世界观，而
大多数组织，如雇主组织或环境机构，通常是从较激进的观点到较温
和的观点的复杂混合。因此，把组织描绘成对世界只有单一愿景的同
质性组织可能就过于简单化了。一个相关的问题是：谁将支付倡导性
规划师的费用？理想情况下，大卫多夫认为政府资金最合适，但在短
期内，特定的基金会可能会支持这项工作。更有可能的是，正如在英
国发生的那样，通过规划援助等非正式自愿组织的运作，将出现一种

倡导规划形式（见下文）。

　　大卫多夫提到并在上面讨论过的第二个问题是人们如何对相互竞争的规划进行判断（1965，p.333）。虽然（如前所述）大卫多夫没有提出任何令人信服的机制，但这个问题必须解决，因为它涉及倡导性规划方法的核心。缺乏一种在不同的地方规划之间进行仲裁和最终决定的机制是大卫多夫论点的一个重大缺陷。

　　马里斯（Marris，1994）提出了第三个问题，即通过法律辩护解决冲突与通过民主政治解决冲突之间的区别。法律辩护是在法庭上由法官和陪审团进行的，法官和陪审团负责做出决策，使得这一决策"成为特定冲突中提出的一系列问题的正确答案"（1994，p.144），但规划的倡导却没有同等的效果。不同之处似乎在于，法官认识到的是有关真相的不同版本，而规划当局却认为他们的规划才是唯一的真理。这又回到了规划行业的技术和工具理性基础之上，这种思想在1960年代的规划职业中占据主导地位。

　　皮文（Piven，1970）从马克思主义角度提出了另一种对倡导性规划方法的批判。那些代表穷人行事的规划师，只是提供了一种形式上的共同选择权，这种假象到底能产生多大的影响呢？皮文认为，这种错觉更加阴险，因为规划师实际上相信它。即使规划师代表穷人或被剥夺者行事，他们的规划替代方案有多大可能成功，或者使被代表者的生活变得更好？即使论点再好，强大的经济力量不太可能对其屈服。只是揭露权力就足以挑战它吗？这些问题是构成了评判多元主义的核心，但多元主义构成了大卫多夫世界观的基础。我将在下面更详细地论述多元化。首先，有必要解决这个问题的相关方面：为什么规划师转而变成了只为自己辩护而不是为哪些"被规划的人"辩护呢？戴维斯（Davies，1972）认为它是抵制质疑的自我防御机制和反对变革的固有保守主义的一部分。这可能有一些道理，但它没有解释戴维斯所说的这样一个意识形态如何通过制度和专业组织等机制得到维护和再生产。

　　正如我在第二章中所讨论的那样，城市规划是一种"职业"：

　　　　　在过去的50年中，城市规划专业在很大程度上主导了英国的土地利用政策和实践。皇家城市规划学会已成为专业机构，在这些领域拥有独特、合法的认知能力，城镇规划师已经成功地将自己描绘成这样的一个职业群体：唯一能够对关于什么是"最佳"的土地利用模式发表意见的职

业群体；能够对建筑和自然环境的"最合适"的开发形式
发表意见的职业群体。（Evans，1993，p.9）

正如格兰特（Grant，1999）总结的那样，关于职业的定义
是存在问题的，认为规划可以享有某种职业地位的观点（认为规划
有资格被当作一种职业——译者注）受到了多方抨击。例如，里德
（Reade，1987）认为规划没有内生的理论体系，因此从知识的角度
上来看，规划不能称之为是一门学科或一种职业。对于这个论述，鲍
勃·埃文斯（Bob Evans，1993，1995；Evans和Rydin，1997）的
作品更为贴切，因为它关注的是规划成为一种职业所需要达到的影
响。埃文斯（Evans，1993，p.11）认为职业精神建立在一系列的主
张之上，主要包括：

- 主张能够控制特定知识领域或专业知识。
- 主张在现有的社会和经济结构中，职业群体成员试图解决的
  问题最终都可以得到解决。
- 主张利他主义，即职业服务于公共利益或共同利益。

这是许多职业的基础，例如法律和医学。关于规划是否能真正
满足这些要求是存在争议的，但我们更关心的是这些要求对规划实
践的影响。为什么无论哪个学科都想成为一个专业？是什么促使它
想要满足上述要求？主要原因是，作为专业人士或职业的一部分，
随之而生的是社会地位、决策权、更大的经济回报和就业保障。最
后两点能成立是因为，根据定义，并非每个人都可以成为职业人
士——学术和其他资格的存在，意味着特定的职业人士（如医生或
律师）的供应受到职业机构本身的限制。什么才可以成为一种职
业这个问题是谁决定的？在此，里德（Reade，1987）和埃文斯
（Evans，1993）都认为国家和职业群体之间存在共生关系。规划和
土地分配必须被视为是公平的，并符合公共利益——但是，这不是
一个简单的官僚操作过程：

> 因此，国家也开始参加到社团主义的合作协调中，并
> 给予诸如职业之类的利益组织以较高的影响力，影响其各
> 自领域内的政策事务。作为交换，国家则期待这些利益组
> 织参加到实现符合国家既定范围界限内的政策目标之中。

　　　　至关重要的是，这意味着在执行政策时组织或职业成员需
　　　要履行他们所屈从的内容。（Evans，1993，p.12）

　　认为国家和职业两者之间存在这种"交易"的观点并非没有争
议。然而，如果一个人对于我们在本章到目前为止所讨论的问题有上
述这种理解的话，那么这个观点就是可以讲得通的。图7.1以图表的
形式对上述基本观点进行了表述。

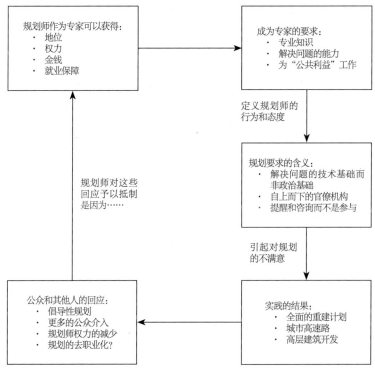

图7.1　规划作为一种职业的"恶性循环"

多元主义

正如克拉维尔（Clavel，1994，p.146）所论证的那样，"大卫多夫的提议是，规划师可以通过向弱势群体提供服务，为包容性的多元主义作出更多贡献。"马佐蒂（Mazziotti，1982，p.207）进一步声称，倡导性规划概念的核心假设是多元主义。虽然在定义什么是多元主义上存在困难，也很难确定多元主义到底是关于社会和民主的一个描述性模型（是什么）还是规范性模型（应该怎么样），但我们还是可以绕开这些问题而巧妙获得一些基本的原则宗旨。乔丹（Jordan，1990）认为多元主义模型的主要特征是：

- 权力在社会上是破碎化的和去中心化的。
- 存在着分散化的不平等，因为所有群体都可以利用某些资源来为自己辩护。
- 社会中的权力的分散是人们所期待的。
- 这种权力分散在不同政策部门之间是各不相同的，这意味着这些部门的政治结果本身会有所不同。
- 政治权力的行使不局限于选举和诸如议会等正式场合。
- 在一个理想的多元世界中，利益的相互作用将为各种想法提供竞争，为任何可能的结果提供合法性。
- 由于协商过程的不确定性，多元体系的参与者将受其约束。

我们可以看到，对社会和政治进行多元主义的理解，就会有如下认识：国家政治组织由许多存在竞争的利益集团所构成，这些利益集团的成员相互交叠且权力分散。虽然一些社会观认为权力是可以累积的，例如金钱的代际传承，但多元主义者认为社会是由非累积的不平等组成的。这种观点承认了权力和决策机会的不平等，但认为这种不平等更具动态性，而不是像政治经济学分析的那样那么固定。同样，利用资源的能力与拥有资源一样重要：这种利用资源的能力也是非均衡散布的。

尽管在20世纪60年代美国就出现了多元社会观思想，但有各种研究试图探讨这种模式是否能代表英国的社会。牛顿（Newton，1976）对伯明翰的一项研究调查了住房、教育和种族关系，并发现不同群体的参与情况和具体的政策区域有关系。因此，住房的特点表现出与公众是否介入政策有更大关系，而不是与种族有较大关系。因此，对于美国模式的多元主义能否在英国找到，牛顿发现了一个多种情况混合的现象——在一些地区是如此，而在另一些地区则并非如此。这种现象也延伸到了资源获取方面的不平等，这也是多元主义认识所指出的一个特点，并且这种不平等在牛顿所研究的伯明翰案例中也是变化的。

另一方面，关于多元主义概念，也有一些研究试图将城市地区的演变与政策制定中的多元化程度联系起来。粗略地说，有观点认为，随着城市变得更大、更复杂，政策制定从精英主义模式演变为更多元化的模式，因为多种利益日趋分化，以同质化的方式统治这样一个领域变得更加困难。相较于保持一个更加开放和多样化的国家政治组织，增加多元主义会导致无法管治的危险。

制定政策的环境和城市问题的特征决定了城市政策的形态。政策的结果是高度分化的、不稳定的问题背景和政策背景的产物。正是因为城市政策制定者必须处理这么多不同的、支离破碎的问题背景和政策背景，所以整个城市政策制定也是如此具有分散性、易变性和应变性（Yates，1977，p.85）：

> 这样的情况就会引起我们远离"规划"并走向混沌。但它也暗示了一种更具侵略性和流动性的多元主义，在此条件下，纯粹从群体的数量之多的角度来看，这就意味着需要竞争才能让自己的声音被听到变得更加困难，也意味着通过群体的能力来影响政策也变得更加困难。这种"街头斗争式的多元主义"的概念并未得到普遍认可。最近的一些案例研究支持了超多元主义的观点，但随后又认为，不同利益之间的交锋已从整个社会转移到了"权力走廊"。由于政治权力变得越来越多元，因此群体的联盟和能够确保混乱无法盛行的其他手段就变得十分必要。如此来看，我们并不是正在回归到更加精英式的治理模式，而是正在见证一个日趋碎化的治理图景，这种变化也是对这种碎化弊端的一种适应。

多元主义者从未认为社会中的权力是平等的。为了回应一些批判者指出的社会中存在更多的结构性不平等（见下文），在日益多元的政治格局中，多元主义者确实也开始更多地关注权力的不平等。值得注意的是出现了一种"反体制"的观点，或一种倾向于阻碍作用的超多元主义形式，其目的就是寻求将一个工作议程，比如说经济发展置于另一个工作议程之上。支持经济发展的游说团体的特点是多样性中的多元主义和日益的碎化，但这些团体有足够的共同点去寻求彼此之间以及与地方政府的结盟。在英国也有类似的认知，即伴随着政治本身的和政治内部的日益多样化，已经出现了某些特定的强势利益群体对此给予了抵制。

希利、麦克纳马拉、埃尔森和多克（Healey，McNamara，Elson和Doak，1988）的研究证实了这一点，他们发现规划中的某些规则"明显有利于某些群体和利益主张"（1988，p.29）。但是，和上文各种广泛的研究所提及的情况相比，他们的研究描述了一个远为复杂的多元主义规划图景。虽然认识到了规划圈子内的利益集团众多（1988，p.257），但他们认为英国规划体系的设计是多种过程的混合（表7.1）。

当代英国公共管理中的政策过程　　　　　　表7.1

官僚法律	根据正式程序和法律规则确定行动。
技术理性	根据专家判断和科学推理确定行动。
半司法	通过正式听证相互冲突的利益论证，并由评估员平衡论证的相对优点来确定行动。
协商	通过与有关群体和受影响群体进行谈判和辩论确定行动；此类协商的形式可包括： 社团模式：长期与特定群体的特定代表就广泛的问题进行谈判； 商讨：在涉及群体与国家之间相互依赖的特定问题上与特定群体进行谈判； 多元主义政治：对抗集团之间的政治辩论，政客们从政治视角来决定平衡点和优势； 公开民主辩论："理性"辩论，所有受影响的群体都讨论特定行动方案的利弊，并在没有支配力量影响的情况下达成协议。
政治理性	在代议制民主的正式场合中，政治家的判断决定了行动。

来源：根据Healey等，1988，p.257。

　　表7.1左边一栏所列不同形式的政策过程对多元主义政治的实践有不同影响。通过和我们在提交规划申请（技术理性）或参与发展规划编制（咨询）的时候可能会遇到的一些过程相比，我们就能够深刻了解上述不同政策过程在实践中是如何运作的。在希利（Healey）、麦克纳马拉（McNamara）、埃尔森（Elson）和多克（Doak）的著作中，有一点没有得到很好的解释，那就是这些过程可能彼此嵌入，并经常同时运行。例如，规划申请将涉及一些技术理性的过程（例如，通过专业规划师来决定事实和意见），涉及一些咨询过程（利益方的介入）及政治理性过程（由选举出来的议会成员作最终决定）。在布林德利、赖丁和斯托克（Brindley，Rydin和Stoker，1996）的后续工作中，还增加了一个更远的维度，也即在该国不同地区来识别不同的规划"风格"，从这种时间和空间维度来看待规划的过程，意味着我们不能依据其他地方的，不同的政策过程理论和观点来"解读"规划的多元性。

　　上述多元主义讨论产生的一个重要问题是多元主义作为分析工具与作为一种规范性立场（即多元主义应该是什么）之间的区别。大卫多夫在两者之间徘徊，但很明显，倡导性规划是由一个明确的规范性多元主义框架支撑的。

　　前面关于多元主义讨论的另一个明确信息是，无论是在分析形式还是在规范形式中，多元主义的存在都依赖于空间、时间和不同的背景。我们不能指望在空间或部门上有一个统一的多元主义，我们也不能指望鼓励一个更多元的政治就可以带来类似的结果。相反，我们应该预想得到，不同的地方会以不同的方式来实践倡导性规划，并产生不同的结果。正如我们将在下面看到的，情况确实如此。

倡导性规划行动？规划援助和公平规划

　　虽然英国对大卫多夫提出的倡导性规划的热情与美国相比较低，但有两个重要的特例。第一个是规划援助。正如托马斯（Thomas，1992，p.47）所定义的那样，规划援助是"一个英国术语，指在国家部门之外给那些无法负担规划顾问服务费用的人提供规划问题的免费咨询"。托马斯（Thomas）认为，规划援助和倡导性规划实际上相距甚远，但考虑到英国和美国之间不同的社会、制度和政治背景，人们未必会期待英国式的方法有必要和大卫多夫的模式相类似。可以确定的是，在20世纪70年代早期人们开始讨论规划援助的想法，与此同时，大卫多夫的想法开始在美国流行。皇家城市规划学会（Royal Town Planning Institute）主席于1971年评论道：

> 英国司法中的一个奇怪且不光彩的反常现象是：一个人可以获得免费法律援助以在法庭上为自己辩护，但一个受到灭绝或灾难威胁的社区和团体却无法获得任何帮助来进行辩护。如果可以向有需要的人提供免费的规划咨询服务，那么它将使规划过程更加民主，使得规划对其可能的影响更加敏感。（引自Thomas，1992，p.50）

规划师以倡导者的身份展开行动在20世纪70年代初开始出现，并且皇家城市规划学会决定在20世纪70年代中期支持分支机构建立规划援助服务。1987年，总共约有12000名皇家城市规划学会成员，其中有大约400名规划师提供了类似服务。

托马斯对威尔士规划援助（Planning Aid Wales）进行的研究表明，参与规划援助的许多规划师并没有对这项事业抱有应有的热心承诺。几乎所有参与进来的人是为了积累他们在规划方面的经验，而不是为了利他主义的目的。与大卫多夫所写的情况不同，有一些志愿者则并不质疑规划的作用，只是想纠正规划是"坏的"这种错误观念。关于志愿者与服务使用者之间的关系，也存在不同的理解态度。托马斯（Thomas，1992）辨识了三种态度。第一个是规划援助作为一种远距离辅助。在此，志愿者认为他们的建议应该由解释和澄清规划方案和规划术语而构成，并形成可以称之为技术指导的服务。另一种模式更多的是咨询职能，规划援助志愿者在其中发挥更加积极主动的作用，包括与地方当局进行讨论以及向当局提出准备的方案。这在法律意义上更像一种倡导角色，因为志愿者不必同意客户的观点，只需代表他或她自己的观点。最后，还有把规划援助看作是教育的这种理解。在威尔士的案例中，这涉及通过援助和建议帮助客户提高他们自己的能力，从而有利于他们参与到规划体系之中，而实际的规划工作则留给其他人来做。

我在苏格兰规划援助（Planning Aid for Scotland，PAS）中的工作经历，部分支持了托马斯的一些研究结论。我处理的一些案例包

括：对规划许可的拒绝，针对反对意见向邻居提供建议，充当教育的
角色，告诉社区委员会和其他人如何更多地参与到规划过程之中。因
此，根据情况的不同，PAS看起来似乎跨越了上面所说的几种援助方
法，并且更多的是提供定制的服务。由于一部分的地理限制原因，我
所服务的大多数地点和我都无法当面拜访。这意味着我的绝大部分
工作都是托马斯所说的"远距离辅助"类别。但是，PAS本身的背景
也强化了这个问题，也为我所从事的工作提供了框架。我收到的每一
个案例都附有一份指导说明，解释了PAS应有的角色：

> 就规划提案向客户提供意见和指导，是为了使他们能
> 够做出明智的决策或表达明智的意见。对某个特定的规划
> 提案，PAS本身并不给出代表自己的意见。如果志愿者向
> 委托人提供书面建议或指导，则其他各方可能会看到这个
> 书面内容，因此相关条款需要得到清晰说明。

在最近的一个案例中，我们中的一位志愿者就规划提案向委托人
提供了书面建议。委托人向地方当局提交了这些建议，因此引起了开
发商的注意。开发商，反过来却误解了书面建议的意思，并认为PAS
对他的提案提出了书面异议。

PAS管理委员会已经调查了这个特殊情况，正如所料，相关志愿
者在给委托人的信中明确表示，所给出的建议是为了客户的利益，但
并不是表示PAS对提案的反对。

鉴于此案，PAS的管理委员会已同意，所有书面信函均应采用如
下这种值得提倡的做法，即向委托人强调，志愿者所提供的建议和指
导并不代表PAS的意见。因此，应在所有书面建议和指导中增加以下
脚注。

> 上述建议和/或指南仅为苏格兰规划援助（PAS）委
> 托人提供，并不构成苏格兰规划援助（PAS）针对某些提
> 案发出的代表函的一部分（PAS，2000）。

显然，这就清晰阐明了PAS所期待的其与客户之间的关系，而这
种关系的规划不会被大卫多夫视为倡导性规划。

在美国运作的倡导性规划与英国的规划援助之间存在着一些关键
区别，其中最重要的是，从制度上讲，规划援助需要地方当局的规划

师在业余时间内从事志愿工作。这种志愿工作至今还没有来自国家的重大财政支持。另一个关键的不同之处在于规划援助志愿者的动机，他们总体上并不质疑规划本身的作用，而是认为规划被误解了，或者（最坏的情况下）认为规划是一种官僚力量，人们需要得到帮助方能克服其影响。最后的差异涉及规划援助志愿者提供的服务类型。几乎没有（如果有的话也很少）证据表明，规划援助志愿者是在寻找支持其价值观的委托人。规划师在规划援助方面的作用更多的是要"保持一定的距离"。

规划援助只是规划师在社会中代表个体或者群体充当倡导者的一种方式。为国家工作的规划师有机会代表他人进行斗争，但这意味着这种立场可能会使一个规划师与其雇主发生冲突。皇家城市规划学会的职业行为准则要求规划师：

> · 应该颇有能力、诚实和正直。
> · 应该尽其所能和理解，以无畏而公正的态度运用他们独立的专业判断力。（RTPI，1994，p.1）

此外，"会员不得发表或签署任何违反其真实专业意见的声明或报告，亦不得在知情的情况下订立任何要求他们发表或签署上述声明或报告的其他合同或协议。"（RTPI，1994，p.1）

这听起来很清楚，但是当政府当局雇用规划师时会出现问题。例如，地方当局雇用规划师来代表该当局的利益，但这些利益可能与他或她的专业意见相冲突，包括价值观等。下面举的这个例子，许多规划师都熟悉其中的一些原则。比如，有一份规划申请，其内容是为前罪犯提供重新适应监狱外生活的重返社会训练所，假设现在有一位规划师被分配到了这样一份规划申请。住在这个富裕村庄的居民对这样的设想感到震惊，他们尤其担心自己的房产会贬值。他们向当地当局请愿，要求对这项提议"做点什么"。

处理申请的规划师走访该地，检查开发规划中的策略，认为没有规划理由而驳回此申请。高速公路、保护和环境卫生部门同样没有异议。尽管如此，议员和高级规划官员仍面临拒绝该申请的压力。虽然负责的规划主管可以与同事争辩自己的合理性，但最终决定权在市议员手中。最终规划主管建议批准该提案，但议员们推翻了这一建议并拒绝了它，没有给出任何规划理由。然后，就由该规划主管来拟定理由，并对抗不可避免的上诉。

在上诉中，规划主管宣读了她代表议会（没有人出席）准备的声明，然后在盘问下回答问题。这样做，她完全破坏了议会在此案中的立论基础，而上诉维持不变。

可以说，在准备拒绝理由的时候以及在对议会提出规划上诉的过程中，规划师违反了皇家城市规划学会的职业行为准则。但问题在于：规划师被聘为议会的拥护者，但也是规划师自身专业判断的拥护者。这是一个在两个委托人之间存在冲突的领域（在规划中几乎每天都会发生）。然而，还出现了另一个问题。最后，社会训练所还是被批准了。如果在案件被拒绝后，规划师拒绝介入，规划申请者是否会得到最好的服务？或者，她是否能以自己的方式，在议会中为他们充当辩护人？同样，这是另一个非常灰色的领域，涉及规划师的诸多伦理和价值判断，这些问题规划师几乎每天都会遇到。

约翰·福雷斯特（John Forester, 1989）在他的美国规划研究中详细分析了这些道德问题。诺曼·克鲁姆霍尔兹（Norman Krumholz）（与John Forester一起，1990）也曾以类似的方式研究过如下的问题：规划师把规划当作自己在规划机构中找到自我的一种途径。正如克鲁姆霍尔兹和福雷斯特所说：

> 在1969年末至1979年的十年间，克利夫兰市（Cleveland）正在悄悄地经历着一项重要的实验。在国家基调、联邦资金和当地政界都在追求其他优先事项的情况下，如果一群为克利夫兰市工作的专业规划师只是致力于满足穷人的需求，会发生什么？（1990, p.xv）

克鲁姆霍尔兹和他的团队将规划认定为一种激进的行事方式，其目的就是努力利用各种规划机制使城市居民受益。他们的目标就是从无关政治的立场转向政治敏感的立场，尤其是对有关贫困、种族和权力等问题作出的决策保持政治敏感度。他们的年度报告罗列了他们的使命：

> 城市规划的最终目标就是要勇担下面的挑战，也即通过帮助社会中最贫穷和最弱势的成员，使其能够克服在可获得性和可选择性方面的障碍，从而促进更公平的社会利益分配：为了实现这一目标，委员会的职能是促进社会和经济变革。（Krumholz和Forester, 1990, p.50）

他们开始以各种方式尝试实现一种更公平的规划形式，并通过一种传统的倡导性规划方法：

> 我们当前的目标是将规划专家的力量——我们能够获取的信息、关键的分析技能和规划体制的作用——转移给一群既没有资源也没有专业技能来处理复杂重建计划的低收入黑人公民。（Krumholz和Forester，1990，p.52）

他们试图提高穷人的住房补贴，要求开发商提供廉租房，改善公共交通和娱乐设施。克鲁姆霍尔兹指出，各种案例研究表明他们的成果毁誉参半，尽管他们所做的积极影响没有得到太多的政治支持，也与议会内外的多种强大势力的利益相冲突。他们用自己的自由裁量权来开启一个公开的但"被尘封的"话题（谁来决定什么以及为了谁的利益），并引入新的想法。

批评不仅来自议会内部的其他人，也来自美国各地的其他规划师。克鲁姆霍尔兹等人被指责"过于意识形态化"，他们反驳说所有的规划都是意识形态化的，而他们更加明确和开放。有人认为他们的方法缺乏技术分析，对此，他们主张规划本身是既有政治性又有技术性。他们还声称规划不仅仅是土地利用规划，还应该利用公共政策的其他领域来实现任意目标。

考虑到每个地方独特的社会、制度和规划程序背景，我们应该警惕过分强调克利夫兰方法。克利夫兰的权力更多地掌握在市长和市议员手中，而不是其他地方。虽然立法和行政分立，但仍然存在大量腐败：

> 当我在1977年被任命为社区发展主任时，刚上任的前两天，我听取各种委员会成员告诉我他们的亲戚和朋友的名字，他们散布在我的270名员工中。如果我不希望我提交给议会的立法遇到"麻烦"，"必须保护"他们的工作。（Krumholz和Forester，1990，p.10）

议员和官员之间的关系更加复杂，滥用各种正式和非正式的关系：

- 各种委员会的主席们控制着政府议程——他们可以就议程上

的内容与官员进行交易。

· 超过3500美元的支出都需要议会批准,这就使得议会对部门支出拥有重要的控制权,这又一次开启了交易的可能性。

· 区议员被赋予了他所在地区的最终区划和规划许可权。

· 律师事务所被广泛用于游说议会的其他成员。

· 企业和开发商与议会的工作之间有着非常密切的联系。

· 官员和议员们似乎都很腐败:"众所周知,区划变更可能会被用来换取现金或商业利益。"(Krumholz和Forester,1990,p.14)

因此,在这种背景下,倡导某些特定的、被排斥的利益,其所呈现的本质目的是很直接的、可识别的。在一个对规划"公共利益"毫无兴趣的地方,大家对谁赢谁输是非常清楚的(正如大卫多夫指出的那样,即使公共利益本身并不是没有争议的)。在公然滥用权力的地方,对像克鲁姆霍尔兹这样坚定的激进分子来说,要识别其中的一些不平等是相对容易的,而在以"公众利益"为名的规划中,存在着"隐藏的"、更微妙的不平等,要识别这种不平等则更加困难(即使这两种不平等可能很难依靠各自自有的方式来应对)。

结论

自20世纪60年代以来,规划的改变之一,就是开放规划以囊括更多的公众参与和介入。大卫多夫支持的倡导性规划一直以来是一个强有力的规划模式,但产生了好坏参半的影响。公正地说,现在的规划过程比过去任何时候都更加多元化;然而,我们依然会得到一个结论,也即反对我们需要"一个规划"(后现代规划同样遇到的问题)。也可以公正地说,大卫多夫所设想的倡导性规划在美国比在英国更有影响力:

> 大卫多夫关于倡导性规划的文章构成了相关实证研究的基础,为规划领域增加了一个新的"模型",并在规划文献中被广泛引用。它引发了对规划实践的认真探讨——

> 包括这些指控：倡导性规划师并不总是会代表其委托人的社群；规划师没有被赋予可以为了让自己从强大的社会变革形式中脱离出来而进行倡导的权力；倡导性规划师缺乏实施自己所制定的规划的权力。（Checkoway，1994，p.14）

在英国，倡导性规划方法帮助学者和从业者思考他们每天遇到的冲突。根据马里斯（Marris，1994，p.143）所说，大卫多夫关于规划师作为倡导者的概念也许是调和专业精神和政治参与的唯一方式。对于任何在实践中工作的规划师来说，倡导性规划提出了许多值得牢记的关键问题：

- 规划本质上是一种政治性活动，充满价值判断。
- 规划师提建议与政治家做决策的这种模式就是一种迷思，它根本没有反映实践的经验。
- 破坏或使有权势的政治家难堪的规划师犹如在迅速变暖的天气里滑行于薄冰之上。
- 规划师和政治家都不应根据自己的金钱或非金钱利益来做决定。
- 拥有最多财产的人通常对法律和规划决策的影响最大。
（Krumholz，2001，p.96）

第八章
现代性之后

引言

　　关于对当代规划进行理论化的问题，一个核心观点就是这种理论化是碎化的。不仅人们生活和工作的地方具有多样性，桑德考克（Sandercock）称之为《杂合城市》（*Mongrel Cities*，2003），规划师和其他人在理解和思考地方与空间的方式上也开始显露出潜在的不安，具体表现在对规划和规划师寻求将这种多样性统一为一种"规划"的方式而感到不安。简而言之，由于世界在社会、文化和政治方面似乎变得更加多样化和分裂，因此规划和规划理论必须考虑并反映出这种多样性。当前的许多理论旨在批判规划实践的失败，并以批判的态度介入到规划实践，而不是提供一条前进的道路。事实上，许多当代理论在本质上就是要避开方法和观点的单一性和普遍性。其带来的一个结果，就是强化了汤普森（Thomas）的观点：当前的规划理论不仅"难以理解"，而且表现出"不必要的模糊"（2000，p.132）。

　　理论与实践的鸿沟正在扩大，而两者都在努力解决的问题则变得越来越复杂。当前，正是大好时机，我们有必要更好地来理解彼此对对方的贡献。对理论和实践来说，他们面临的一个共同问题，关系到下面这样的一个观念，即：社会及其支持的规划形式已经超越了所谓的现代性。从广义上讲，规划理论和实践正在寻找一种新的或"后现代的"范式。在本章中，我将讨论什么是现代性及其"标志"。在第十一章中，我将探索一个受到类似动机驱动而形成的方法，但是该方法属于基于"改革后的现代性"的方法。

什么是现代和后现代？

当前对规划的理论化都有一个共同点，就是与现代或现代性相分离。现代主义与一个时期密切相关，这个时期也就是人们常说的启蒙运动时期。启蒙运动在18世纪初开始广泛出现，是思想、态度、情感等的复杂组合，它寻求一种"理性的社会组织形式和理性的思维方式，承诺从神话、宗教、迷信的非理性中解放出来，从权力的武断使用中解放出来，从人性的阴暗面中解放出来"（Harvey，1990，p.12）。艾萨克·牛顿爵士（Isaac Newton）是启蒙运动的核心人物之一。人们认为，像牛顿这样的科学家能够将人类的思想提升到世俗教条和传统的"无知"之上，进入一个全新的客观领域。这不仅仅是在自然科学领域。启蒙思想家"试图将科学思维方式应用于审美、社会和政治理论等领域"（Gay，1969，p.126）。

启蒙运动的一个核心目标是通过知识实现自由。通过某些原则或原理，人类的状况可以得到改善。这些原则原理包括：

- 理智
- 经验主义
- 科学
- 普世主义
- 进步
- 个人主义
- 宽容
- 自由
- 人性的统一性
- 世俗主义（Hamilton，1992，p.21）

这些因素构成了现代性的基石——这是一场广泛的运动，旨在推动这些思想，并在所谓的"现代"产生了某些独特的社会特征。虽然很多人将现代性及其相应的表现，如国家、资本主义、自由主义和民主，看作是人类发展方向上的积极变化，但有些人看到的更多的是这种变化的负面或消极的一面。对于现代性的支持者来说，现代性"通过批判理性的渐进式运作，使人类从神话、迷信和对神秘力量和自然力量的迷恋中解放出来"（Docherty，1993，p.5）。对于那些不那么迷恋现代性的人而言，现代性是极端恐怖的源头：

> 犹太人大屠杀（Holocaust）不是现代文明及其所代表的一切（或者我们喜欢思考的）的对立面。我们猜测（即使我们拒绝承认），犹太人大屠杀揭露出来的是同一个现代社会的另一面，对于这另一面，我们如此赞赏又熟悉。而且，这两个面孔完美地附着在同一身体之上。（Bauman，1989，p.7）

对现代性持有中立态度，则是一种更常见的立场：

> 变得现代，就是在一个必然充满冒险、力量、快乐、成长和改造自我和世界的环境中发现自己——同时，这可能会摧毁我们所有、所知、所是的一切。（Bauman，1982，p.15）

很多规划理论，包括本书中已经涵盖的思想学派，被广泛认为是现代性的产物。但另一方面，支撑当代规划理论的许多基础也是我们悠久传统的一部分，也即质疑现代性的基石和影响的这种传统的一部分。与自由、个人主义等广泛观念相关的过程，怎么既可以被视为创造性的又被视为是破坏性的？答案在于现代性的动力过程。它的本质特征是永不停息、创新和持续进步。现代性理念的核心是相信一切都注定要被加速、消解、替代、改变和/或重塑（Hall，1992a，p.15）。"关于现代性，唯一能确定的，就是不稳定性，就是全面混沌的倾向性"（Harvey，1990，p.11）。认识到现代性的利弊并处于中间立场的理论家的主要区别在于平衡点的位置：是否是利大于弊？

对现代性的一个主要批判，是认为它不应该赋予工具理性核心地位（见第三章）。对于像尼采这样的批评家来说，世界已被简化成为一种理智形式，从而排斥其他所有形式。所有可能的东西，都被转化为数学抽象概念，任何不能转化的事物都将被忽视或压制。通过工具理性来理解和控制自然的努力，不可避免地将导致对自由意志的控制，对人类解放、个人责任和主动性的削弱。马克思认为这对人类构成了比阶级镇压更大的威胁。因此，现代性问题不在于其理论，而在于其实践。

甚至那些对哈贝马斯（Habermas）所说的"现代性工程"报以

同情理解的人，对于工具理性或科学理性的这种支配地位和其负面影响的批判观点都是颇为认可的。工具理性取得至高无上的地位，这是现代性所没有预料到的一个结果，它摒除了基于诸如直觉或理由充分的开放式对话等思考问题的方式。正如我在第三章中指出的那样，在工具理性中，事实和价值的分离是存在问题的。然而，用利奥塔（Lyotard）的名言来讲，现代主义已经变成了一种元叙事（凌驾于其他事物之上的解释或框架），在现代性看来，有关价值观或政治的问题都是一些细节问题。现代性是要毁灭立于它面前的一切的一种力量（Giddens，1990）。

以工具理性为基础的现代观点认为，存在绝对的真理，我们有可能可以为理想社会秩序而理性地规划（Harvey，1990）。然而，这样一种假设目前已经被转换成了事实上的官僚机构和官僚程序，并且有人一致认为这种假设和转换带来了不利影响。当前的规划理论正在努力解决的问题，就是如何来应对这种不利影响。由此在规划理论中产生了四大运动：后现代规划、后结构主义规划、复杂性规划和协作规划。我将在本章中探讨第一个主题，然后在随后章节中再转向其他主题。

后现代规划

一些理论家，如尤尔根·哈贝马斯，认为我们不应该放弃现代性的核心思想，而应该试图通过其他形式的思考和认识来完成未竟的现代性工程。但在另一方面，另一些人则认为现代性是无法完结的，也是无法被"拯救"的。相反，我们应该超越它，接受没有绝对真理这一事实。后一种立场大概就对应着后现代主义。然而，无论是从哲学角度（将一些东西标签为后现代，涉及将其"终结"，而这就不怎么后现代）还是从实践角度（几乎没有规划理论家明确地认同后现代的方法），我们都很难将后现代的观点或方法归结为规划理论。然而，有两种后现代思想学派在规划理论中脱颖而出。第一种可以被称为"作为新纪元的后现代"，第二种可被称为"作为社会理论的后现代"。事实上，后者通常建立在前者之上。

人们普遍认为，规划是现代性的产物（参见，例如，Low，

1991, p.234; Healey, 1993a; Sandercock, 1988, p.2), 但规划在后现代时期才找到了自己 (例如Filion, 1996)。这意味着, 作为一个现代工程的规划, 它和后现代或新时代的需求与要求之间存在着潜在的和事实上的不匹配。在该理论的支持者看来, 这正好解释了为什么规划会缺乏公众参与, 而民主等相关内容为什么会失败, 其引起的结果就是没有实现的期望结果、城市的衰退以及其他有意无意的结果。这一切都构成了"规划"的表征:

> 这方面的证据似乎无处不在, 从居住在高楼大厦的穷人面临的灾难, 到主导道路建设评判的经济标准, 再到各种功能分区。这一切都是为了大型工业公司以及为其工作的人群, 而不是为了女性 (有必要具有复杂的生活方式)、老年人、残疾人和许多被迫在既定经济实践活动的边缘找到生存方法的少数民族。(Healey, 1993a, p.235)

在"新时代"观点的基础上, 后现代社会理论为理解在反对社会控制和权力的社会中规划应有的角色提供了新的途径。例如, 本特·弗吕比约格 (Bent Flyvbjerg) 向我们展示了我们所假想的开放和民主过程, 和许多后现代思想者所强调的那样, 实际上是可以并已经被滥用了的。他通过详细的规划实践案例研究, 采用福柯的观点对权力关系在规划中的作用进行了研究并得出结论:

> 权力并不会将自己限定在定义一种特定的知识、概念或有关现实的某种论说上。相反, 权力本身定义了物质、经济、生态和社会现实。权力更加关注于定义某个特定的现实, 而不是努力理解现实是什么。这种力量, 寻求的是改造, 而不是知识。(1998, p.36)

这些论点的主旨是, 规划是现代性的一部分, 规划需要改变, 需要更加了解权力关系, 且对地方的需求和要求更加敏感。这种需要正在推动开放的大门, 因为过去十多年的许多规划变化都是朝着更加开放和民主的规划方式在发展。如果规划正在发生变化, 它是否会从现代性这个基础走向更加后现代化的形式, 如果是这样, 那么它的程度如何? 根据博雷加德 (Beauregard) 的说法, 规划悬停在现代性和后现代性之间, "实践者和理论家对于如何 (重新) 为他们自己建立坚实的基础没有多少头绪"（1996，p.227）。

认为规划是后现代世界里的一个现代机构这个粗略的观点，我对其是略有困惑的。现实远比这复杂得多。在我继续探讨为什么会这样之前，值得先为"规划是后现代世界里的一项现代事业"这个观点奠定基础。第三章概述了麦克劳林（McLoughlin）总结的规划系统观和理性观：

> 规划旨在管控或控制个体和群体的活动，以尽量减少可能产生的不良影响，并根据规划中一系列广泛的和具体的目标，促进物质环境的更好"表现"。（1969，p.59）

这是后现代规划倡导者对早先的规划所持的观念。桑德考克（Sandercock，1998）进一步发展了博雷加德的论点。她认为，现代制度，如规划等与碎化和多元化的时代之间的不匹配，正在挤压多民族、多种族的多样化社会和城市的可能性和可取性。目前的规划是反民主的、无视种族和性别的，且在文化上是同质的：

> 现代主义建筑师、规划师、工程师——都是浮士德式的英雄——将自己视作可以利用法律的发展提供社会指导的专家。城市建筑业的傲慢源于他们对自己的技术知识在释放潜能上的能力充满信心，他们对于自己能够超越资本、劳工和国家利益并对"公共利益"做出客观评价的能力充满信心。（1998，p.4）

桑德考克接着确定了现代主义规划智慧的五大支柱：

1. 规划——指城市和区域规划——关注的是如何使公共/政治决策更加理性。因此，重点主要放在先进的决策上：着眼于未来的发展愿景；依靠工具理性对各种选项和备选方案进行仔细考虑和评估。
2. 综合的规划是最有效的。综合性写入规划立法，涉及多功能/多部门空间规划以及经济、社会、环境和物质规划的交叉融合。因此，规划职能被认为是综合的、协调的和分层次的。
3. 根据经验，规划既是科学也是艺术，但重点通常在科学上。规划师的权威很大程度上源于对社会科学中的理论和方法的

掌握。因此，规划知识和专业知识以实证科学为基础，具有
定量建模和分析的倾向。
4. 规划，作为现代工程的一部分，是一项国家主导的未来工
程，被视为拥有进步和改革的倾向，并独立于经济。
5. 规划工作是以"公共利益"之名进行的，而规划师的教育使
他们能够确定什么是公共利益。规划师呈现出中立的公众形
象，而基于实证科学的规划政策则是性别和种族中立的。
（Sandercock，1998，p.7）

根据桑德考克的说法，这些支柱需要被"摧毁"，因为最近的变
化过程表明，城市的构成更加多样化，并且对更加异质的规划方法的
需求在不断增加。

这种观点，存在两个问题。首先，它将理论与实践分开。在理
论上，规划可以被描述为现代的，但这忽略了规划实际上是如何实施
的。把规划描述为现代的，就是赋予它一个同质的特征，具有讽刺
意味的是，这种特征是后现代主义者应努力避免的。将规划视为一
种技术和客观的努力的主张，实际上是忽略了大量研究所揭示的情
况：现代主义规划通常还有其他可替代的、混乱的和高度政治的实践
基础。本特·弗吕比约格（Bent Flyvbjerg，1998）在对丹麦奥尔
堡镇（Aalborg）的规划实践进行的一次公开调查中，指出了在规划
实践的名义下，实际存在着两面性、目标冲突性、协商、权力滥用和
事后理性主义。第二个反对意见涉及后现代主义者将规划描述为现代
主义的方式。从后现代角度来解读规划，必然涉及寻找某些特定的特
征。因此，将规划看作是一项现代事业的这种理解，似乎就是把规划
当作一个"稻草人"。而实际上，比如英国的规划结构，作为国家法
律框架和实践指导，允许不同级别的政府和行动者对其进行宽泛的解
读。在其他地方，也存在类似的差异，特别是在联邦国家。其结果往
往是，你不能假定或自动地从不同（通常是国家）级别上运行的政策
和程序中"读取"地方上的响应和操作（Allmendinger和Thomas，
1998）。规划的实践强烈地表现出了现代主义和后现代主义的某些方
面的特点。

在把规划当作是后现代时代里的现代事业来进行分析之后，已经
有人以此为基础继续向前，并尝试建立后现代的规划形式。这种尝试
大致分为两类。一种是那些试图从后现代角度批判规划的人，他们这
样做，自然而然地就给规划提供了后现代基础。另一种是那些采取更

直接的途径的人，他们寻求为后现代规划制定框架的方法。

从后现代角度对规划展开的批判，倾向于借鉴福柯等作家的作品，解构规划中由权力形成的"隐秘世界"（参见，例如Boyer，1983）。另一个学派则专注于规划的"阴暗面"。这些观点大体上遵循了先前对现代性的批判，他们认为现代性中的解放维度已成为更邪恶势力的工具。例如，伊夫特休（Yiftachel，1994，1998，2000）探索了规划可能会对边缘文化的弱化产生影响，而事实上也的确已经产生影响。其方式是"通过创建聚落模式，分散或集中特定的人口，在特定的地方设置公共的宗教或民族设施、住房和服务等，以及对城市公共场所特征和规范进行管治"（1998，p.11）。规划具有压迫从属群体的可能，其从结构上来看就是要施加控制和压迫。伊夫特休（Yiftachel）认为，反进步的规划可以采取四种形式：

1. 领地方面：规划和政策决定土地利用，而这种方式可用来控制严重分裂的社会中的弱势群体和少数群体。这可以通过如下方式来实现：遏制少数群体的聚居点，但同时允许多数群体成员在那里定居从而改变该地区文化的同质性。此外，根据阶级、种族和/或民族产生的领地隔离，可以通过维持差异和强化现状的土地利用政策来实现。
2. 程序方面：规划可以通过其沟通的本质来直接影响权力关系。但该过程也影响参与、谈判的数量和水平，因此可用于排除某些团体或少数群体，或加强、扩大现有的社会排斥或压制。
3. 社会经济维度：这是规划的"阴暗面"的长期影响导致的正面和负面的分布变化。伊夫特休在此主要考虑到规划的金融影响，例如由于批准开发或改善可达性的道路建设而引起的土地价格的上涨。因此，规划可以被用作一种"社会经济控制和支配力量，它可以根据占支配地位群体的利益来布置发展成本和利益，从而帮助维持甚至扩大社会经济差距"（1998，p.11）。
4. 文化方面：伊夫特休声称，城市或国家的核心文化通常比少数民族文化更受青睐，从而形成了另一种社会和民族控制方法。

还有一个不同的思想分支，它们采取更直接的途径，并开始就后现代规划的实际模样和运行方式提出构想。如我之前所强调的原因一样，对"后现代规划应该是什么"这个问题并没有给出明晰的答案。取而代之的是寻找暗示或建议。例如，博雷加德（Beauregard）认为，规划的后现代形式应该包含诸如开放性和流动性等关键主题："事实上，后现代规划的内容应该是有意追求碎片化、偶然性、非线性的，而不是追求综合性、单一性甚至是强制性权威"（1996，p.192）。

类似地，索亚（Soja，1997）以前面探讨的后现代主题为基础，又进一步强调了诸多其他的方面：

> 规划的这种改变，需要比目前更深入、更具颠覆性的批判，尤其是如果规划是为了维持规划自己的发展和核心目标：人类进步的工程和解放人类的潜能。为了使规划和规划师能够利用后现代性提供的新可能性和新机遇，从而避免其强大的反进步倾向，避免变得异想天开，规划理论和规划实践必须进行深远的解构和重构，或许这是一场比以往任何时候都更为深远和困难的概念重构。（1997，p.238）

在这种后现代规划概念中，实际上是对后现代主义中可能存在的反进步元素或不太可取的元素，如相对主义，提出了一些警告。不限于这样的警告，索亚继续提出了一些更具体的准则，以支持更加后现代的规划。首先，任何新的后现代规划理论都必须建立在开放性和灵活性的基础之上，并且"对任何试图形成单一总体认知方式的企图都持怀疑态度，无论它看起来多么进步"（1997，p.245）。其次，这种开放性应该被当作用来理解和鼓励社会现实的基础，包括碎化、多样性和差异。在这一点上，索亚似乎倾向于在实践中支持一种渐进主义形式和一种政治碎化的形式（尽管很难衡量，因为这一点还没有得到充分的发展）。最后，索亚所用方法的基础是许多后现代理论家的批判性著作，他们提供了后现代规划理论可能感兴趣的一些方向，包括身体政治、无压迫的建成环境以及关于区位、立场、场所、地点和语境的新文化政治（1997，p.247）。

索亚大胆地思考后现代规划如何发挥作用，为此他应该获得一些信誉。他的方法是采取温和的后现代路线，试图避免后现代思想中更加趋向于虚无主义和相对主义的可能，这种后现代思想与鲍德里亚等人更相关。然而，索亚确实遵循了后现代思想中一个不那么可取的方面，因为他和利奥塔一样，认为有必要实施多样性。问题是：索亚在多大程度上用后现代叙事代替了现代的总体叙事？此外，还有一个问题，那就是索亚所提出的内容过于概括性。公平地说，人们不能批评索亚（Soja）过于规定性，但又规定性的不够，尽管对"碎化、多样性和差异性"（1997，p.245）等短语在规划中的实际含义的理解还不清楚。

第二次希望提出更具规定性或更详细的后现代规划方法的尝试，来自于桑德考克的《迈向大都会》(*Towards cosmopolis*)（1998）和随后的《大都会Ⅱ：21世纪的杂合城市》(*Cosmopolis* Ⅱ：*Mongrel Cities in the 2lst Century*)（2003）。她的后现代倾向是通过多样性，特别是民族和种族的包容度来体现的。对她而言，规划应致力于一个更加多元化和多样性的社会。目前，规划是基于现代准则，具有社会排斥性、性别偏见、种族歧视和统一少数群体间不同声音的特点。为了使规划朝着后现代和多元化的方向发展，桑德考克提出了五条原则，它们是"在当前新的世界混乱中创造一个新的城市文明秩序所需的最低限度的基础，也是将这些原则与有关城市治理和规划的讨论联系起来的基础"（1998，p.183）：

1. 社会正义：当前社会正义观念的问题在于将它等同于市场结果。桑德考克认为，需要对不公正和/或不平等做出更广泛的定义，而不仅限于物质和/或经济领域。性别研究和女权主义批判，提供了一种将不公正和压迫与支配联系起来的替代方法。在新的世界混乱中，压迫尤其和文化帝国主义和文化暴力相关，这种文化帝国主义和文化暴力的目标就是反对日益增加的多样化。

2. 差异政治：在确定了问题后，桑德考克提出，其答案在于改善了的差异政治，这种政治以包容性承诺为基础。这种宽泛的承诺强调差异的积极方面。桑德考克提出并解决了对群体团结的担忧，提出并解决了在这种"身份政治"中的一些提案性问题或其他直接的、地方化的问题。她声称，这些团体现在参与更广泛的政治联盟，以实现更多的宏观目标，比如社会正义。桑德考克认为，同质性不是问题，因为在现实政治中，这种划分并不存在。差异政治需要"大帐篷"政治，以包含这些群体，而不是排除它们。

3. 公民身份：在包容性的道德规范基础上，后现代城市的下一个原则涉及公民身份问题。在日益碎片化的社会中，许多公民处于局外人的这种状态，要求公民身份的概念更加灵活，需要对它的含义进行不断地重新解释和完善，拒绝预先设定公民身份的含义这种同质化的理解方法。

4. 社区的理念/理想：在个人导向的公民身份的概念基础上，桑德考克继续主张采用革新的社区概念。传统上，社区要么与领地上的排他性联系在一起（我们加入了，所以你出局了），要么含糊其辞，几乎毫无意义。就像确立公民身份这个概念的过程一样，有一些社区对上述这种理解予以抵制，他们拒绝社区的同质性，主张所谓的社区指基于"我"的多面性而形成的多个社区。

5. 从公共利益到公民文化：现代主义规划是建立在"公共利益"这个模糊而统一的概念之上的——这与关注差异的后现代规划有什么关系？在公共利益这个概念中，实际上就隐含了规划师和被规划者之间所存在的分歧——技术专家为了实现所谓的共同认可的目标而努力。这就是要假设社会中存在高度统一性和同一性，而所有这些都与后现代批判是格格不入的。因此，桑德考克主张将统一的公共利益概念变成异质的公共利益的概念。为了避免人们据此得到虚无主义和不作为的结论的这种自然反应，桑德考克认为导致团体或个人彼此对立的不是政治的碎化造成的，而是由于权力和支配造成的。为此，她开始提出一种更具包容性和多元化政治（保留"决策者"，但给予公众在某些"重要"方面的否决权）的合作方式。因此，这里的矛盾斗争就变成了对代表权的反对（但反对的目的是什么尚不清楚）。其逻辑假设是：允许"那些'隐藏的'声音发言，将会改变现有的程序和结果，以利于呼吁一些整体的正义概念"（1998，p.198）。因此，被妖魔化的"公共利益"就变成了一种更加多元化和开放的"公民文化"。然后，桑德考克只能勉强地回到现实政治。这是因为，现实的政治基本排除了"差异之间存在和睦"这样的想象（1998，p.199），而这种社会分裂是经济理性的结果（这两者之间的关系是什么则留待读者自己去设想了）。

这些原则对任何规划实践都有重大的启示。我们也许应该鼓励规划师采取更多的折中方法来处理规划编制和规划过程中的想法和目标。规划也许应该会超出我们对其目前的各种形式的理解，也许它会拥抱甚至是鼓励公民的不服从和公民的罢工。与现代性的工具理性相反，将会有一种基于沟通的理性，这与协作学派所倡导的理性是一致的。然而，这种过程似乎只适用于规划的微观政治，因为我们需要有一些更正式的层次上的内容来给出规划的框架和边界。

很清楚，通过强调多样性和差异性，桑德考克的方法体现了一些后现代思想的元素。与索亚的方法不同，它更注重与实际层面的问题相结合。然而，即使是很像索亚的方法，但它在本质上不是后现代规划，而是现代和后现代思想的混合体。然而，桑德考克的后现代思想所依据的实际基础是模糊的，这构成了对她的思想的某些方面进行批判的基础："令人沮丧的是，这本书并没有解释后现代规划的本质。在后现代规划中，我们认为规划理论要么明显缺失，要么变得极为个人化和宽泛——需要反映每个人的世界观"（Sorensen和Auste，1998，p.4）。还有两个对桑德考克的方法的批判值得一提。第一，它在多大程度上是基于下面这种假想的观点的，即认为规划实践类似于一项现代性的事业。我此前已经提到了这一点，所以不会再重复我的论点。第二点归结为规划真正能实现的事情是什么，在种族和民族的单一文化这种弊病中桑德考克对规划赋予的角色期待是什么。这也是索伦森（Sorensen）和奥斯汀（Auste）提出的观点，他们都认为收入的不平等和种族的不容忍最好通过其他更相关的机制来解决，例如调整税收制度、公共教育和反歧视法律等。

这些批评有助于凸显将后现代社会理论转化为后现代规划理论时产生的一些问题，也即把规划看作是一项充满困难的事业。最近，人们的注意力从更为一般的后现代解读和方法转向了两种相关且更为聚焦的解读：后结构主义和复杂性。

后结构主义和复杂性

后结构主义和后现代主义这两个词可能会让人产生混淆。但他们之间存在着重要的差异（以及一些相同之处）。后现代主义关注的是在当代社会中发生的广泛变化，关注的是自然哲学在现代主义之后的走向问题，而后结构主义则更加聚焦于对结构主义的否定，更加聚焦于社会的组成方式，也即更为多样和更为动态的力量互动而组成社会的方式。后结构主义的核心观点是，它拒绝或质疑能够塑造社会和我们的思想与行动的结构（经济、社会和语言）的存在。第四章讨论的政治经济学方法认为，国家和个人，以及法律和更广泛的文化表现形式，是社会的潜在经济结构的产物。结构语言学寻找支撑任何语言体系的结构。类似地，结构主义者也在寻找那些潜在的力量和机制，希望用其来解释我们在日常生活中明显看到的和明显经历的随机性和复杂性。而后结构主义者则认为，社会并不是如结构主义所理解的那样是封闭的或线性的，而是更加开放的、动态的和流动的。此外，任何试图建立因果机制（结构）的尝试都具有历史性和文化性。换句话说，我们对当下的判读方式不可能是客观的，也不可能是"永远"成立的。相反，我们会判读某种情形并提供一种特定的、个人的观点，这种观点必然是经过了广泛的社会和文化透镜的调和与影响的。因此，结构与行动者或过程并不是分离的，而是紧密联系的，是由行动者和过程组成的。所以，后结构主义关注知识是如何产生的。奈杰尔·思里夫特（Nigel Thrift，2004）认为，在后结构主义视角下，知识是不确定的（开放的和流动的）和语境化的，而理论是一种实用的、反思性的世界进步的手段。因此，后结构主义者一方面强调通过某些方式将某些判读"永久封停"以便形成一种主导观点（例如，认为男性视角优先于女性视角的观点）。另一方面，后结构主义者又主张开展"开放"某些判断的运动，以允许其他观点挑战更主流的观点。

后结构主义的另一个主题是社会与空间的联系。后结构主义者认为，空间和场所是开放的，并与其他场所和空间互动。此外，空间由不同的物质的、生物的、社会的和文化的过程组成，这些过程也相互影响。我们周围所见是这种过程的暂时的稳态。对后结构主义者来说，问题变成了：这种稳定状态的出现是以谁的利益为依据？没有出现的替代方案是什么？因此，权力、争夺和共识在空间生成中的作用成为焦点。任何"暂时的稳态"都不应该弱化对空间总是"在生成"的基本理解，因此空间可能总是未完成的（Massey，2005）。

尽管有许多人接受结构本身和处于其中的行为者是无法进行区分的，但是几乎没有方法明确地援用后结构主义。也有一些人借鉴后结构主义对身份认同等话题进行问题化的方式，他们认为身份不是固定不变的，而是经过判读后而不断变化的。默多克（Murdoch，2006）将许多规划思想学派的谱系追溯到后结构主义的观点，包括协作或沟通式规划。我在第十一章中分别介绍了这两种方法，由于它们基于并认可结构和代理人的区别，因此本质上不属于后结构主义。然而，我同意默多克的观点，也即认为协作和沟通式方法是以参与为基础的，聚焦于关系和过程，以反映不同群体和个人的多重意义为基础。

阿纳尼娅·罗伊（Ananya Roy，2005）探讨了在那些正式的、"精心安排的"方法不合适或适得其反的地方，规划可能产生一些"不可规划的"元素的方式。作为对早期的一些观点（如Banham等，1969），有时候也指极端自由意志主义（如Denman，1980）的观点的一种回应，罗伊认为，规划是强加或恢复秩序的一种尝试，这样做将把土地和不动产带入市场关系的领域。"合法化的"土地可以买卖，而非正规开发则在市场关系之外，其在提供保障性住房方面发挥着重要作用。因此，规划还应考虑到，规划的某些目标可以通过"零规划"或罗伊的分类中规定的例外情况来实现。罗伊给出的例子谈到，正式规划可能需要土地和开发达到某些标准（例如基础设施供应、密度、景观美化等），这种做法将使土地/开发本身的价格变得让开发商难以负担。在英国，一个类似的例子可能是，在开放的乡村为农业工人开发住房的时候，相关的常规限制往往被作为例外来处理。由于限制新的供给，农村地区现有房屋的价格往往远高于农业工人所能承受的价格。可以破例允许新建房屋，然后将其永久保留给农业工人，从而降低农村地区的住房市场价格（也因此会导致这种制度被广泛滥用）。

然而，罗伊（Roy）的非正规规划与更多以意识形态驱动的自由主义方法之间存在着重要的区别。罗伊认为，正规性和土地与不动产的所有权问题可能引发各种严重后果，进而产生各种争议性反应。换句话说，当前规划的职能、将空间和场所进行"理所当然"的正规化是颇具争议的。

采取相似的脉络，霍尔斯顿（Holston，1995）认为现代主义规划试图通过呈现出一个同质的未来以寻求没有矛盾或冲突的规划。霍尔斯顿试图探索的问题是，规划如何能更好地介入到，甚至是鼓励各种各样的方式，以助力"社会"改变或反对国家（规划）议程。特别值得关注的是那些具有多重身份的人（例如关注环境问题的商人）和处在国家边缘的人（例如无家可归者）。这些人构成了霍尔斯顿所说的"反叛公民"，因为他们会引入新的身份和做法，扰乱既定的历史。因此，规划应以如下观念为基础：社会是不断重塑的，当下是不断重塑的。

霍尔斯顿（Holston）承认，这种具有地方敏感性的规划可能会有缺点。它允许小团体把自己设立为在某种程度上处于社会"之外"的存在，这可能会导致排斥和不包容，例如封闭社区。因此，规划需要既是现代的又是后现代的，或者用霍尔斯顿的话来说，要鼓励一种互补对抗主义。虽然有人提出了一些方法技巧和观点，但规划到底如何实现这一点还尚不完全清楚。

与后现代主义一样，后结构主义是一种新兴的规划理论方法，我将在第九章和第十章中介绍。正如评判许多当代规划理论一样，问题仍然在于这些方法到底是后结构主义的，还是说它们只是对差异性的一种敏感反应。或许，针对规划实践展现出来的相当简单的、直接的发展，完善的全套理论还没有确立（就许多规划理论而言，我敢肯定很多实践者和学者均同意这一点）。例如，在哈维（Harvey）看来，从后结构主义来理解，规划的角色变成了从过程流中"切出"一种永恒，从而创造空间（1996）。但多长的永恒才叫永恒？如果空间总是像马西（Massey，2007）所说的那样"在生成"，那么许多规划和策略实际上"冻结"了社会和空间的流动。规划可以使暂时变得更加永恒。例如，许多历史悠久的地方对未来的发展有严格的控制。保护作为一种方法，可以让这些地方在控制的条件下演化，但与城市商业发展的优势相比，这种演化有着截然不同的发展速度。为了保护望向圣保罗大教堂的视线而对伦敦金融城中的新开发项目的规模进行的限制，帮助创造了对伦敦码头地区的土地的需求，因为对这些地方的类似限制要少得多。圣保罗大教堂于1708年竣工，自1938年以来，伦敦金融城一直都在限制那些会影响教堂的视线的开发。这一政策在不久乃至遥远的将来也将难以发生变化。类似地，伦敦的绿带政策像20世纪30年代引入时那样限制着新开发，至今仍广受欢迎。

如果这个想法是为了让规划来创造一个矛盾的"暂时的永恒"，那么规划就变成了施加于空间的"在生成"之上的一种构造力量。如果强调的是暂时性，那么较少的规划或者至少是较轻的监管力度似乎是一种模式。这种方法可以实现更加暂时的"永恒"。因此，虽然后结构主义的这些方法是规划理论的当代面孔的一部分，但它们实际上回应了更多传统的关于"零规划"的问题（见第五章）：在新自由主义者看来，和那些"规划的"地方相比，自发的社会秩序更可取、更有效率。和后结构主义者一样（但原因不同），他们认为我们永远无法"知道"决策的整体复杂性。

规划实践以未来行动为基础，需要围绕某种规划或战略方案的一致认可和不变性。比如，战略规划可能以十五年或更长的时间为框架。很明显，后结构主义给这种规划实践提出了一系列问题。但一个更切中要害的问题是规划教条（Alexander和Faludi，1996）。规划中的一些想法，例如绿带的作用，可以而且确实在正式的规划政策或规划方案之外具有强大的永恒性。因此，我们可以认为，规划师以及他们的知识和思想可以扮演构建力量这样的角色，并创造其他形式的永恒性。

最后一个问题，涉及这样的疑问：后结构主义所关注的问题在多大程度上是新鲜的？例如，桑德考克（Sandercock）声称：

> 当代城市是空间抗争的场所，而实际上也就是两种抗争：一种是生活空间与经济空间的抗争，另一种是有关归属的抗争。在21世纪的杂合城市里，谁属于哪里，拥有什么样的公民权利？（2003，p.4）

很难与这个看法争论，但这在多大程度上是一种当代现象？19世纪的纽约是一个同质的地方，不涉及空间和归属的抗争吗？当代规划理论家所擅长的是对混乱与冲突的"重新发现"。可以说，这并不是什么新鲜事。不同之处在于，政府和规划师对这种混乱局面的反应各不相同，且这些反应随时间而变化。

复杂性和后结构主义

在第三章中，我们讨论了对地方进行建模的一些尝试，不过这些尝试是以系统分析为基础的还原论方法：城市是系统的一种形式，非常像生物系统，是可以被分解、被理解和被建模的。规划师拥抱这样的一种观念，认为计算机提供了一种"测试"并预测，比如说由于某个新的开发而引起的"系统"变化。虽然这一方法未能确切地解释和模拟场所的复杂性，导致该方法很不可信，但这种分析视角并没有就此销声匿迹，并没有简单地被更趋向于政治和社会的视角所取代。相反，注意力转向了如何更好地理解作为复杂场所的城市。正如我在第三章所言，这使城市和地方被视为"开放的"而非"封闭的"场所或系统。

反过来，这使得一些人去探索在后现代社会，我们（作为规划师）如何依托后结构主义者的洞察力继续前进，并"切出永恒"（比如创造规划）。一条前进的道路是将后结构主义与重新思考的系统方法联系起来——也即复杂性。复杂性基于如下的理解：场所是复杂、开放的系统，这些场所在与其他场所以及个人、家庭、社区等，在不同尺度上建立空间上的联系和关系上的联系。同时，城市系统也与生态系统相互联系。没有哪一个系统或尺度是高人一等的，因为系统任何部分的变化和动态都可能影响其他部分。从这一角度来看，规划是一个理解和帮助管理变化的过程，但这种变化不是决定论的，也不是类似于经济的传统结构性影响所产生的。

西里尔（Cilliers，1998）识别出了后结构主义和复杂性之间的诸多联系：

1. 复杂系统由大量要素组成。多样性的概念强化了后结构主义的基础。
2. 复杂系统中的各要素是动态变化的。在后结构主义的理解中，行动者认为自己是由与他人的关系所构成的。
3. 系统内存在丰富的互动水平。后结构主义者强调要破除结构和代理人之间的区分，强调对结构的历史性、语境化的理解。
4. 互动是非线性的。后结构主义强调社会"开放性"和非对称性的本质——同一信息或诱因在不同时期可能有不同的影响。
5. 反馈和涌现。复杂性和复杂适应性系统是相互依存、共同存在的，在影响其他系统的同时也会被其他系统影响。

拜恩（Byrne）这样理解复杂性和后结构主义、后现代主义之间的关系：

> 我通常用辩证的眼光来看待复杂性。如果把传统的"实证主义"科学看作一个论点，则规划主要是通过工程学与之发生交互关系；而"后现代主义"和与之相关的相对主义则构成了"实证主义"科学的一个对立面，该种思想抛弃了依据"真实"的理解来指导行动的想法。复杂性，则认可真实的理解，比如认可对语境和可能性进行的描述，但是将这种描述的理解限定在特定的时间和空间范围里。因此，复杂性实际上就是一种综合。（1998，p.173–174）

与第三章不同，在这一章中，理解复杂性和运用复杂性这两者之间的差别，最终可归结为建模和理论之间的差别。本章更多关注的是运用复杂性这种方式来理解和概念化空间和场所，在这个意义上，复杂性理论与后结构主义方法有很强的联系。根据拜恩（Byrne，1998）的观点，规划和复杂性之间的联系，在于复杂性允许我们回到叙事原点，将规划从后现代的不确定性深渊中带回来。同时，规划理论并非必须借助于复杂性方可得到发展：未来有多种情景，社会行动则能够确定这些可能的未来情景哪一种能够成为现实。

那么，复杂性和后结构主义之间这种交叠的相同之处，把我们和规划理论带到了何处？目前的答案是"不远"。西里尔（Cilliers，1998）指出的"联系"和拜恩的"理解"，都对后结构主义思想和复杂性思想两者所主张的相似世界观给予了强调，但两者都没有怎么提及如何把这种思想介入到具体的规划理论或规划实践之中。在拜恩看来，规划师和规划应该遵循传统的"调查-分析-规划"的方法，不过这种方法需要嵌入到参与的过程。"规划师"和"被规划对象"之间的对话，将使我们能够更好地了解社会现实，给我们提供一种实用规划所需的迭代方法，让我们可以考虑多种现实和多种可能的未来（图8.1）。

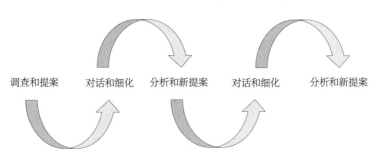

调查和提案　　对话和细化　　分析和新提案　　对话和细化　　分析和新提案

图8.1　复杂系统规划的迭代和交互过程

关于在规划过程中如何开展调查、分析和方案制定，拜恩建议采用方法论上的多元主义，也就是需要将定量和定性、人种学和历史学、解析论和整体论等方法结合起来，从而理解复杂系统内部的因果关系及该系统与其他系统之间的关系（2003，p.176）。这个过程和方法所排斥的东西，可能和它所包含的东西一样重要。决定论的一些观点和方法，包括技术决定论等（例如城市和区域正在被新的技术变革所塑造），将逐步远去。取而代之的将是以更加温和、平衡的观点来理解那些作用于未来的影响，包括来自于人类的集体行动和日常实践的影响。这是主流后结构主义的看法，但也有人赞同另一个方向的观点，也即重视重要的结构性力量。正如拜恩所指出的，复杂系统在很长一段时间内会基本保持不变，然后发生快速而显著的变化。换句话说，场所的长时期不变性明显表明，城市本身就是某种形式的结构性力量或重大影响。巴蒂（Batty）发展了这一理论并尝试将规划师和其他人的注意力引向导致城市产生变化的五个不同的驱动因素：随机性、历史事件、物质决定论、自然优势和竞争优势等（2005，p.21）。

在这里，我们开始注意到，后结构主义在理论上和复杂性之间存在的差异。对于各种不同的未来来说，结构或重要的驱动变革的因素显然都是很重要的。我们既把它们当作当前城市发展过程的一部分，又在实际评估中把它们当作作用于未来的影响的一部分，问题在于，它们作为一部分时应该占多大的权重。戴维（Davy，2008）用一种略显不同的视角思考了后结构主义规划。他没有关注结构，反而是关注理性，并主张有必要将目前主导规划的单理性转向多理性。单理性是指试图让利益相关者就某一个共同的未来达成一致（见第十一章）。多理性，则把场所的各种结果解释为四种不同理性的产物。这四种理性——等级（hierarchy）、个人主义、共同体和宿命论——是空间的社会创造的各种方法的归类，因此每一种理性都会创造自己独特的场所特色。据戴维所言，其诀窍是允许或促进城市以包含四种理性的方式进行规划，从而更好地反映出这些场所能够让人们感到舒适或快乐。因为每种理性及其场所产物可以被解读为是受人欢迎的（我者城市）或不受人欢迎的（他者城市），因此有八个广泛的可能性（表8.1）。

八种城市　　　　　　　　　　　表8.1

理性	我者城市（*city of the self*）	他者城市（*city of the other*）
等级论者	井然有序的城市	专制的城市
个人主义者	勇敢的城市	冷漠的城市
平等主义者	共享的城市	排外的城市
宿命论者	安逸的城市	中立的城市

来源：基于Davy，2008，p.308。

创造一个拥有多面性和多种场所的城市的可能性和愿景不限于这八类。正如戴维（Davy）指出的那样，各种不同场所的邻接边界或界面，正是各种不同要素并列的空间，它们因此会创造出更多不同的场所。戴维主张的方法的潜在观点是，能够创造成功的场所的是多样性而非统一性。由于戴维对理性和可能的选项做出了限制，因此一些后结构主义者可能会指责戴维陷入了传统的规划模式。不过，普遍的观点还是认为他的方法是建立在复杂性理论之上得到，并与霍尔斯顿（Holston）、罗伊（Roy）一样，在探寻未来的过程中寻求差异。

结论

一旦开始关注后结构主义，不难发现它对理解当前规划所产生的影响：

> 我们不能认为，城市和城市地区的"场所"是单一驱动力作用下形成的集成统一体，也不能认为场所是包含在明确的空间边界之中的。相反，这些场所是由多个网络中的参与者相互作用而产生的复杂结构，这些参与者投资于重大的物质实体项目，并赋予场所品质以意义。这种关系网逃脱了那些试图"约束他们"的分析尝试。（Healey，2007，p.2）

规划作为一种活动，上面这些理解能给其带来许多启示。空间规划的概念部分刻画了规划的跨多部门、协调的作用：从法理上来说，规划师和规划都可以关注健康、教育和社会问题，以及更加传统的土地利用问题。这种"规划即一切"的方法存在一个问题，即应该把部门的"边界"划定在哪里。另一个问题是我们既需要规划还需要执行，尤其是围绕气候变化问题和保障性住房问题。空间规划是一种思维方式，而空间规划方案是一种产品，两者是有区别的。但是，两者之间的关系可能受到下面这些要素的影响和驱动，比如根据法律要求，规划方案的生成必须采用特定的格式、方式，还必须限定在特定的行政边界范围内。

　　后结构主义思想能够给实地里的规划师以实践的启示，但是，很显然，这种实践的启示与后结构主义规划思想的主线之间存在着巨大的鸿沟。人与地方之间的关系网络，即使有可能，也是很难转化为规划实践的。依据希利（Healey，2007）的观点，现有的治理图景也排除了这种方法。当前明显存在的实际困难仍然无法解决，或者至少难以设想该如何解决。如此一来，其结果可能是这样的：后现代主义和后结构主义的方法，和马克思主义的相关解读一样，更加适合用来做分析。

　　当代规划理论尤其精于将过程和思考方式全面"开放"（Rydin，2007），而后现代主义和后结构主义思想强调"多元的认识论"（Sandercock，1998）。由此看来"规划师和被规划对象"之间存在分歧。经验被当作知识，但验证不同知识的方法是相对主义方法。换句话说，不论他们基于何种立场，所有人的观点都被视为平等的。对于关系网和网络的观点来说，也应该是如此。正如赖丁（Rydin，2007）直接指出的那样：规划行动不仅需要具备"关停"各种知识、各种输入和各种"声音"的能力，同时还需要具有提供判断不同知识所依据的标准的能力。没有这些保证，规划行动将会变得非常困难。为了说明相对主义的知识主张和规划存在的问题，赖丁给出了一个非常有用的例子，这个例子就是气候变化的问题（2008）。尽管有大量科学证据证明气候变化与人类活动之间的关系，相对主义者或知识的社会建构论者则认为这只是一种观点而已。换句话说，在这种观点下，我们无法求援于"客观真理"，只是一大堆不论有效性的主张。如果不能证明气候变化与人类活动这种联系的存在，规划和规划师在处理这种关键任务的过程中如何能向前迈进？显然，规划实践正在解决气候变化问题，并借此发出了绝对主义的主张。正是规划理论，或者更准确地说，是某些规划理论，否定了这一点。

　　正如亚历山大（Alexander，2008）指出，解决这个问题的其中一个方向是修改"知识是经由社会创造的"这一广泛观念：

　　　　"社会建构"模型并不认可任何绝对真理的主张——这意味着并不存在某个单一可观测的现实，而"介入物质现实"就必须承认某些绝对真理的主张可能是有效的（存在于"关停"背后的假设），因为它们以物质现实是存在的为基础。（Alexander，2008，p.208）

　　这里呈现出来的要点，其意义重大，它代表着对全部后现代/后结构主义作品的背离，也即对"知识是经由社会创造的"背离，而这却是后现代主义规划理论的基石。赖丁试图通过区分不同知识来精炼和修改后现代理论。但这一过程并不顺利。赖丁希望构建"另一种后现代规划理论"，这种理论同以"社会建构的知识"和"绝对真理的主张"（2008，p.212）为基础。但是，需要认识到，"绝对真理的主张"对后现代立场的根本挑战。

　　随着现代主义的幻灭和被抛弃，规划理论所走的另一条主要道路是改革的现代主义或新现代主义。在这种方法中，规划的主要方法或认识论是协作规划或沟通式规划，我将在第十一章对此进行探讨。

第九章
规划、去政治化与后政治

引言

　　去政治化和后政治化正在成为帮助我们理解当代规划的一种流行的方法，并有助于解释如下两者之间存在的矛盾：一方面，业界认为规划师有更多的义务促进公众介入；另一方面，在实践中，公众和其他群体要么拒绝介入，要么对规划过程抱有各种不满。在第二章中，对"规划理论流派"的划分是看其理解规划的方法是什么，在这里所述的去政治化和后政治化应该归入何种流派呢？虽然上述方法在很大程度上只能看作是构架和理解现代规划的一个透视工具，但其与本书中其他地方谈到的政治经济学和协作规划方法之间是有明显关联和重叠关系的。宽泛来说，去政治化和后政治之间并没有清晰的差别，两者通常是可以互换使用的。不过，两者之间的差异还是存在的，这就使得我们有必要对这两个术语及其背后隐藏的思想差异进行区分。去政治化倾向于强调在理解现代规划本质的问题上表现出来的显著变化或方向转变，尤其是在欧洲和美国发生的转变。其一方面关系着规划的透明度、责任义务的界定问题，另一方面关系到如何通过融入足够的（而不是更多的）民主要素来保持城乡治理的合法性。与此相比，后政治化或后政治性更加聚焦于如何将对规划本身的争论转换到或代替为对其他的诸如管理或者技术（后政治）领域的讨论。不过，两者都强调现代规划自身已经进入了一个新时代，这个时代要求规划在管理增长上能够扮演重要角色，希望其能够通过周详的安排和统筹来寻求共识，避免冲突（见Metzger et al, 2014；Allmendinger, 2016）。粗略来说，去政治化的焦点在于通过公开化的各种努力来限制和控制公众对规划的介入或反对，而后政治化或后政治则是关注于提升公开性和共识的方法技巧，可能是限制、替换、转移或分化公众反对开发的意见中的某一个或多个情形。虽然现代规划具有讲求开放、透明和共识精神等特质，但是：

> 奇怪的是，一些基本的政治问题的答案似乎总是在某些"其他地方"以"普遍利益"之名被确定下来；而这种所谓的"普遍利益"对一个有正常思考能力的人来说，是不太可能被否定的。(Metzger et al, 2014, p.7)

　　正如我在第四章所阐述的那样，这种广泛存在的担心——某些"幕后"力量决定了规划的过程和结果，规划本身仅仅是对推进增长进行合法化和提供便利——并不新鲜。通常情况下，规划被认为可以通过一揽子的技术手段来控制和管理政治问题，当然也包括如下观点：认为规划是基于政治中立的"公共利益"来发挥作用的；认为通过教育和训练，规划师可以以独特的身份居于"政治之上"，其有能力决定到底哪些内容应该归入到公共利益之中。事实上，对这些观点的怀疑是早已有之。不过，后政治分析并不是新瓶装旧酒。和更加传统的、马克思主义的观点相比较，在有关土地利用规划在资本主义社会中的角色的这个问题上，当代的后政治分析表现出了四点明显的不同。第一个涉及规划师在上述各种转变中的共同推手的作用。后政治分析认为规划师不仅以微妙的方式有意识地支持去政治化，而且也公开主张并提出去政治化的各种具体战略（参见Allmendinger和Haughton，2012）。在过去，有人认为虽然规划不是各种相左利益的中立裁定人，但规划师自己可能会在日常工作中竭力矫正规划中涉及利益问题时的系统性偏向（参见第四章和第十一章）。过去的这个观点和当前的观点相比，其差别是非常微妙的，它强调的是规划师的角色转变：从过去的基于共同认可的价值观和无关政治的自我认知而发展起来的进步革新功能逐步转变为更加狭窄的、以促进增长和发展为自觉的功能。

　　第二个不同涉及规划的技巧和工具的作用：它们在此过程中将传统规划中涉及的政治问题逐步转换到了有关该技术和管理领域的问题。比如说，我们会认为环境影响评价能够给出一套相对科学的方法工具来指导我们的规划决策，并且能够为我们从充满主观性、复杂性和具有选择次优方案特点的政治泥沼中解脱出来提供答案。但事实是，这些看起来无关政治的方法在研究范畴、方法、强调的重点和所需要的假设等关键问题的选择上是高度政治化的。第三，自1990年代中期以来，在规划的理论和实践之中，共识的观念就成了一种期待和工具。在规划的过程和结果中，我们往往假设规划变化的共识是必要的，也是可以实现的。正如我在本章将要细讲的那样，这种假设是存在多方面问题的。但是，其与传统的对规划的分析（将规划描述为维护资本合法化的防护工具）的根本区别也是显而易见的。在当下，规划寻求通过操控和利用虚浮的共识来遏制居民对规划的不满。这和传统的马克思主义规划分析中更具对立性和冲突性的方法形成了强烈的对比。在过去，将"公共利益"的观念作为规划师和政治家决策时考虑的首要问题的做法并不能得到很多支持。但是，在以"公共利益"为基础和以"共识"为基础的这两种规划考量类型中，对规划决策而言存在着相似的经济驱动力。

最后，在被后政治分析称为对"政治的"的殖民化的过程中，规划比以前显得更加活跃。后政治的理论家们对"政治"和"政治的"做出了区分。我在后续文章中将进一步讨论"政治"和"那些政治的"的区别，不过在这里我要声明的一点是：当前的许多规划师将差异所涉及的一些根本性问题（隶属政治的问题）当作是政治活动的问题（隶属管理的问题）。通过将自己作为政治的一部分，规划的领域已扩展到原本隶属于政治学科的一些问题，并且规划似乎以殖民的姿态进入了这些领域。这一情形的形成，一部分是通过所谓的"单一性政治"来实现的，比方说倾向于使用"人民"、"社区"等措辞，再或者是使用"合伙人"、"治理"和"共识"等包含一切的观念。然而，在过去，"规划"和"政治"之间至少还是有区别的，而现在没有人会假装认为两者的选择问题和差异的讨论还存在。也就是说，政治和规划已发生合流并得到了管理。这种形式发展带来的一个结果就是在规划之外，出现了其他涉及规划的政治活动的增加。比如说，那些希望从事规划行业的人被迫进入了一些其他的职业舞台，最突出的一个例子就是进入法院或从事国家层面的政治游说。

在正式详细探讨去政治化和后政治化之前，另有三点值得大家牢记脑海。第一，如果某个人尝试从去政治化或后政治化理论中找到类似于协作规划思想方法的一整套理论，那么他的努力将会是徒劳的。实际上，后政治化或去政治化这个术语是对当代城市规划政策和实践的一种总体上的批评，确切来说是对基于共识的规划方法，例如协作规划的一种批判性评价（参见第十一章）。实际上，存在很多支撑后政治化或去政治化的思想，但是思想合在一起并不能构成本书中所指

的某一种规划理论流派。第二，还有一点需要强调的是：后政治的
这个术语只是一个"泛称"标签，它包含一系列的观点和方法。实际
上，有很多种不同的批判性理论解释都涉及各种所谓的"后"，比如：
后民主的（如Crouch，2004）、后意识形态的（如Žižek，1989）
和后政治的（如Mouffe，2005）；另外还有一些理论解释抛弃了对前
缀"后"的关注，取而代之的是聚焦于当前出现的民主"丧失"问题
（如Marquand，2004）。"后"这个前缀在某种程度上是有一定误导
性的（在第八章关于"后现代"中的前缀"后"也表达了相同的观点）。
虽然在术语表述上来看两者存在不同，但从字面上来理解，"后政治
的"表示的意思是指的是在"政治的"后面的一些东西。事实上，除
此层意思外，"后政治的"还广泛关注原属于政治活动的领域是如何
被"政治的"一些东西所侵蚀殖民的。我在后文将对这种差别做进一
步的阐述。不过，用规划的术语来说，充分认识这种区别的意思就是
要搞清楚规划中的咨询和公众介入看起来是包容和开放的，但是按照
后政治的思维来考察，这种咨询和介入是受到管控和限制的。规划给
人一种错觉，会让人觉得规划特别关注"政治的（the political）"方
面的内容（可以将其理解为开放社会中存在的冲突和对立），但实际
上这些所谓的"政治的东西"里面已经深深融入了"政治活动"（可
以理解为创造和管理秩序的战略策略）的内容。将政治活动纳入到政
治的东西里面后，公平和民主的理念就会受到威胁和颠覆。更糟糕的
是，虽然规划声称自己是开放的和民主的，但是实际上规划已经变成
了一种政治活动的工具，并且还为这种情况辩护和保驾护航。后政治
思想就是要剖析这种情形能够长效运行的机制，并且探索其对一些学
科，比如说规划学科可能带来的后果及其启示。

　　值得强调的最后一点是，以后政治的思维透视当代规划实践在很
大程度上是十分重要的，同时有人还认为去政治化过程不仅是不可避
免的，也是万众期待的：有一种呼声认为"民主已经谈够了"。基于
大众和解决的政治党派长期以来一直处于衰落状态，并且正在逐步被
零碎的、基于问题的政治所取代。与此同时，政治家们也受到媒体的
严格监督，一旦出现问题时，媒体就会游说以敦促他们立即"采取行
动"。这些问题往往是本地性问题和全球性问题相交织的复杂问题，
两者分歧颇多，很难解决。一方面，这些问题并不能总是允许他们进
行深思熟虑，而另一方面他们也可以着眼短期并轻松地找到解决方案
（Crouch，2016）。有些人认为，产生这些问题的根源就在于人们有
这样一种期待：所有的问题都可以通过同样的民主介入模式得到解决

（Welch，2013）。比如说气候变化、经济政策和移民问题就是典型的复杂难解的问题，它们是很难放到开放的民主过程中予以解决的。因此，为了拯救民主本身，去政治化就显得非常必要。其结果之一，就是在政治活动中出现了颇具破坏作用的短期主义；另一个结果就是以民主无法提供答案为理由，对有必要给出决策的问题一味拖延，这显然是有害的。对两者情况中的任何一种来说，去政治化提供了一种解决方案：将政治家们从政治活动中解放出来。在诸如规划这种部门，基于上述这样一种处理思路的观点认为：公众介入和咨询的做法已经有些过头，规划作为一个过程已经显得僵化不堪。也就是说，应该把规划和公众、政治家们隔离开来。最后的这个观点显得非常突出，因为它与在公共决策领域中越来越多的公众参与需求背道而驰。但是，我们很难呼吁大家"减少"公众介入和规划的开放性。因此，去政治化以包容性为外衣，来掩盖政治置换的现实，也即：大量重大决策和抉择都是远离公众介入的。

因此，本章将对去政治化和后政治思想进行探讨剖析，同时探究其与规划和空间治理的关系。从这篇简短的介绍中可以清楚地看出，到目前为止本书所介绍的许多问题和理论都与上述这个议题有关。后政治思想与新自由主义、领地化/再领地化、协作规划以及规划的系统观/理性观等思想观点之间存在着强烈的关联关系，并且这种关系正在不断强化显现（参见Allmendinger，2016）。从这个意义上讲，后政治理论（如果可以将包含如此宽泛内容的后政治当作一个整体来理解的话）不能简单地被当作是另一种思考和分析规划的方式。后政治由一个元理论或以建议的方式所提出的关于其他理论的理论组成。比如对新自由主义来说，后政治会就如何促进增长、获得经济利益并维持新自由主义的合法性等问题提供建议，同时会就新规划空间的角色及其运行的驱动因素等问题（上一章已有讨论）提供新观点。此外，后政治思想还会围绕某些议题，比如说规划师在上述这种规划思想变化趋势中所扮演的角色提出一系列问题：规划师是否已经意识到了去政治化的策略和技巧，例如使用可持续发展这种积极但模糊的实际上却是主张发展的措辞，是如何成功推托和转移原本需要解决的政治问题的。对这些问题，我稍后会再次展开讨论。

去政治化与后政治的出现

作为理解和研究当代规划的一种框架，后政治这个术语到底所指何物在很大程度上与我们对其内涵的定义有关，因此定义后政治就成为分析这个问题的一种越来越流行的方法（参见Metzger等，2014）。后政治思想的出现，部分原因是为了解释这样一对矛盾：一方面是规划的外向型转变，也即规划变得越来越公开透明，并且其方法是以建立共识为假设前提；另一方面是在规划过程中表现出来的冲突、对立、对发展的反对和不信任政府以及官员的情绪高涨，当然也包括对规划师这个群体自身的不信任。此外，如我在第十一章对协作规划进行讨论的那样，这里还涉及其他各种问题：比如资本主义为何在诸如2008年以来的全球金融市场危机等各种危难中还可以继续繁荣？寻找新自由主义霸权的替代方案为何变得日益流行？许多采用后政治分析的人怀疑这些问题的答案部分来自于新自由主义的如下功能：也即新自由主义抓住了反对人群的政治活动要义并对其进行了有效的管理。就规划领域，我们至少可以这样说：认为规划协作与规划游说（参加第十一章）可以结束规划中的对立冲突被证明是可望而不可及的。部分人认为这种悖论的某种解释是：我们生活在一个"后政治时代"；在这个时代，"争论，分歧和异议（已经被）一系列的治理技术（取代），这些技术融合了共识、协议、问责制度体系和技术官僚型的环境管理体系"（Swyngedouw，2009，p.604）。尽管规划和空间管治通过对自身规划精神的改变，已经明显变得更加开放，但是伴随着这种变化过程的是广泛的去政治化倾向的注入。这个去政治化的过程涉及的维度相当广泛，我将在后文对其进行讨论。不过，宽泛来说，去政治化有如下特点：它努力寻求消除或管理公众选择和矛盾冲突的方法技巧，但同时让规划看起来好像是提高了公众的介入程度。比如说，公众咨询和公众介入必须以建立共识为背景，因此公众可实际选择的选项是被限定了的。因此，后政治时代的标志不在于其对公众咨询（部分人认为公众咨询是规划的一个长期特征）的限制，而是将公众介入当作一种幌子，以各种方式对执行民主这一承诺的过程进行管控。

关于后政治状况和去政治化的存在及其意义，总体来说有两派观点。第一个观点在上文已经做了简述，该观点认为去政治化是不可避免的，它"拯救"了民主。该观点的立论根据是：我们生活在一个充满"邪恶难题"的年代，公开透明的政府时刻都面临来自不同利益集团的密集游说，这就把公共政策这个领域变得具有明显的政治性和对立性。现在，政治家们并不选择追求广泛公众的利益这条"正确"的道路，而是在不同利益集团的游说压力下选择为那些特殊的强大利益集团服务。其结果是颇具破坏作用的政治短期主义，飘忽不定的选民以及多种政治参与途径和政治挑战的出现。因此，该派观点认为对政策决策去政治化，并将其交回到由处于"政治独立区"的"专家"们所组成的王国里将能够给我们带来"更好的政策"。现代政治要做的事情就是筛选出那些适合公开商议的问题和决策，同时也需要筛选出那些困难、棘手的问题，这些问题需要通过去政治化的方式来解决。在2003年的一次讲话中，英国住房、规划与更新部的部长对上述这种观点进行了总结：

> 决定我们采用何种方法的是这样一个明确的愿望：我们越来越不希望把权力交给政治家们，而是将其交给那些能以最恰当的不同方式部署权力的人手中。利率不是由财政部的政治家们设定的，而是由英格兰银行设定的；最低工资不是由贸易与工业部决定的，而是由低报酬委员会（Low Pay Commission）决定的；上议院的议员不是由唐宁街决定的，而是有独立的任命委员会（Appointments Commission）决定的。在关键决策上的去政治化是将权力带回到普通民众身边的一个关键（Falconer勋爵，被引用于Hay，2007，p.93）。

这种态度并不是认为去政治化是不受欢迎的，而是接受并促使其在解决政治舞台以外的复杂问题上能够取得更多进步。

有关去政治化的另一主要观点对去政治化的接受程度较低，取而代之的是更多的批评。根据那些不够乐观的人的理解，去政治化的倡导者对如下的情形过于轻描淡写：在新的政治体制下，那些被认为适合公开商议的领域实际上还是受到去政治化的策略技巧的深刻影响。在这里，问题的关键并不在于选出哪个更适合公众参与，哪个不太适合公众参与；即使是那些被认为适合公众介入的领域在很多时候也是受到去政治化影响的。比如说，基于共识的政治活动——支撑这种模式的政治活动的思想在第八章已经做了讨论，该思想认为过去的"大问题"和意识形态的分野已经消失了——是鼓励公众介入参与的，但是在某些人看来，基于共识的政治活动不仅会对异议反抗进行限制，还有可能会采取措施使这种异议反抗失去法律效力（参见McClymont，2011）。批判家们认为：对去政治化和拒绝政治活动这样的思想和实践的接受是过于轻率的；更甚的是，其还被许多强权利益集团所推动，就是因为去政治化的主张与以促进增长和发展为主要旋律的新自由主义议程是相适应的。尽管公众参与介入的方法技巧都得到了很大的提升，这在某种程度上是技术发展和社会进步的反映，但是其内在的精神仍然是对新自由主义增长的一种巧妙的默许。那些期望探索更加根本性的问题以及对"共识"持怀疑态度的人与这一精神并不相称，因此他们对政治活动和政治过程不抱幻想，并与之保持一定距离。对某些人而言，对立冲突在政治活动中的丧失是这种清醒状态的基础。对另一些人来说，这即是克劳奇（Crouch）所谓的后民主的显现："虽然选举确实存在并且可以改变政府，但公共选举辩论的场面是受到严格控制的，并且由颇具说服能力的专业专家竞争团队进行管理，所讨论话题都是经由这些团队精心选择后所提供的"（2004，p.4）。

正是后面这种观点接纳了去政治化的观点，并且认为我们作为一个生活在后政治时代的群体，对当代规划的本质来说才是最具影响和意义的（参见Metzger et al，2014）。对许多人来说，当代规划和空间治理都是建立在共识和专业的专家管理基础上的；这些管理力求避免过多的争论，而是集中精力应对好分歧并实现增长。但是，对立在规划中并没有被彻底清除，而是变成了属于规划自身而非规划过程的一个特征——通过合法的挑战或抗议渠道，分歧和对立在其他地方找到了表达的出口。我们知道，规划是一个管理工具，它要有效协调公众在土地、不动产和环境三者上的利益关系，而很多时候这种利益是相互竞争甚至是不可调和的。考虑到这些事实，当前出现的规划去政治化的这种转变就可能带来很多严重后果。

政治与政治的

对那些不愿意接受去政治化是政治演进的必要一环的人来说，还有许多其他的可能方案和批判性解读可供选择（例如：Žižek，1989；

Crouch，2004；Marquand，2004；Mouffe，2005）。在这些分析中，有许多是对去政治化产生的原因及其启示的分析观点，当然也有一些是对"后政治"的本质的讨论。在这些研究分析中，有各种不同的名词术语——"后民主"、"后政治"和"后政治的"——同时在规划的文献中还表现出一种倾向，就是在使用这些标签式名词术语时似乎把他们当作可以互换的词汇了，但事实是这些名词术语表达的内涵和观点是不同的。比如说，在朗西埃（Rancière，1999）和齐泽克（Žižek，1999）看来，去政治化是对公众介入和参与的转移或推延，而不是将这些内容彻底清除到其他的领域或时代。两人也强调：在实施政治置换过程中，比如说用"政治"（主要指公众的有限介入参与——译者注）取代"政治的"（主要指广泛的对立关系——译者注）的时候，应该采取不同的策略手段。为此，他们提出了五个政治置换的技巧：原型政治（以某种共同体的诉求为名义来代替政治活动中的个体的诉求——译者注）、准政治（使用一些软性力量，例如文化传统来影响人们的行为——译者注）、元政治（不采用选举、游说等传统政治活动的方式来实现政治目的——译者注）、激进政治（以削弱或清除另一方政治力量为手段实现政治目的——译者注）以及后政治（由齐泽克所提）和后民主（由朗西埃所提）。正是后者，也即后政治或后民主，对协作规划通过审慎协商而形成共识的这个特征表述的最为清楚。根据这个观点，基于共识的政治，包括协作规划可以采取各种不同的技巧来转移政治的（东西）。但是，很清楚的一点是，相对于这些术语的日常宽泛的意思来说，这些术语的使用在这里是具有明确的具体内涵的。那么，"政治"和"政治的"到底是什么意思？

　　要回答这个问题，我们可以从斯文多夫（Swyngedouw，2011）给出的观点开始。斯文多夫认为："政治"指的是一个共享的公共生活空间，我们对这个空间没有任何的基础性假设；与此相比，"政治的"则指的是政治行为人之间的权力游戏，以及在既有的体制和秩序结构下与日常政策制定相关的一系列安排。莫夫（Mouffe）对此有更进一步的阐述：

> 我使用"the political"这个词，意思就是认为对立是人类社会中最基本的一个方面；而我使用"politics"的时候，一方面指人们创造社会秩序的实践和制度安排的总和，另一方面也指协调人类与冲突（因the political而起）并实现两者共存的相关组织行为。（Mouffe，2005，p.9）

　　"政治"和"政治的"这两个领域的区别，也就构成了后政治批判的基础。"政治的"提供的是其他方案或其他可能性发生的机会，而"政治"则是一种"总是具有偶然性，不稳定性和不完整性的尝试，它尝试制度化，尝试对社会进行空间化，促成公共商讨的完成，缝合社会不同领域之间的代沟，促使整个社会能够与社区（通常理解为具有凝聚力和包容性的一个整体）取得意见一致性"（Swyngedouw，2011，p.9）。因此，"政治的"就会被"单一性政治"所掩饰，比如说人民和社区等概念，再或者是其他一些无所不包的概念，例如合伙人、治理和共识。"politics"对"the political"的这种殖民化不仅包括政治过程和体制、技术和管理技巧，也包括利用专家来决定可供选择的选项或方案，并将此做法作为后政治中的一个特有的程序。在这样的观点来看，社会是通过如下这种政治而诞生的：对资源和公共物品的分配。然而，在后政治条件下，一方面是治理的共识模式的运用，另一方面是政治对"政治的"实施殖民，如此一来，政治的和政治之间的区别就得到了有效的处理。

　　考虑到向共识构建和协作规划转向的这种运动，即使是从表面上来看，我们也不难理解为什么后政治分析能够成为理解当代规划的一种日趋流行的框架。协作规划基于这样一种思想的支撑：共识能够通过采取不同的政治策略，比如说周全的民主制度来得到有效建立。在协作规划的倡导者来看，共识在社会中是一种准则，其可以通过专家，比如说规划师的管理得到实现：

　　　　在后政治中，不同政党因角逐权力而展现出来的全球政治意识形态冲突逐步消解，取而代之的是开明的技术官僚（经济学家、公知人物……）和自由多元文化主义者等人之间的相互合作：通过对利益协商过程，在一定程度的统一共识的伪装掩饰下，实现了一种妥协。后政治……强调要抛弃老的意识形态分歧，要直面新的问题，以必要的专业知识武装自己，以自由的商讨方式充分考虑人们的需要和需求。（Žižek，1999，p.198）

这正如马卡特（Marchart）所描述的那样：

　　　　这些政治置换所表现出来的不同手段，最终都规律性地导致了相同的结果。他们都试图制止政治分歧发挥作

> 用，要么将政治的还原为政治，要么是将政治实体化植入
> 到"政治的"之中。（2007，p.161）

　　在这里，有两点值得指出来。第一，与很多规划分析中所表达的
更一般的含义相比，我们需要注意"后政治"这个词更特别的用法。
在这里不是要强调这个词的用法本身是否合适，而是要弄清楚我们是
如何使用这个词的。就规划来说，后政治所指的特殊含义是指后政治
是："以消除对立为基础的，而这种对立的消除是通过共识制度的安
排和其逐步的引入来实现的"（Swyngedouw，2011，p.10）。

　　第二点，就规划的经验而言，存在着不同的政治殖民方式和策
略。对于这一点，在本章后面探究不同的后政治策略或规划时，我将
对其做更深的阐述。不过在这里，我有必要强调一点：基于共识的
规划并不是去政治化或者政治置换的唯一形式——实际上，新规划空
间、新规划尺度以及语言的运用等都可以被用作政治置换的策略。

规划、警察政治与理智群体的分隔

　　通过共识的概念来理解政治置换一直是许多分析的重点，这种趋
势显然与1990年代在欧洲和美国出现的基于共识的"第三种"政治
思潮的兴起具有紧密联系（例如，可以参见Rancière，1999，2001；
Žižek，1999；Dikeç，2005；Mouffe，2005；Badiou，2009）。
伴随着基于共识的政治，是一系列听起来积极但很难确切说明的新理
念，包括对话、治理，合伙等，而就规划而言，则包括空间规划和多
层级治理。但是，这种转变并不是没有受到挑战：

> 　　如今，有很多关于"对话"和"商议"的讨论，但
> 是，如果手头上没有真正的现成选择，并且如果讨论的参
> 与者不能在明显不同的选择之间做出决定，那么这些词语
> 在政治领域的含义到底是什么？（Mouffe，2005，p.3）

　　实际上，这些不同的选择会以不同的形式表现出来。朗西埃
（Rancière）将"政治正确"和"警察政治"（或者理解为个体的选择

最后被不做选择所取代的这种形式）进行了深入比较。他认为，只有在共识观念受到挑战，或者"不做选择"的行为受到挑战的情况下，政治正确才会发生。除此之外，朗西埃更进一步，他反对将个体通过所谓的人工分隔方式或同质化的方式将不同的个体归化到不同的群体的做法：

> 在许多情况下，我们倾向于将集体实践或阶级精神解释为政治宣言，实际上，真正属于这种情形的还是在少数。很多时候，我们过分强调工人的集体性，而对工人集体的内在分歧重视不足。我们对工人文化的关注太多，而对工人文化与其他文化的相互接触和碰撞的了解则远远不够。（Rancière，1983，p.76）

在人们的经验活动中表现出的这种先见之明的缺乏，构成了他的分析方法的主旋律，这也是支持他所谓的理智群体的分隔这个观点的基础。理智群体的分隔（或我们也可以称为共识），涉及将什么考虑进来，什么被听到，什么不被听到等的产生和管理，这些也是政治运作的一部分（Rancière，1999）。因此，理智群体的分隔是指什么可想、什么可能以及通过共享空间来创造对事物的共同的理解。在后政治体制下，虽然这样的分隔表现出的是共识，但是这也相当于是对意见不合群体的预防和打压，或者说是通过类似方法使得其他的选择或声音不可见或不可闻。在朗西埃看来，"政治正确"是指面对受管控的政治的时候能够表达或者参与平等讨论的自由度，而受管控的政治对什么能够涵盖、什么能够说是会进行区分和排除的：

> 平等是构成民主政治的根本前提。因此，破坏平等就是一种不公正的做法。而上文所述的这些做法，实际上就一种破坏平等的实验，它在"政治的"这个领域中打开了新的天地。（Swyngedouw，2009，p.605）

所谓的"警察政治"（the police），指的是社会强制划分不同理智群体的一种方式。而所谓的共识或者理智群体的划分正是通过"警察政治"得以实施的。朗西埃使用"police"这个词的时候，包括了一系列的机制、过程，或者社会角色，这些社会角色是包括规划师的。规划师会限制公众参与或者对要讨论的问题进行有目的性定制：

　　　　因此，警察政治首先是指某些机构的一种命令，该命
　令对不同人的行事方式、存在方式和说话方式进行定义和
　安排；同时，确保将这些机构按名称配给特定的地点和任
　务。警察政治也是那些可见可说的群体的命令，这些命令
　确保某个特定的活动能够被大家看见，而另一个则不被大
　家看见；或者引导大家将这个演讲理解为一种论说，而另
　外一种演讲理解为噪声。（Rancière，1999，p.29）

　　政治与警察政治是两个具有不同逻辑的分隔世界：政治是基于
某个社区成员之间的公平关系的，而警察政治是基于不公平的。在警
察政治里，不公平或者能够以公平的形式参与政治的能力"被自然化
了"，这就使得这种不公平在警察政治领域看起来是"正常的"或者
是可接受的：

　　　　政治，可通过引入新主题和新对象来重构能够定义
　社区共识的理智群体，从而使那些不被看到的人被大家看
　到，让那些被当作嘈杂动物的人能够被大家理解为一个真
　正的演讲者。（Rancière，2004，p.38）

　　警察政治秩序，包括各种自我调节要素，包括个人是如何制定自
己的决定的，也包括政府是如何塑造此类决定的。然而，朗西埃并不
认为警察政治天生就是"坏的"：

　　　　我建议将"政治"一词保留，作为应对警察政治行
　为的一种确定性活动：在具体的警察政治结构中，一些利
　益主体，或者该政治结构中的某些部分，甚至是其中缺
　乏的那些部分，根据预设的定义，在整个政治结构中是
　没有他们的位置的——他们甚至是不存在的。不管我们是
　否抛弃这种政治结构，政治活动始终是利益主体自我表达
　的一种模式，它便于消除警察政治秩序内在的明显分歧。
　这种分歧的消除，主要通过实施异质性假设来实现，这种
　假设是：在这种政治结构中不存在的那一部分群体，最终
　将通过自己证明当前的政治秩序只是一种偶然结果，因为
　他们和其他群体一样，都以相互平等的方式表达了自己。
　（Rancière，1999，pp.29-30）

　　事实上，警察政治秩序对集体行动和决策来说是有必要的。警察政治秩序首先就假定不公平是存在的，并且通过分隔理智群体来实行所谓的"理所当然"的社会等级制度，这种做法显然是有碍公平的。就规划而言，其并不聚焦于共识这个概念，因为就某种特定的共识而言，它寻求的是压制、管控和强制取缔那些意图将政治问题转化为管理问题的做法（Baeten，2007）。因此，在规划和环境政治中，应该关注空间生产过程中的意见分歧，重新探讨、表述和挑战那些被当作"理所当然"的问题（Swyngedouw，2009，p.607）。这些挑战应集中在"政治现实主义"的概念上，这个概念通常被政治家用来鼓动人们相信实施那些不受欢迎或令人不悦的决策的必要性。通过诉诸所谓的"现实"，政治家展示给大家的选择，实际上就只有某一种特定的选择（比如"我们的经济形势的现实就要求……"，或者"全球化就意味着我们不能……"），如此一来就使得某些特定的选择正常化了，从而消除了其他群体提出多种可能选择的可能性（Rancière，1999）。采用"现实主义"来管理矛盾冲突是警察政治的一种特殊策略：在后政治条件下，任何事情都被政治化了，都是可以讨论的，但是这种讨论只能在不表达明确意见和没有矛盾冲突的条件下才能进行。如此一来，人们拥有的独立的基本选择都被无形消除，因此，无需分化和隔离，政治就能够得到实践（Rancière，2006）。

　　但是，正如朗西埃所言，"政治的"内容是永远不可能被消除的，它只是被转移了。因此，那些"政治的"内容会随时以其他形式再次出现，挑战现有的警察政治秩序，舆论共识和同质化的群体划分，质疑认为不公平是很正常的这个观点：

> 　　某些时代的愚蠢之处就是希望通过共识来修正共识带来的弊端。我们要做的不是这样，而是要将冲突再一次政治化，以便可以解决它们，恢复人民的名义，并在配置资源和处理问题的过程中，恢复政治以前所拥有的可见性。（Rancière，1999，p.106）

> 　　当警察政治秩序受到挑战时，并且自然的政治秩序被"那些在政治体制中没有占据席位的一部分人组成的机构"所干扰时，政治正确就会应运而生。（Rancière，1999，p.11）

　　根据上述分析，我们可以指出规划去政治化所呈现出来的三个方面的特点，这将有助于构架我们对规划的理解。第一，后政治策略寻求通过扩展政治来实现对"政治的"维度进行殖民。因此，需要集中探讨的问题就可以通过政治得到定义和管控，从而限制公众的真正参与和选择。第二，在后政治的分析过程中，公众的基本选择内容是被管控的，而政治的实践不是基于对群体的划分，而是基于共识。其有一个潜在的假设，那就是"这个（基本的）问题已经得到了一致同意"。于是，有关的探讨就会被导向到那些对当前的强势主体及其利益不构成挑战的相关领域。在规划领域，其对应的基本假设之一就是增长。因此，允许大众选择的选项不是围绕"增长"和"不增长"进行，而是围绕"增长多少"和"在哪里增长"等问题。最后，是警察政治秩序规定了什么可以接受，在什么地方允许什么样的选项——也就是对理智群体的分隔。警察政治秩序，虽然很含糊，但包括规划师和规划本身。然而，虽然警察政治秩序规定了什么可以接受，什么选项才能够对公众开放，但是政治本身是不会被根除的，只是会被转移。"政治的（活动）"的转移有很多表现形式，比如上街游行、静坐抗议和合法挑战。短期来看，这种转移对于化解当前冲突是非常有效的，但是从长期的累积效果来看，它将会使规划丧失法律效力，使得（大众）对规划师的信任受到损害。一旦丧失法律效力，规划就无法为利益强权服务，对规划进行改革变通就势在必行。现在，我将聚焦于规划中去政治化的五种主要方法技巧，对上述这些问题和后果展开探讨。

规划、后政治与去政治化

　　对规划和规划师而言，上述的情形相对来说是比较新鲜的。规划的意图——通过对土地和不动产市场的干预，确保对自然和建成环境的改造及其结果能够考虑非市场的、涉及"公共利益"的有关因素——从源头上就不是建立在如下假设基础上的：对改变要达到某种共识。与达成共识相反，相互竞争的，有时候甚至是不可调和的利益群体会从有利于自身利益角度出发来寻求对规划决策的影响。因此，规划作为一个过程，其为这些利益群体的呈现和努力提供了一个竞技舞台，因此了解并做好了接受会出现赢家和输家的可能性。在某些人看来，比如迪尔和斯科特（Dear和Scott，1981）认为，规划不仅推动了资本的积累，还赋予了其合法性（参见第四章）。事实上，上述观点是有一些证据支撑的（比如可以参见Healey等，1988）。对规划涉及的大多数群体来说，不管是规划师、政治家，还是广大的公众群体，规划的目的还是要通过平衡不同利益群体来寻求最广泛的公共利益。基于这样的一个角色任务，规划被大家，尤其是被规划的职业群体描述成为中立的。比如，反对发展的群体大体上都会接受这样的事实：如果最终的规划决策否定了他们的看法，那至少也是通过了"公平听证"。从1970年代以来，公众参与的机会大体上是用来反映公众需求的，这一情形在西欧和北美尤其如此。

　　然而，对规划的这种理解现在已经发生了改变。1990年代中期以来，虽然规定国家的相关机构和规划从业者要公开、透明和包容，但是对规划过程和结果的不满还是在不断增加。这种不满主要集中在两个领域。第一，人们认为"公平的听证"已经不复存在，或者认为规划的结果并没有反映最广泛的"公共利益"。第二，这种不满逐步表现为抗议和争端，尤其是集中在重大基础设施和重大发展等问题上。伴随着2008年的全球金融危机，许多国家政治机构，包括规划机构，开始主张通过去管控、财政紧缩以及公共部门投入削减等措施来促进经济增长，因此抗议变得更加广泛和内化到日常生活之中。其结果就是规划好像在演戏：表面上规划好像是在为公共利益而运作，实际上规划是没有真正有所作为或调控。梅茨格（Metzger）等人将当前规划总结如下：

> 日常中呈现出的许多根本政治问题的答案常常是在"某个别处"早已被决定了，其依据的基础就是所谓的一些"广泛的利益"，而这些"广泛的利益"对一个脑力正常的人来说都是无法拒绝的。因此，可供选择的"选项"变成了一些关于细枝末节的选项，而不是关于原则的选项。（2014，p.7）

　　后政治分析认为，规划的性质、对规划的信任以及规划活动的参与等已经发生了深刻变化——规划现在是后政治模式。后政治分析通过指出规划性质在五个方面的总体变化来强调这种深刻变化。第一个深刻变化涉及规划目标的泛化和模糊化，以及关于我们期待规划真正能够实现什么这个问题的启示。在此变化中涉及的一个重要因素就是在环境保护和解决气候变化问题上规划被赋予的核心角色。在日渐增长的环保意识的驱动影响下，在布伦特兰报告（Brundtland Report）（WCED，1987）的加速推进下，规划通过可持续发展理念被赋予许多新任务，尤其是将其变成了许多国家处理环境事务的一项公共政策。基于这样的目标，规划应该发挥遏制和管控作用，但是规划师和政府将规划的这个目标与发展目标进行重新包装，并围绕可持续发展这样一个看似积极但内涵模糊不清的概念赋予规划新角色，其理论基础就是经济、社会与环境的三位一体。可持续发展的理念指出，它至少可以有可能协调不同利益群体，达到一个只有赢家，没有"输家"的特定均衡点——无论是在环境方面还是在社会方面，整个社会都能真切感受到增长；同时，如果有必要的话，也能够保护关键的环境财富。从1990年代开始，规划就经历了从置身环境问题之外，到进入环境问题之内，再到将环境的可持续性当作规划的过程和结果的这样一个深刻变化的历程。伴随着可持续发展的融入，规划所涉及具体问题的扩展又进一步扩大了规划的边界范围。具体来说，就是将规划所应该重点关注的土地利用及其调控机制问题扩大化了，转而寻求解决一系列环境、社会和经济问题。这种扩大化的一个理论基础就是对规划起源于19世纪应对公共卫生问题这一事实的重新发现。伴随着一些熟悉问题的再次出现，例如空气污染、水污染等，新的责任使命再一次诞生，例如要去解决肥胖等问题。此外，还有一些无所不包、正面积极且难以拒绝的类似理念对可持续发展这个理念进行补充助力，比如"城市复兴"、"精明增长"和"韧性城市"等理念。这些理念看起来似乎是给规划提供了方向和目标。

　　在某些人看来，这些词语就相当于"空洞的示意符号"，要表达的是一切事物，实则空无一物；或者，这些词语相当于"总括性的示意符号"，由一些没有任何明确意义的空洞词语组成，虽然在表现上"它们以某个普适性或标志性示意符号为庇护，将各种多义、模糊甚至矛盾的叙述捆绑在一起"（Gunder和Hillier，2009，p.16。也请参见Allmendinger和Haughton，2012；Metzger等，2014）。这些概念的模糊性并不是偶然事件。这是因为，如果在面对诸如环境保护这种明确挑战的情况下还需要继续经济增长，那么推进工作的方法之一就是通过语言和政策上的模糊性来弱化或处理反对意见：

　　　　这就好像在晚期资本主义时代一样，"语言不算数了"，不再有约束力：它们正日益失去其应有的表述力。
（Žižek，1994，p.18）。

在可持续发展这个概念中，齐泽克（Žižek，1994）所谓的这种
"表述力"是明显缺乏的。针对这个问题，已经有相当广泛的讨论（参
见Owens和Cowell，2011）。但与此同时，可持续发展的概念却成了
规划的某种图腾：

> 可持续发展成了空间规划这门学科和从业者们的一个
> 新的宗旨和合法性的依据，尤其是它甚至成了空间规划这
> 门学科的新权威。（Gunder和Hillier，2009，p.137）

归根结底，一旦环境问题变得明显没有像预期的那样成为政策关
注的焦点时，可持续发展等概念就变得不攻自破了。这导致的一个结
果就是人们对规划和规划者的幻想破灭和不信任。而另一个结果就是
人们会越来越多地选择通过法律挑战规划或者实行抗议。而在上文所
述的情境下，通过使用模糊的语言和灵活的手段，那些所谓的政治的
（冲突）就被转移和推迟了。具有共识性质的术语——可持续发展、
智慧城市等——掩盖了不同的声音和多样性的选择。正如奥曼丁格
（Allmendinger，2011）在研究伦敦城市发展中所强调的那样：广泛
的利益团体可以签署包含可持续发展这样类似的目标的项目，但是他
们对此的理解往往是基于自己的理解和需求的。一旦他们认识到可持
续发展或者（在本案中的）城市复兴实际上就是发展而已，那么政治
的冲突就会以选举途径或者法律挑战的形式重现。

规划中的第二个变化涉及规划过程和规划工具。宽泛来说，就是
从对立的政治走向了基于共识的政治。自1989年发生东欧剧变以来，
社会上普遍存在一种感觉，认为老的敌对或者对抗主义已经消失，这
种变化就为我们重新思考秉持相互对立的立场的这种做法提供了一次
机遇。安东尼·吉登斯（Anthony Giddens）的著作《超越左和右
（1994）》在塑造和发展后冲突政治思想上具有重要影响。在后冲突政
治中，消费主义、个人选择、基于市场的资源分配深深嵌入社会，并
被社会所接受。人们认为，以国家主导、分级监管为重点的政府应该
被公私共存、网络化的管治政府所取代，从而实现左翼政治的进步。
这种观点开始渗透到整个公共部门和规划之中。在经济自由主义背景
下，共识思维成了规划领域的时代思潮。因此，规划开始反映出对

增长和竞争的强调（Allmendinger，2016）。尽管规划可能不会为增长和竞争提供便利，但是其所提出的可持续发展或者精明增长的主题思想，则为经济导向的规划提供了合法性：

> 20世纪90年代以来，英国的空间政策日益转向加快更高水平的新住房增长，这在英格兰南部尤其如此……并协助提高经济竞争力。（Allmendinger和Haughton，2012，p.93）

如果存在反对声音的话，这样的增长水平是不会实现的。换句话说，规划需要不断发展，以满足人们对它的期望的不断变化。共识规划帮助实现了这一增长，并与所谓的新自由主义政府实体紧密关联：

> （这种政府实体）通过一系列的管治技巧撤换了争论、分歧和异议。这种管治技巧融合了共识、协议、信息公开和技术官僚式的环境管理。（Swyngedouw，2009，p.604）

在规划领域，新自由主义政府实体的目标就是要在"推动"发展、"促进"增长的同时保护具有较高价值的环境资产。这种"推动和促进"的方法是对"渐渐显现"的新自由主义模式的充分反映，也对规划提出一个明晰的要求。而冲突型规划则有可能会阻碍增长，如果不会阻碍增长，那至少也会延迟增长。在这里，共识在两个层面上发挥作用。第一个层面表现为对增长以及规划应该承担推进增长的这个角色所达成的共识；第二个层面表现为将共识作为一种规划工具——规划提供选择，但是这些选择不会挑战增长和竞争这种共识。毫不奇怪，这种共识在这两个层面都受到了挑战（参见Allmendinger，2016）。但是，现代规划的一个特点（这一点也是新自由主义所拥有的）就是在面对挑战时具有适应和进化的能力。因此，当某一种方法或者技巧失去可靠性后，它自己会发生改变：后政治规划的特点就是一定会有持续不断的新技术和新方法的产生。

规划的第三个主要转变涉及规划本质和其职业认同问题。在全球范围内，在不同的行政或者政治背景下，虽然用来描述类似于规划的各种活动的名词或者短语多种多样，但其采取的规划方法所表现出来的大体精神已经由应对式调控变成了主动式促进。在管控人们改变建成环境和自然环境的同时，规划还担当起了挑战和干预的角色，以图塑造人们对建成环境和自然环境的改变。在强调经济增长和竞争的国家，规划的这种角色尤其明显。如果调控型规划已经不符合时代精神，那么上文所讨论的冲突和对立主义也不再符合时代精神。新规划的精神内核就是增长和共识。相应地，这种改变使得规划需要一个新的身份认同，需要通过新的方式向公众讲述；同时，规划的语汇和各种规划过程也需要重构。规划作为一种活动，或者像在英国一样被称为空间规划，自己变成了一个空洞的示意符号，向所有的利益主体允诺了所有的东西。这种转变对规划者和被规划者之间的关系有着深刻的启示。表面上，在新规划所宣称的"现在我们都是规划师"的这种包容性的外衣下，规划者和被规划者这种差别似乎已经被瓦解。但事实上，政治问题和政治选项问题依然存在，虽然这种问题被归化到了所谓的包容性之中。正如梅茨格等人（Metzger et al., 2014）（在上文）所描述的那样：这些问题的存在就造成了人们对规划和规划师所存的信任和信心出现下降。

后政治规划所表现出来的第四个重要变化特征就是更加倾向于管理主义和将规划当作管理工具。作为诸如可持续发展这种词汇的模糊性和空洞性的一部分，一系列的新技术和管理方法不断得到发展，以帮助决定什么内容才构成了可持续性等问题。这种操作无疑有助于将政治问题转变成技术问题。结果，欧文斯和寇维尔（Owens和Cowell，2011，p.63）所称的有关评估技术、指标和审查的"分析军备竞赛"开始涌现，由此催生了咨询产业的发展以及撰写和解读相关报告和评估的专门技术。如此一来，规划的范畴和目标被进一步扩大，使得评价或评估那些模糊的目标是否得到实现的需求日趋增长。比如，规划师和其他人群会恰如其分地问："我们如何确认我们正在实现可持续发展？"当然，这种评估目的是要为一个深深植根于政治的问题提供一种可量化的解决方案，从这个角度来说，这种评估不可能是无关政治的，也不可能是纯技术的。然而，规划行业却倾向于将这种技术或方法描述成这个样子，典型的表现就是围绕空间战略或发展规划涉及的问题和要素进行量化、分类和排序，从而得到所谓的推荐方案或结论。对评估的这种需求是可以理解的，但同时这种做法通过将"政治"植入到"政治的"维度之中，进一步将大众的选择实施去政治化。即使人们有时间去分析或参与多如牛毛的此类评估，他们依然会遇到很大的障碍，这是因为这些评估是"专家"写就的，而专家们的存在感就是通过这种专业化的技能方可得到展现。最终的结果不仅仅是实现了对那些"政治的"东西的转移，还将规划自己转换到了一个关于专家报告和专家分析的新世界之中。

　　最后一个改变涉及在许多规划体系中，尤其是英国的规划体系中，规划的引领作用得到了日益强调。为此，一系列的策略措施和工具被引介到规划之中，以确保规划不仅仅是管控，还应该引领，例如引领"更宽松管控"目标驱动下的持续改革，引领能够提高发展战略和决策的确定性的更简易的程序体系的发展。伴随着新公共管理技术（比如给编制规划的实体制定绩效目标，并将其与达到或超过此目标的实体的金融奖励相挂钩）的逐步登台是规划的去管控。如此一来，宽松政策的扩张和原有的规划领域之间的紧张关系开始显现。这种紧张关系主要表现为不同理念之间的对立关系：一方面是强调可持续发展的理念，而另一方面则是强调引领作用、去管控和对公共部门支出的缩减。规划师则被要求既要做得多也要做得少；既要综合和包容，又要快速高效。这种思维不仅本身令人费解，而且让规划师们以及其他的规划参与者和利益群体也感到疑惑。

　　后政治规划的这五个方面的特点既有助于解释为什么人们对规划越来越不满，也有助于解释为什么公众和其他群体不再热衷规划的公众参与。虽然政府、规划师和学术界声称的公众参与情况与此正好相反。对某些人来说，后政治规划带来的一个结果就是新的规划精神的显现。随之而生的是新空间、新尺度和新政治以及它们所表现出的更加正式、更加法定的特点，所有的这些事物聚合在一起对具有进步性的规划的未来造成了一定的挑战，甚至是威胁（参见Allmendinger，2016）。然而，后政治分析并非已经被人们全面接受，对这种激烈的批评攻击，有许多人认为从广义角度来看是对国家和资本主义，具体来说则是对规划的一种变换了形式的马克思主义批判。更有人将此种批评看作是"左派失利"后转而借用的一种新选择。然而，这些分析也确实用事实向人们展示了规划中出现的上述这些变化，从而揭示出规划是如何以及通过何种方式呈现出后政治的特点。

实践中的后政治规划？

　　他们（指代联盟）为建立新的合作共识创造了新的契机，从而取代了对抗的政治和竞争的利益冲突。通过建立共识，就能够实现对各种不同的管治努力进行协调，这有助于效率的提升，有助于城市区域治理的效果的提升。
（Healey，1997，p.236）

如果一个土地利用分配制度认为所有的决策都可以通过共识的方式得到制定，那么运行该土地利用分配体系，实际上就是为了将反对意见进行去合法化。
（McClymont，2011，p.240）

有大量的规划研究援用了后政治的分析框架，并且通过实证研究和实践介入对其进行了丰富。其中，有两个方法尤其突出。第一个是存在大量的对规划的批评，主要是从后政治的角度来看规划最近的变化。这类批评在很大程度上可归因于以共识为基础的合作规划方法的持续流行神秘化；同时，鉴于越来越多的证据表明这种方法存在缺陷和危险，因此有一部分人认为需要特别指出人们坚持这种方法的原因。虽然后政治分析为批判提供了新的路径，但是后政治分析的模糊性特点使得这种批判实际是一种更加抽象和宏观的介入，对于要准确指出当前的规划在那些方面以及以何种方式呈现出后政治的特点这个问题，这些分析几乎没有提供帮助。这就将我们引导到了后政治分析的第二大主要类型，它们的分析多数是基于后政治思考下的规划实践。

就后一种类型而言，第一个值得提及的研究涉及在英国发展管控中出现反对意见和冲突时，基于共识的规划所担任的角色问题。在这里，有必要指出的是，基于英国普通法的规划（指与成文法相区别的判例法，或称为不成文法——译者注）将规划（方案）和规划的审批许可进行了分离，即使是编制的规划符合其他相关规划，该规划（方案）仍要求申请审批许可。正如规划的其他领域一样，在英国的规划体系中也发生了许多改变，不仅要在规划编制中就发展的方案努力寻求共识的建立，还要在独立的许可审议流程中通过微妙的模糊手段和过程管控的手段来寻求共识的建立（Allmendinger，2011）。墨菲（Mouffe）否定了民主是以共识为基础的观点，麦克莱蒙（McClymont）援用了此看法，并认为规划应该建立在对立主义基础上：

对立主义的定义是这样的：它对具体的政治意义和行动保持着一种不可调和的不同见解，但是他接受这样的

> 观点，也即允许不同的政党保有他们表达自己观点的权
> 利。实际上，这是一种政治介入方式，他充分认可冲突
> 的永恒存在，并且认为这构成了民主政治能够正常运行
> 的必要部分，而不是将其理解为有害民主政治的运行。
> （McClymont，2011，P.240）

麦克莱蒙将英国规划中的共识称作一种共识霸权，对此她是持强烈的批判态度的。他认为此种共识霸权源自两个方面：第一，在政治上需要加快规划的进程；第二，在规划领域中协作规划占据了统治地位，且协作规划是热衷于一致性同意而不是反对意见的。这两个方面都对基于共识的规划具有重要影响，虽然其考虑的原因不同，但是其共同的目的就是要避免冲突。对政治家们来说，他们感觉到冲突一旦存在，那么它不仅会消耗大量时间，而且成本也不菲。对学者和规划从业者来说，冲突会将不同的群体割裂开来，并且其结果往往对那些强势的利益团体来说是有利的。更进一步来说，对具体事务的一致性赞成或者共识的形成，只有在开放与透明的沟通交流得到保障的情况下才有可能实现（参见第十一章）。然而，麦克莱蒙认为基于共识的规划方法很有可能导致其他的观点和远见的形成，而这些观点和远见却是偏向于强势利益群体的。在麦克莱蒙研究的一个关于发展的规划建议中，虽然人们对于其中涉及的事实和有关不同利益群体的政策框架上表达出了高度的一致性，但是对于两者、对一个比较敏感的地段来说所呈现的意义却又有不同的理解：

> 协作规划的目标就是要综合不同的意见和声音，最
> 终得到一个广泛认可的解决方案。但是，就具体的规划场
> 地而言，如果不同的利益群体从意识形态上就保有互斥的
> 世界观……那么任何一个所谓的共同认可的解决方案对另
> 外的某一个或某几个利益群体来说，都几乎是不可能的妥
> 协。多数情况下，那些最强势的利益群体往往有能力将
> 有利于自己的方案变成所谓的共识方案。（McClymont，
> 2011，P.252）

在这里，有一点非常重要：虽然冲突存在，但是解决这种冲突的决策是通过政治过程予以合法化了的。麦克莱蒙所调查的利益相关者认为：虽然对与自己相左的观点具有批评反对的权利，但是那些反对

群体同时也拥有让自己的声音得到表达和听证的权利。所以，麦克莱蒙认为规划应该充分认识到冲突的存在，并且应该以一种透明的方式来解决这种冲突。

对后政治和后政治规划更加深入的实践与探索，可以在梅茨格（Metzger等，2014）和瓜里尼（Gualini，2015）等人所编撰的文集中找到更多例子。在瓜里尼所编撰的文集中，莫斯纳（Moessner）和罗梅罗·雷诺（Romero Renau，2015）认为在规划过程中出现利益冲突的时候没有提供抗议的机会是后政治规划产生的缘由，也是对抵抗行为予以镇压的缘由。和麦克莱蒙相似，莫斯纳和罗梅罗·雷诺认为冲突以及与之相伴而生的抗议不仅是政治生活最自然的一部分，也是令人神往的，因为这有助于建立"充满活力的民主生活"（Moessner和Romero Renau，2015，p.66）。莫斯纳和罗梅罗·雷诺研究了两个"无抗议"案例。第一个涉及在瓦伦西亚（Valencia）修建方程式1（Formula 1）赛车比赛赛道，第二个涉及将位于法兰克福的欧洲中央银行总部从城市西面搬迁到城市东面的问题。在莫斯纳和罗梅罗·雷诺（Romero Renau，2015）看来，这两个工程项目都是有冲突无抗议的典型例子，产生这样的结果的原因是两座城市的精英群体都希望看到本市的工程项目能够顺利进行，而不管人们的反对。用来最大限度弱化人们的抗议的机制，一方面是通过精巧的手法将具体的方案隐藏起来，从而弱化公众的注意；另一方面是操控正常的过程和程序，从而将公众发起挑战和抗议的可能性降到最小。在两个案例中，都用到了"机构冲突的避免策略"。

与莫斯纳和罗梅罗·雷诺等人不同，塔斯朗姆（Tunström）和布拉德利（Bradley）关注的焦点集中在那些在瑞典被认为理所当然的一些有关未来城市的术语，比如说"好城市"（good city）、"紧凑城市"（compact city）、"新城市主义"（new urbanism）和"企业家城市"（entrepreneurial city）（2014）。这些词到底是什么意思？其寻求解决什么问题？为了谁的利益？在塔斯朗姆和布拉德利看来，在有关未来城市的规划讨论中，一些政治问题，比如说阶级问题和种族问题都被排除在外了。其目标就是要创造那个所谓的"好城市"，让人觉得在此条件下似乎不会涉及选择问题和损益互换问题——这是一个政治中立的意象，建筑师、规划师和其他人都可以各自对此进行滔滔不绝的描述。借助于所谓的"我"而不是那种模糊不清、处于想象中的历史城市的意象，关于未来城市的意象又显得具有包容性。对未来的理想中的城市的任何"威胁"，比如污染、犯罪和交通问题，都被外化了，并且将其与其他源头，尤其是郊区的建设形式相联系。如此一来，就创造了一个二元对比的情形，也即"好城市"对"坏郊区"，从而彻底根除了其中的各种细微差别以及可能的其他选择。在瑞典出现这种后政治城市学说的原因和如下这种变动有关：广大公众关注的利益是城市的经济、社会和环境维度，而现实是公众的这种关注被一小部分以增长为导向的私有部门所关注的利益所取代，而这些私有部门是要避免冲突，优先考虑的是确定性。具体来说，这种观点涉及：

> 行动者们并不太关心社会正义和公平，更多关心的是在城市的什么位置建设什么风格的工程项目，使其对强大的城市中产阶级来说具有吸引力。（Tunström和Bradley，2014，p.79）

后政治规划分析的最后一个例子，让我们从相对具体的讨论转到更加一般的讨论。在英国，国家规划政策的性质的变动以及相关体制和各种改革实验的出现，就是要将那些"政治的"（the political）融入政治（politics）之中，奥曼丁格和霍顿（Allmendinger和Haughton，2014）对此进行的详细的图表分析。在他们看来，英国国家规划政策的最大常规变动，与国家政府寻求新的技术手段来减少和降低根本性规划异议从而为增长提供有利条件的这个动机是分不开的。这种变动受到如下需求的驱动：要持续不断地管理和克服资本主义/新自由主义在平衡市场带来的改变时的一系列内生矛盾；要通过公众的介入和积极回应来将这种行为予以合法化。在最近，也即2010年以后，为了做到这些，英国政府采取了一系列策略：一方面强调地方政府更大程度地介入和自我选择（"地方主义"）；另一方面又对那些问题和那些范围的权力可以交付给地方进行严格限制。这种颇具矛盾的叙述，实际上内含了有意为之的模棱两可，这就提供了一个模糊的政策空间，在此空间之中，允许甚至是鼓励地方利益团体将自身诉求和更多的控制权力植入规划之中，而这种默许在实际政策条例中却又是没有写明的。特别地，考虑到国家规划政策改革的基础假设是发展，这种默许更是明显：

> 政府的议程是中心化与去中心化同时并举，在此过程中限制对政治正确的争论和探讨。规划的碎化使得规划逐

　　步远离一个"一刀切"的规划体系，这就允许在规划中采
用多种多样的方法——只要这些方法符合以中心化为目的
的新自由主义的苛刻协定就行，也即要符合有利于（可持
续）发展的这样一个假设前提。（2014，p.34）

　　这种政治手腕带来的效果就是对那些"政治的"事务的转移和延
缓。通过给地方提供某些选择这种幻象，实现了政治的置换；而政治
的延缓则主要是将事务拖延到某一个时间点，当地方群体意识到问题
的时候已经太晚，无力回天。不过，在这里还有另外一个重要的维度
必须给予说明，那就是中央政府希望通过精致的战略选择来缩减地方
政府的权限——中央政府提供了一套有利于发展的政策环境，因此它
鼓励地方社区（不是地方当局）参与到具体细节而不是规划原则的决
策过程。

　　采取后政治分析方法对现代规划的各种研究都指出了规划通过各
种不同的方式使得那些"政治的"事务被转移、置换和延缓。不过，
有些人可能会说，规划长期以来本来就是这么做的：寻求对相互竞
争、不可调和的利益需求进行平衡。也许，如本章开篇的时候凡考勒
勋爵（Lord Falconer）所说的那样，规划是需要去政治化的一个领
域之一，只有这样才能保证规划能够继续运行。毕竟，社会需要家园
和工作等内容。同时，人类对环境的担忧意识也日益增长，也逐步意
识到有必要解决气候变化问题，并在发展过程中采取更加可持续的方
式（不管这到底指的是什么意思）。那么，后政治规划是否只不过是
对永恒变化条件下的需要和需求的再平衡而已？

结论

　　对于理解规划来说，后政治分析是一个相对较新的分析框架。
虽然它饱受批评且面临上述诸多问题，但是围绕当代规划所涉及的公
众介入与参与问题，我们可以看到它是如何帮助我们建构对不断变化
的当代规划性质的理解和讨论的。不管我们是否接受当代的规划是后
政治的这样一个观点，基于后政治分析所得到的一些重要洞见都值得
我们深思。具体来说，在实践中有三种常见的策略发挥作用：对"政

治的"事务的延缓、对"政治的"事务的置换，以及对"政治的"事务的分化转移。所谓对"政治的"事务的延缓，就是将冲突的时间点推延到未来的某个时间点，直到需要公众关注的时候，或者让规划的方案离其提出并实施时具有足够长的时间，从而使得人们要想改变它的时候已经为时已晚。要做到对"政治的"事务的延缓，可以采取的方法包括利用模糊但积极的一些目标，比如说可持续发展的目标来实现，或者采取搭档导向的方法，并要求这种方法基于可预见的共识，是某一确定进程的一部分。在这种方法下，对规划咨询的管理主要从一般性的层面予以实现，而不会涉及具体细节，只会涉及一些类似的口号标语：将冲突转到其他的领域，从而将义务和责任模糊，使得人们无从寻找。对"政治的"事务的置换，就是要将政治中的冲突问题置换成为技术或者管理领域的问题，而这些问题是专家们所擅长的领域，他们会对问题进行识别并提出解决方案。通过这种置换，"政治的"事务就没有一个明确的栖身之所，因此如果有人问"到哪里可以找到规划？"，他也是可以被原谅的（参见Allmendinger et al.，2016）。对"政治的"事务的分化转移涉及如何将"政治的"事务进行碎化、冲淡，并将其从立即可察的或者受到物理影响的社会领域分化到新的、含糊的、从未被定义过的社会领域，比如公共利益或者我们的后代。这给"政治的"事务中涉及的不同群体开拓了各种新的不同利益和影响领域，不过这些利益和影响都是经过删选的，同时也是规划寻求平衡的。然而，这种平衡主要还是倾向服务于那些强势的利益团体。此三种后政治策略带来的结果之一就是对规划曾经承诺的理想的幻灭。规划曾信誓旦旦宣称能够为社会建立一套规划体系，做到高效综合，支持市场并兼顾社会驱动，为增长赋能，为可持续发展提供保障。但结果是规划并没有做到这些。

当然，这三个策略或者手段并不是互斥的。围绕后政治和后政治规划的讨论大部分都可以通过可持续性和可持续发展这两个概念的使用来加以解释。根据朗西埃（Rancière，1983，1999）的观点，后政治一方面是对理智群体的分隔，另一方面是对差异的剔除从而形成一个普适的概念。这为我们理解为什么可持续发展会出现，为什么可持续发展会被当作规划的指导性原则，以及为什么可持续发展会变成一个令人难以否定的概念提供了一个非常有用的分析框架。对任何一个人来说，他都不能轻易挑战可持续性所内含的教条学说，也不能轻易挑战可持续性的要求：建立一种均衡从而确保我们未来的星球能养活我们自己。可持续发展是一个普适的发展需求，它超越了政治、经济和空间差异。对这个词的性质有这样过于乐观的认识，使得其有可能被某些利益群体所滥用，从而实现其想突出的某些观点或者支持某些具体的方法。规划领域采用"可持续发展"的概念，不仅仅是建立某种与可持续发展的联系，而是达到了对该概念的同化和吸收——规划实际上已经变成了可持续发展。如此一来，我们可以看到规划作为一种政府导向的职业和政策就具有很多优势，特别是考虑到"可持续发展"这个概念所具备的正面性和普适性的特点。当然，可持续发展取代规划是十分彻底的，如此一来，传统规划要努力证明自己施行各种政策和行动——实现公共利益——的合法性就得到了补充，通常情况下，就是以可持续发展的这种合法性力量表现出来。我们还可以看到，可持续发展的滥用变本加厉的情况是很多经济增长为目的的利益去替你将其当作一个挡箭牌或者一种工具。具体来说就是这些群体会更加强调可持续发展的中的发展要素而非可持续要素。将经济增长贴上"可持续"的标签，就可以化解公众对增长和发展发出的挑战，同时也掩饰了发展中涉及的分配问题、政治选择问题和潜在的政治目标等问题。人人在可持续发展中都有一份责任——这是不可置疑的目标——虽然可持续发展可能是特洛伊木马，这是因为在某些人看来，竞争、增长和全球化实际上正是不可持续发展的驱动力量，正是在某些发展中国家出现对环境的过度利用的驱动力量。但是，这并不是说可持续发展是一件坏事——正如欧文斯和寇维尔（Owens和Cowell，2011）所指出的那样，可持续发展这个词的模糊性的确引起了很多问题，但实践证明它能够让人在规划过程中对环境、社会问题开展一定的讨论。不过，这个观点是从一个更具批评性的角度来阐明可持续发展是件"好事"，但同时也是为了提出一些更能切中要害的问题，比如对可持续发展高度一致的叙事或者表述是从哪里来的？是以谁的利益为出发点来运作的？采取了什么样的工具来确保"政治"不会被那些"政治的"事务所侵扰。

如果我们接受去政治化是存在的观点，并且也接受去政治化是一件"坏事"的观点，那么由此而产生的显而易见的一个问题就是：对此，我们能够做什么？和对后政治的分析类似，在较为抽象的层面上来说，在抵制或扭转去政治化这个问题上，并不存在一致性的同意意见。然而，就规划而言，抵制去政治化还是有很大的可能性的。第一个要点就是人们普遍感到那些"政治的"事务从来就没有被彻底清除。抗议最终都会找到另外的途径和形式，这也是为什么对规划中的后政治策略总是在不断演化发展，同时也被不断地审视和思考。抗议和挑战不可能是毫无效果的，即使是在违抗警察秩序的时候也是如此：

> 考虑一下共产党宣言的最后一章所描述的需求：全体免费的教育，全体老人免费的照顾，全体平等的政治权利，全体免费的健康护理，全体大众生活的集体组织。在1848年宣布后，这些需求是骇人听闻的，是具有深度分裂性质的，是认为不可能的并且被警察秩序立即制止。但是，在这五个需求中的前四个，20世纪的很多西欧国家都以这样或者那样的形式得到了实现。（Swyngedouw和Wilson，2014，pp.218-219）

说这些的要点就是要对理智群体分隔现象和警察政治秩序提出挑战，当然也包括对规划中的这些现象提出挑战，从而向大众展现"民主的"（the democratic）和"民主"（democracy）之间所存在的巨大鸿沟（Swyngedouw和Wilson，2014，pp.220）。

第十章
后结构主义与新规划空间

本章的观点并不是说规划师要从一类空间转换到另一类空间，而是说规划师需要通过学习认识到他们必须以多重空间为工作对象。而作为此种工作的一部分，他们应该学会适应，并且采用软性空间和模糊边界的手法来帮助他们实现规划的目标。

引言

对规划而言，空间就是其核心。作为一种未来导向的活动，规划寻求以一种开放、负责任的方式来管理建成环境和自然环境的变化。这里涉及的两个根本要素——环境管理和责任性——通过空间以及在这两个要素中占有一定利益的群体而发生关联。一个特别的空间或地方——比如一个镇、一个城市或者一个邻里——需要思考他们的未来并为之做出选择。这是一个政治过程，在此过程中，不同的利益群体会寻求自己的利益最大化。通常情况下，这个过程的结果就是描述在空间上的规划或者战略地图，目的就是要影响未来的变化。规划的角色就是要确保这个规划的结果能够反映广泛的、公共的利益，而不是小范围的、某些部门的利益。由于规划是通过公开、公平的方式开展的，因此其规划结果具有合法性。

近年来，规划过程中涉及的两个重要要素——政治要素和空间要素——都受到了空前的检视。规划中的民主原则——也即规划必须以开放、民主的方式开展——受到了一部分的质疑。这些人强调公众的需求与实际的规划供给之间存在失配问题：一方面，规划要求更高的开放度、更大的公众参与；但在另一方面，对规划体系中的政治选择却又实施了削减，对其的管控也日益增多。在某些人看了，规划使用的是以民主和开放为特点的一套语言与"情调音乐"（mood music），而事实上，对规划中可供选择的选项和结果，规划却以偏颇而非公平的方式对其进行颇具心思的操控。规划面临的这个挑战是第九章的核心议题。

　　第二个挑战，也即本章的核心议题，就是要问我们所理解的空间到底是什么？在谈论空间的时候，我们是否能够，或者说我们是否应该将其理解为单一性的对象？在这里，我使用"挑战"一词的理由主要有两点。第一，关于空间的理解，有一种假设，认为空间就是一个理所当然的"容器"或者某个空间领地，这个空间正是规划应该介入的，也是其发挥作用的途径。在这里，我以一种更加批判的方式指出这个假设是存在争议的。第二，当我们讨论空间的时候，在当前情况下我们要非常清楚我们说的是哪种空间。对空间的一个传统的观点是认为空间是固定不变的，是物理性的；但是当前的一些发展过程，比如说全球化对此观点提出了挑战，一个结果就是人们不再说空间，而是说"网络与流"。空间是不断"在生成"，不断出现和不断演化的。毫不意外，对空间的这种理解在地理学领域尤其盛行，当然这种理解也外溢到了规划领域。从最好的方面来说，这些讨论为我们思考规划以及规划与空间的关系这个问题开启了新的方式，让我们能够超越某个给定的领地"容器"来理解规划的空间对象，比如在围绕城市区域进行功能规划时，城市区域从物理上看是大于城市的，如果还用"容器"概念来对其进行理解就很不合适了。不过，从另一方面来看，领地空间和规划关联关系却被人们轻易地抛弃和轻视了。事实上，规划既需要领地空间的概念，也需要更加开放的流动空间的概念。领地空间对于发展权的分配、对于介入到民主过程都至关重要。空间，也有可能是一种社会建构，它总是在不断产生，但是其中有些空间可能比另外一些空间更加持久。

　　我使用"挑战"这个名词的第二个理由更具积极意义，我希望借用一系列的理论来寻求对规划领域出现的新实践和新空间进行解释。考虑到越来越多的人意识到既需要超越领地空间来开展思考，同时也要接受规划和领地空间相关联的必要性，规划实践正在引导规划理论发展出新的杂合规划空间。空间和尺度重构是当代规划的重要"工具"之一，这引起了新的治理空间和治理尺度在近年来的大量出现。不管是在国家尺度上的新宏观区域规划，还是在邻里尺度上的以单个不动产为导向的城市更新，新的规划空间都在不断涌现。其结果就是各种规划空间和尺度的共生和叠置，只不过是有些规划空间是临时性的、是实验性的，而有些则是更加长久的。这种规划空间的成长并不是没有人注意到，结果就是产生了大量关于空间的可喜思考：作为规划的最基本组成部分但长期以来被忽视的空间到底是什么？

这一章的目的就是要对关于空间和尺度的一些理解进行述评，并讨论它们对于规划理论和实践的启示。

重新思考空间与尺度——后结构主义视角

在规划领域中，虽然空间是一个非常重要的要素，但是在理论和实践上对空间的性质的关注都是相对很少的，考虑到当前全球流动性的经验以及新的空间和尺度不断增加的现实，这个问题尤其明显（参见Allmendinger et al. 2014）。对此类新空间和尺度缺乏兴趣，一部分原因是因为规划在很大程度上是一种国家导向的功能，因此其与某个具体的方法和理解是相关联的，往往与政府和政府空间紧密地捆绑在一起。尽管国家之间存在不同，但是对规划空间和尺度的传统理解还是认为其是领地规划功能中的一个"嵌套层级"，这个"嵌套层级"建立在两个模式的组合之上：一方面是政府政策的"涓滴"扩展，另一方面是以"命令和控制"的观点来理解规划，并认为规划就是要对自然和建成环境的变化进行调控。即使在联邦管辖范围内，空间、尺度和规划责任也是有明确划分的。这种情形就好比更加复杂的现实的一幅讽刺画——比如，规划和规划师总是会超越规划的领地空间来看问题、看世界，但他们的思考可能是战略性的，而行动却是地方性的。

然而，虽然规划有意愿也有能力介入到不同的空间和尺度，但是这样的一种模式长期以来需要面对来自各个方面的压力和挑战，从而引起规划的学术界和实践界对空间的态度不断发生演化。现在，规划的国家导向功能已经大大弱化，更多的是以多层级治理的理念为支撑，更加关注的是促进和实现经济发展和增长，就像管理和控制环境资产一样。尽管规划的这种不断变化的性质一直是各种审视和揣摩关注的焦点，但是直到现在，这种性质的改变对规划空间的性质到底意味着什么的分析依然很少。不过，最近出现的向规划空间性质的转向，其发源还是多方面的。在本章接下去的部分，我将从规划实践的角度来探讨规划空间面临的挑战。在这一部分，我将聚焦于当前出现的理论上的一些挑战，这些理论挑战寻求对空间的性质进行在思考。其中一个挑战来自当代资本主义与空间的关系问题。对于这个问题，我在第五章做了更多的讨论，这是因为新的规划空间和尺度的出现，是市场需求和经济全球化等过程引起的。这样的结果就是一个颇具讽刺的"创造性破坏"过程，因为新的、弹性的和临时性的空间被创造了出来，这些空间促进了经济增长和发展，从而挑战现存的、更加恒久的、具有民主责任的空间。另一个对空间和尺度发起的重新思考来自影响广泛的后结构主义视角。来自后结构主义观点的挑战是多种多样的，而行动者网络理论（Actor-Network Theory，ANT）（参见第一章）则颇具影响。行动者网络理论的一个显著观点认为知识并不是就在"他处"由专家们生产，而是嵌入到了一个社会关系集合之中，并且可以反映出这种关系网络的结构。

就空间的性质而言，此观点质疑我们习以为常的有界空间或者领地空间。行动者网络理论强调：空间不应该被看作一个容器，在事实上，它是被网络所包含的，且能够反映网络。因此，单一的空间并不存在，存在的只有多个空间，有些是传统的有界的"容器"，有些被网络和行动者所定制，有些则是可能空间（指那些还没有成型的空间，但是就如行动者网络理论学者所描述的那样，"在生成"）。其根本观点是：

> 空间是构造的。它是一种创造。它是一种物质结果……它是一种效果。（Law和Hetherington，1998，在Murdoch，2006，p.86中被引用）

这种思想对地理学领域造成了深刻的影响，后来也对规划领域造成了深刻影响（但影响程度较地理学领域要小）。正如马西（Massey）在其颇具影响的一篇作品中所言："从关系的角度来思考空间，已经成为我们这个时代的地理学的主题曲之一"（2005，p.3）。

针对以关系方法来理解空间，古德温（Goodwin，2013）总结了三个观点。第一个观点认为空间由多层互动关系（multi-layered interactions）的无限集合构成。第二个观点是将空间理解成为一种容纳多重性的可能，这种多重性是对社会多元性的表达。最后一个观

点认为空间是一个持续不断的建构。也许，通过与传统的理解空间的
领地方法进行比较，我们可以更加直接地搞清楚理解空间的关系视角
到底是什么意思。传统观点将空间看作是给定的、固定的、嵌套在层
次结构中的"容器"，关系视角则强调连接和网络。因此，这种理解
强调空间的可变性，这种变动取决于网络特征和具体视角：从文化角
度理解的空间会建立在自己的一套关系之上，并且也被这种关系所定
义；这种关系，与基于经济或环境视角所理解的空间相比，显然是不
同的。这里的要点就是：不存在某一个自然的、预先给定的空间。我
们通常所说的区域或者城市并没有反映出实际的流、网络和连接关系
（Amin，2004）。

　　对空间的这种理解能够带来什么启示取决于你是希望坚持以传统
规范来理解空间的形式，还是希望采取更偏实际经验的观点，直接介
入由实际存在的网络和关系空间所形成的现实政治之中。持前面一个
观点的阵营以类似于阿明（Amin，2004）的人群为代表，他们寻求
的是宣判基于领地所定义的一类空间，比如区域的"死亡"，从而对
"政治"或"政治的"问题止于边界的观点提出挑战："不存在明确
的区域领地可以被管辖"（2004，p.36）。在众多学者中，这个观点
与约翰·罗的观点类似。约翰·罗认为我们需要关注那些被某些特殊
的、强势的网络和空间形式剥夺了权力或声音的群体：网络和空间是
有选择性的，它可能包容某些群体，也可能排斥某些群体。

　　我们可能会认识到边界既带来包容的一面也带来排斥的一面，认
识到全球变暖和恐怖主义等现象也不是在某些领地空间预先给定的，
认识到对政治的理解应该超越人为划定的边界的限制；但是，我们还
是面临着一个实际问题，那就是从日常的实践角度出发，这些观点到
底能将我们带到哪里去？利用更加抽象的关系思想来理解空间的时
候，有一个要点需要说明，那就是要分清楚抽象的空间、尺度问题与
具体的机构、责任和透明度两者之间的差距。很多时候，政治以及国
际机构实体需要附着在具体的领地上，且有明确边界。义务和责任的
范畴和边界，在行政意义上和法律意义上都是有必要确定的。规划是
对法定的土地利用和开发权利的分配，它会对土地所有者、土地使用
者、临近的使用者以及更大范围的社区群体产生影响。因此，这种权
利就需要在法律上可执行，在政治上可决策，而这两个方面与具体的
领地空间是紧密相连的。有人尝试去想象如何不借助领地空间就能够
使规划运行——在不保护或分配具体的使用情况或具体的空间范围的
时候，一个规划如何能够做到代表未来呢？基于关系的方法，我们得

到的启示就是会有无限数量的空间。因此，当一个人能够接受空间所包含的社会属性和多重特征，那么他就会轻易接受空间数量的无限性的看法而忽视实际存在的规划空间，而规划空间是既包括关系空间也包括领地空间的。

不同类型的空间的叠合或者"分层"构成了当前研究的一个焦点，其目标就是要探讨"新"、"旧"规划空间是如何共存的。回答这个问题的一个方法就是利用涌现或者在生成的概念。吉尔·德勒兹（Gilles Deleuze）是倡导理解空间概念的内在与背后之间的关联关系的领军人物。不同的关系集合会产生不同的空间装配。空间是主观性的，是涌现性的，是一种社会行为的产物。因此，空间不是固定不变的，而是复杂多变的，并且会变形、重组和转化。对空间的这种理解，使得德勒兹（和费雷思·伽塔利一起）提出了装配的概念。有些空间的组合是开放的，是不稳定的，是流动的，这就有可能带来空间的瓦解、去领地化并最终达到再领地化状态；而其他的空间组合则会更加固定和稳定。在此过程中，网络是关键，这是因为网络的改变或者网络之间的相互斗争可能会带来空间组合的改变，由此在潜在的多重空间中限制或产生多种可能。我们在任何一个时点上的经验，在空间组合中也只不过是一个"暂时的永恒"。但是，空间组合本身既可能是去领地化的，也可能是再领地化的。这就将我们导向了网络本身——以及网络在多大程度上是"开放的"（大概来说，就是这些网络是关系的、并且时刻都可能改变、涌现或者流动），还是"封闭的"（大概来说，就是这些网络是领地化的、稳定的和有边界的）。而德勒兹的空间（Deleuzian space）有可能既是关系的也是领地化的。

德勒兹和伽塔利将空间理解成既是领地化的也是关系化的这种方法，随后被尤金·麦肯（Eugene Mccann）和凯文·沃德（Kevin Ward）两人运用到了规划和政策制定过程中，基于此提出了一套令人瞩目的理解当代城市治理的框架。在嵌入行动者网络理论和后结构主义的空间理论，他们提出的方法试图探讨在全球市场上通过国际咨询网络所贩卖的政策主张，在地方语境下如何被解读、转译、重塑并最终在地方上发挥效用。换句话说，就是探讨关系空间如何与领地空间融合的问题：

> 我们在谈论区域治理时候枉顾一系列政治要素的组合……他们是其他空间的"组成部分"，各种职业权威、专业知识、技能和利益代表聚在一起推动不同的计划和日

程继续前进……我们将几乎得不到任何收获。在此要素
组合过程中，存在着各种力量的相互作用，不同的行动
者通过动员、加入、转译、疏导、代理和链接等方式使
得不同的管理方式得以变成可能。（Allen 和Cochrane，
2007，p.1171，强调部分依据原文。该段内容被McCann
和Ward，2011a，p.xiii）

在麦肯和沃德看来，城市装配：

- 在反映思想流和行动者—网络的特性的同时，也会反过来会
对其进行建构、塑造和调试；
- 可以克服关系/领地、全球/地方、固定/移动这种划分方式的
二元主义；虽然城市组合并非对全球力量完全免疫，但是它
也并不是对全球力量带来的结果的简单反映。城市组合是涌
现性和临时性的；
- 同时还是多样化的且会产生不均等的结果。区域治理或城市
治理，就是中央、区域和地方行为者的组合，他们都会介入
到复杂的政治动机集合之中，这个集合是由具体实践来定义
的，而不是由事先的理解或不同尺度上的权力安排来定义的。

从这里，我们可以看到其与第一章所讨论的结构—代理的争论
具有回应关系。其要点就是努力避免区分什么是错误的，而是强调关
系—领地的空间概念是如何互构的。但是，这里将空间一般化到单一
性可能会带来一个危险——把空间当作组合后，空间变得无所不是，
结果可能是无所是。而允许将空间理解为既是一种全球性的建构，也
是一种地方性的建构，则空间就具有了唯一性，这种唯一性是与具体
地方息息相关的。这可能很对，但是在多大程度上我们能够将其潜在
的结构性驱动因素和可能的影响进行理论化呢？比如说，理论化过程
在是否会和倾向于新自由主义的分析那样重视经济力量，会把经济力
量融入空间创造的过程并给予其特别地位？组合理论的答案是：每一
个组合都需要进行基于实证的探讨和理解。也许某一个组合受经济力
量的影响很大，但是我们不能假设经济力量就具有优势。对于这个问
题，杰索普（Jessop，2016）采取了一个稍有不同的方法，并且针
对建构力量这个问题提出了新的理解方案。这个方法的第一步就是提
出要区分管制（大概对应领地空间）和治理（大概对应关系空间）概

念。他将管制和治理都置于所谓的"层级的阴影"（2016，p.9）这样的背景下来考察。其关键观点是：空间并不仅仅是不同需求之间的互动的简单反映，也不仅仅是不同管制或治理驱动因素的互动的简单反映，还是国家权力的一种表达，也即杰索普所谓的"元治理"。元治理，或者说是治理的治理，就是杰索普先前所提的战略—关系分析框架的一个要点之一，它强调的是在不进行直接管控的条件下，国家如何以及通过何种途径对具体治理实现战略性的选择和引导。在杰索普看来，国家自己并不会动用权力，而是在某些特定的地方、某些特定的时间点上大批量更换地方上的政治家，并结合非国家机构以各种方式来实现其目的。这实际上是尝试将国家和资本主义拉回到空间的讨论之中，但是运用的不是"自上而下的"、层级化的国家权力的视角，更多强调的是非国家机构和组织。因此，根据这个观点，再领地化的结果是受到结构化力量的塑造的。杰索普的方法本质上并不是后结构主义，但是这种方法引导我们对空间的理解要多一点开放性观点，少一点结构性的观点。

　　总体来说，关于空间的这些新视角对规划产生了巨大影响，是规划形式转向更加战略性、协作性和关系性的重要支撑，也是规划从管控走向"地方营造"的重要支撑（Healey，2007）。然而，正如上文所述，对这种思想与规划之间关系的担忧依然存在。"关系转向"和组合的思想带来的一个结果就是对地方的特殊性、网络和流的角色的过分强调，而对空间的四个重要方面重视不足，而这四个方面却与规划是紧密相关的。下面我将对其进行陆续探讨。

　　第一个问题涉及经济力量和经济驱动因素对空间属性的重要性问题。在第四章和第五章，就空间的形成问题我大量阐述了更偏结构主义的解读，不用花很长时间，读者就能想到增长导向或者发展导向的空间这些例子。在英国，企业振兴区或者商业改善区就是典型的例子。基于底特律的不动产市场，阿克斯（Akers，2015）对新自由主义的新型空间已经做过讨论。对这种经济驱动下所形成的空间，我在后文做了更多的讨论。空间也许是通过网络和流的相互作用而产生的，但是，这些空间反过来或多或少还是根据资本的潜在需求来建构的。仿照杰索普的观点换一种说法，也就是说空间和再领地化是在资本的阴影下而存在的。有观点认为经济力量是无界的，并且其是由不受空间约束但是受到地方约束的资本流所构成的。正如乔纳斯（Jones，2009）所指出的那样，这种观点在直觉上是颇具吸引力的。但是，乔纳斯又进一步指出，对空间构成要件及其属性的开放性理解

并不是说所有的要素都是等同的。空间的各种构成要件可以并且应该
以经验为依据来予以理解：

> 关系思想启示我们对空间的理解要有开放性，但是
> 这种开放性往往与许多活生生的体验是不相符的。人们认
> 为，在高级资本主义中，情境化力量（比如说阶级、种
> 族、性别和区位）对构架和允许某些特定的可能性、某些
> 特定的机会的存在是非常重要的。（Jones，2009，p.493）

第二个值得思考的方面是空间相对持久的属性。在德尔（Doel）
看来，"在多样化关系永不停息的变换之下，空间一直处于不断被制
造、分解和再制造的状态。它的潜能不可限量，它的活力永不受挫。
空间之所以成为空间，是因为其应当且必然不会将每一个意愿置于秩
序之下"（Doel，2007，p.809）。在某个层面上——比如流和网
络的层面上——的确是这种情况。关系的观点是基于这样一种理解：拒
绝认为对象是在空间中且有待被取代的，而是将物体本身当作空间。
对象处于多重网络空间之中，在物理上，这些对象有的很近，有的却
离得很远。然而，在规划中有许多相对持久且非常重要的领地空间、
政治管理空间而言，对这些空间而言上述观点意味着什么呢？有些空
间，比如德国的大区从宪法上就是受保护的，这已经存在了几十年，
并且也没有任何迹象表明其将发生改变或者再领地化。即使在一些对
领地不实施法律保护的管辖区内，也存在一些相对比较持久不变的空
间，即使这些空间从功能上来说不再"合理"。与此同时，我们也
可以看到新的空间也会出现、消失，并且与现有的领地空间——不管
是以合作的方式还是竞争的方式——发生互动。"空间是被制造、分
解和再制造"的观点只反映了事情的一部分，尤其是对规划来说，这
可能是一个误导性的观点。规划师和规划会面临繁复多样的现实：相
对持久的领地管辖空间和临时性的、新的、特定的规划空间以及两者
之间的互动。

第三，对关系空间的讨论，在大多数情况下，尤其是在规划的
文献中往往忽视或者看轻这样的事实：规划是需要在"实地里"发生
的。很清晰的一点是，无论在思想上还是在行动上，一直以来规划和
规划师是有关系思想和领地化思维的，并且这种思维也是在杰索普所
谓的层级阴影下完成的。这种双重功能，深深融入规划的属性之中。
规划既"开辟"战略的思维方式，也充分肯定社会、经济和环境活动

并不是限定在特定的管辖和领地范围之内的；同时，规划也需要"关停"这种关系的思维方式，转而关注领地化约束下的"产品"，比如说某个战略或者规划。考虑到大量规划要素——比如说规划对发展权的分配，规划要落实到具体的行政官员——所依赖的司法—政治基础，这种关停是十分必要的。在规划中，以关系的思维进行思考和以领地化的思维进行思考都是存在的，两者并没有先后顺序的关系，而是一个不断发展的辩证过程。因此，我们可以赞成杰索普所认为的"（政治体系）……涉及的东西远不止狭隘的、司法—政治意义上的国家"的观点，但同时我们也有必要贬低规划功能的这种相对狭隘的、司法—政治维度。

　　规划的这种双重功能并不局限在主流的法定功能上。比如说，新的更新项目也能够反映出这种关系的思维。首先，它会创造出新的地理—机构治理，这些治理会"固定到"一些边界上，这些边界通常会避开现有的领地化管制单元；但是，如果这些更新项目不与现有的民主支持进行关联，最终很少有项目能够成功。民主支持的获取，最终还是要通过领地化的管制方式来进行运作。特别的，更新涉及开发方面时，还是需要与制定和实施土地利用规划中的策略的人进行合作，而这些土地利用规划必定是符合法律的、法定的。

　　还有理解空间双重性的另外一种方式，那就是将关系思想看作是一种涌现过程而非一种产品，同时将涉及发展权的战略和决策看作是单一的、司法的、政府的和领地化的，从而确立一种单一性：时间和空间都是凝固的，或者说是封闭的，从而方便将一系列的权利、要求和愿景放到另一些人的身上。在这里，关系空间和领地空间之间存在着一种相互联系的共生关系：只有当"实地里的"战略能够影响决策和行动的时候才有意义，这通常是依托私人行动者来开发土地和房地产；与此同时，在这种决策背后的思考，则应该是关系思想和开放思想。

　　第四点值得思考的是政治责任和政府行动的关系，以及这种关系与空间的对接问题（比如，可以参考Jonas和Pincetl，2006；Allen和Cochrane，2010）。针对否定领地的观点来说，这是一个更加常规的论点，其主要是考虑到政治声音和行动发挥作用的现有机制和舞台。画一条边界不可避免会排除出去一些内容，包含进来一些内容，但是在现有的代表过程中，依然存在着很强的领地维度：

　　　　（关系思想）对区域在基于领地所定义的政治、社会
　　经济和文化战略中是如何被建构、锚定和调动的这个问题

关注不够。因此，对当前在欧洲及其他地区普遍存在的权
力下放的政治挑战，大多数都是以公开的领地叙事和尺度
本体论的方式来实践的。

　　当阿明（Amin, 2004, p.36）说："在一个关系构筑的现代世
界里，通过日常的跨领地组织机构和流、地方宣传等方式来执行各种
事务——包括经济、文化和政治等方面——是很正常的……必须要最
大限度地使用节点的力量以自己的利益为标准来整合网络资源，而不
是利用领地化的力量"的时候，有人就会问："在实践中这到底是什
么意思？"对物质实践来说，比如说对规划来说，这种理解能够带来
的启示可能是非常深刻的。基于上文已经阐述的原因，规划是有必要
与具体的领地相绑定在一起的，在缺乏激进的或者革命性的思考条件
下，我们很难想象后领地化的规划将是一个什么样子。说这些，完全
不是要否定基于关系思想的空间认识。实际上，存在很多明显的例
子，能够充分说明关系思想的确能够很好地帮助我们理解空间的领地
化和再领地化。但是，我们也应该以开放的态度充分认识到更加偏向
于结构主义和传统思维的要素对行为、网络和流的影响，这些影响不
可避免地会限制关系思想喜欢言说的开放性。

新规划空间的驱动因素与规划的尺度

　　传统上，规划师要处理和工作的对象是不同的空间和不同的尺
度，这就是后来广为人知的多尺度治理。规划中的多尺度治理，很大
程度上既受到本体论需求的驱动，也受到功能需要的驱动。所谓本体
论驱动，就是上文所言的既要"开放"也要"封闭"的本体论；所谓
的功能需求的驱动，是指规划需要超越相对持久的领地空间展开思
考、规划和行动。并不存在完美的规划空间，考虑到规划需求在不同
的地方和部门会发生演化和变换，更是如此。这种情况并不是什么新
鲜事。在传统意义上，尽管规划会将不同空间和不同尺度上的规划内
容整合到某个"固定的"规划中以形成一个整体，但是规划最终还是
要依托于不同的尺度和空间的，比如地方的、区域的和国家的尺度和
空间。还有一点值得注意的，对空间治理有影响的并不只有土地利用

规划和空间规划。与规划相关的不同部门可能会在不同的尺度或者空间上工作。比如说，公共教育、公共健康和公共交通等，更不用说一些服务的私人提供者，比如基础设施和住房的私人提供者，他们都有自己的功能规划空间，而这些功能规划空间往往是跨越我们所说的规划边界的。上述认知的一个结果，就是对规划和规划方案中的多尺度空间治理的朴素认知，从而就避免了使用二分法来区分上文所言的领地化规划和关系化规划。

　　尽管人们认识到了这点，并且这种认识也更具弹性，但是，在当今全球范围内所有地区，规划正在经历一种新的现象，这种现象涉及大量新的规划空间和规划尺度的出现。一般来说，我们会将规划所应对的尺度、空间看作是一种时间上相对永固的尺度和空间，但是关系思想指出，这种尺度和空间只不过是永续不断的一个过程的一部分，这个过程是多层次要素复杂互动的、动态的、永续革命的过程。但是，结构主义分析更倾向于强调上述这种空间的出现及其面临的压力源自于自上而下的单向力量。针对最近出现的这些新空间类型，还有一个更深层次的维度需要指出。当前出现的许多新空间，都呈现出一系列新的功能特征，包括干扰和实验等，当然也包括通过强调增长和经济发展，进而与特定的政治诉求相结合以达到管理和控制民主介入的目的。对规划中出现的大量新空间、新尺度的原因，我们不局限于提出一个潜在的简单答案，而是要识别出一系列的原因和驱动因素，并从经验的角度对这些新尺度、新空间予以探讨（Allmendinger等，2015）。

　　1. 国家权力和焦点的转移

　　民族国家面临着来自"上面"（比如超国家的机构和协定，例如欧盟和全球贸易与关税协定）和"下面"（比如新领地的、区域的或基于利益的政治活动）两个方面的挑战。这种双向要求迫使国家层级的政府对什么是政府、如何在网络化的世界里开展政策决策等问题进行重新思考。通过重新思考民族国家如何在亚国家层面发挥其权力和资源，借助超国家的相关协议来帮助自己实现战略目标，我们会发现国家自己只不过是被边缘化了。在某些叙述里面，这个过程被认为是"掏空"或"再调整"的过程，这是因为国家权力被转移到了上一级组织去了，比如说欧盟、联合国或者世界贸易组织。在这种权力和尺度发生转变的同时，在区域和地方尺度上，也进行着实验性质的填缺过程，其目的是为了满足地方或区域对更大程度上的权力和责任下放的需求。这些变动面临的一个最大挑战，就是现有的国家辖区，比如区域或者城市，权力和职权的流失使得它们和僵尸几乎无异，但是他们还得继续存在，还得继续运作（Haughton等，2019）

应该看到，这是一个没有理想状态或者终点的过程。不可否认的是，在所创造出来的新空间和新尺度上，的确存在其自有的优势和好处，对规划来说尤其如此。但是与此同时，我们应该看到，新空间和新尺度与已有的领地和空间存在重叠、挑战和扰乱关系，这种干扰也会带来负面影响。一个结果就是：新旧空间和尺度上的责任和功能就会相互排斥，形成混乱局面。对那些想参与到规划过程的人来说，随之而起的一个问题就是"到哪里能够找到规划？"。

2. 新自由主义重构与竞争地方主义

新规划空间的大量产生的第二个影响原因可以追溯到这样的现实：新自由主义的重要性日趋增加，对相关市场逻辑的重视，以及政府和公共政策认为追求经济增长十分必要。其中与空间有关的一个方面是引入了竞争性的地方主义，其结果是要求将政府所拥有的具有"福利"精神的再分配模式转变为基于个人、企业或者国家尺度上的竞争模式。为了释放企业自由，以减少政府的开支、规模和作用的一系列政策被不断颁布实施，伴随着这个过程，地方精神现在也发生了本质变化，它们被认为是竞争和市场不可或缺的组成部分。地方——如城市、区域等——需要和国家、人及其企业一样，采取类似的竞争手段来吸引和保持投资与人口。规划与规划空间则在这样一种竞争精神里扮演重要角色。比如，在城市更新等政策领域，面向市场的思维显然会塑造规划的过程和结果，这是因为规划师所关注的焦点已经转到了创造能够营利的私人空间。为了实现这个目标，规划师既要学习关于金融和投资的新技能和新知识，也需要以更高的热情来关心其他问题，比如说土地整备和城市营销。正如阿克斯（Akers，2015）所言，这种转变对空间的影响，就是在城市中造就了大量的规划引致的房地产市场，这些房地产市场可能在传统的领地边界或空间内部、外部或者内外连接处。从另个尺度来看，具有市场吸引力和增长引导性质的空间，也会促使跨界的合作和领地的"模糊"，进而带动亚区域或者宏观区域战略与合作伙伴关系的形成，这就会使得传统领地的边界变得不稳定（Allmendinger等，2015）。

3. 规划的再造：空间规划与场所营造

"规划"往往与调控和控制联系在一起，这样的概念认知在许多国家正受到严格检视。这是因为，在改善竞争力的压力下，人们开始质疑是否应该将规划的角色看作是一种调控或应对。与此同时，气候变化等一些新的问题也开始涌现，健康问题也逐步上升到政治议程之中，所有的这些对当前的政治家们和规划运行机制都提出了挑战。同时，当代城市治理的需要跨越公共的和（日益）私优化的部门开展工作，而这又与公众要求更多的规划介入相互纠缠在一起，这就进一步增加了当代城市治理的复杂性，而这种复杂的功能却都被认为是规划应有的功能。规划并不是没有看到可以通过融合关系理论、新的政治挑战以及公众需求来为新时代发展出一套新规划体系的机会。当代规划的响应主要借助于对流空间、网络化的治理、合作的实践和尺度的复杂性等的思考，同时承诺解决涌现的各种新问题，为空间（更趋向于关系的、网络的影响）和地方（更趋向于对关系影响的领地化的、具体的协调）提供融合的舞台。

其结果就是一种新的规划哲学和方法的出现（虽然有人说这只不过是将过去规划努力做的事情进行再次包装而已），人们将这种新的规划称为"空间规划"：

> 在正式管辖范围内，传统规划就是要通过地方的、预设好的过程来促进并实现"场所营造"，而空间规划是取代这种规划的一种方式。人们认为空间规划可以取代无休止追求功能规划安排的传统做法，它应看作是一种更加中立的方法，目的就是为了应对日益全球化的关系网络以及经济论说主导和驱动下的政策制定（Allmendinger, 2011, p.93）。

正如阿尔布雷希茨（Albrechts, 2004, 2010）直接指出的那样，在欧洲的不同地方存在着共同的响应，那就是对战略（区域）规划的兴趣的再次兴起。在这个尺度上，其直接要做的就是将关系思想和领地化的战略制定相结合。但是，这种转变并没有统一的形式，在业内人们对其的感知也不太一致。不可否认，这种新的规划不仅是跨边界的，还是跨尺度的和跨部门的，其的确也对现存于欧洲的领地化的、边界明确的规划和战略提出了挑战。这个转变带来的一个结果，就是各种新规划空间的涌现，但是这些新规划空间大部分以软性空间的形式出现，在本章的后部分将对此进行更深入讨论。

4.　建立新治理主体的需要

虽然有人声称领地的边界和空间的尺度处于不断被创造的状态，但是一般意义上的政府正式尺度和因特殊需要选举出来的亚国家级政府所对应的领地边界还是相对持久不变的，尤其是那些具有较长的自我认同和相对稳定边界的政府更是如此。与此同时，这些相对静态的空间面对快速变化的世界也是坐立不安的。在这样快速变化的世界里，人们的日常生活实践和身份认同越来越易变、流动和多维。和过去相比，地方政府以及其他组织实体所对应的固定地理边界越来越无法反映规划跨边界和跨政策部门的功能需求，比如环境以及人民如何进行远距离通勤等问题。

一方面是上文所言的边界的相对固定性，另一方面是有必要对当前的实际需求有更好的反映。这两个方面的结合必然制造出一种紧张关系，这种紧张关系的解决就是通过实验的手段来实现，具体表现为采用其他的治理主体在不同的地理尺度上开展工作，这种做法在几乎所有的地理尺度上都是非常明显的，包括从地方到亚区域、区域和国际尺度（Haughton等，2013）。这些新的治理主体不是正式的，也无法直接追责。相反，它们是由政府行为主体以及来自于私人部门和公民社会的行为主体共同构成，这些行为主体因共同的目标而团结在一起，典型的目标就是要更大程度上促进各类活动的协调、针对要做的事建立共识、并将其有效实施。这些行为活动会以不同的形式和规模呈现，表现出不同的战略目标和不同的利益主体构成，同时这些行为活动又会以不同的形式与可追责的法定政府主体发生关联。从存在的寿命长短和涉及的范围（部门方面或者其他方面）来说，这些行为活动也会大有不同，这与关系主义者将空间理解为"在生成"的状态，也即演化和非完成的特点是一脉相承的。在一些案例中，比如说伦敦的道克兰，创造出来的新治理主体就是为了帮助协调和促成发展与更新。

在一些其他的例子中，治理主体及其对应的新规划空间也有相对短命的情况。其形成原因既可能是由于他们完成了目标，也有可能是没法完成目标，还有可能是支持资金的断供。相对短命的实验性治理主体和治理空间的发生，一部分背景是所谓的"快政策"时代。在这样的背景下，政策创新可以很快地在地方层面上得到实践，然后国家层面就可以根据这些政策是成功的还是失败的对其做出取消、继续、改善或全面实施的决定。

5. 新政治工程

在欧盟，还存在着另外一种驱动新规划空间形成的力量。这种驱动力源于民族国家领土主权和超国家的欧盟辖区的融合目标之间的紧张关系。在面临诸如环境政策、交通以及那些跨国界而在功能上又不得不从功能角度考虑的部门协调时，这种紧张关系就会走向前台。在欧盟层面，出现了一系列的领地化战略，比如新的规划空间和治理安排，目的就是为了满足跨区域规划的需要，但是这种处理方式不可避免地引起了担忧，也即对国家层面上的责任和政策主权的界定问题的担忧。一个典型的例子就是宏观区域战略的出现。紧随着2005年波罗的海地区的第一个行动方案（Metzger和Schmitt，2012），针对多瑙河、地中海或阿尔卑斯山地区的各种新行动方案（Sielker等，2013）也陆续推出，目的就是为了应对复杂的、非对称的政治、制度和地理状况（Dühr等，2010），但是这样的做法同时却产生了新的、欧盟支持的非国家的领地空间。另一个亚国家层次的案例来自英国。这个案例涉及所谓的"北部动力之源"的概念。这是一个松散的概念，其特指将权力下放到如曼彻斯特、利兹、谢菲尔德、利物浦和纽卡斯尔等一系列的"核心城市"，目的就是为了促进经济增长。此行动方案有义务产生选定的市长，有义务将服务与战略规划功能进行结合，但是与此同时也创造出了新的规划空间，这些新的规划空间是受到交通、科学、创新和艺术方面的投资支持的。已有的空间虽然不会被废除，但是这些新空间的重要性就在于其毫无疑问将改变不同尺度、空间的权力关系，搅乱、挑战国家层面或亚国家层面的领地化空间，并在这些空间上投射下其战略雄心。

6. 后政治的规划空间

为共同的公共利益而规划的想法一直以来都受到审视且面临的批评不断。有两项运动动摇了人们对规划能够实现广泛、统一的公共利益的信心（不过，可以参见第四章、第七章，有观点认为这种公共利益根本就不存在）。一方面，公众对诸如环境和跨边界问题的关注和意识越来越明显，伴随着这种意识是公众自己对不动产价值的兴趣日增，而对政府、政治家和规划师则越发怀疑。另一方面，规划本身也越来越指向经济增长，同时，大量新的规划尺度和规划空间的出现，使得规划不仅不易追责，而且变得很不直观，这就使得其与社区和社会群体的距离越来越远。在社会媒体和能够获得更多信息的公众中，要求更大程度上介入相关规划问题的决策过程的要求也日渐增长，而这些决策过程在过去是仅限于规划师和政府的。如此一来，这种不信任的分野就更加明显了。因此，规划过程和规划决策就变得更加政治化了，其相应的权力争夺也愈发强烈。

面对这个问题，一种反应就是为规划精心打造一种后政治空间，这种后政治空间既是规划的对象空间，也是规划的运作空间，其目

标就是要避免、取代或者转移冲突，从而确保决策和发展能够进行
（Haughton等，2013。也可参见第九章）。正是在这种背景下，我们
才可能看到新的治理形式，这种新形式能够提供解决问题的方案。在
某些人看来，这些问题可能表现在传统的民主追责可能会阻碍进步
（Allmendinger和Haughton，2012）。这种后政治空间（也即新规划
空间），依赖于领地化空间的法律合法性和民主合法性，新规划空间
扮演着"空间想象"的角色，其作用就是将公众关注的焦点吸引到其
他的方面，而不是原本就处于规划或战略的中心位置的政治问题上，
而领地化空间则处于新规划空间的背后。在后政治的规划空间中，公
众对于规划的怀疑也随之而生，这是因为公众明显认识到，参与和介
入规划的过程是受到管控的，其存在只不过是为了将支持增长的规划
和战略进行合法化的手段。另一个结果，则是对基于共识的规划方法
的破坏。基于共识的规划方法依赖于中立规划和共同公共利益这两个
概念来保持规划享有的合法性和公众支持。而在后政治规划中，这
种方法则聚合成了"影子空间"，目的就是使得选举产生的行为主体
和非选举产生的行为主体之间的协定和交易合法化（Haughton等，
2013，p.218）。

在此背景下，后政治空间则在领地化空间的"背后发挥作用"，
它提供的战略或者政策，可以避免诸如法定的咨询过程或环境影响评
价的要求。当领地化的规划空间吸引着利益相关者和公众的注意力的
时候，规划的"真正"空间则在别处，可以按需对利益相关者和发
展愿景进行组合。柔性空间大量出现的一个原因，很可能就是为了避
免、减小和管理矛盾和反对意见。

规划的柔性空间

考虑到近年来新的空间、尺度形成的快节奏，再来看规划中关于
领地化空间和关系空间之间的重叠和紧张关系的讨论，我们就不会感
到奇怪了。正如关系主义者喜欢指出的那样，空间会一直处于领地化
和去领地化的过程，并且有明确的实际证据来支持这个观点。但是，
从前文的相关论述也可以清晰地看到，新规划空间既挑战开放、流动
的空间观，也挑战封闭、领地化的空间观。更进一步来说，去领地化

和领地化的事实也再次强调了现有的领地化空间的存在及其重要意义。这个过程产生了颇具特殊性的新空间，我们称之为"柔性空间"。通过柔性空间的概念，我们可以更好地理解不断增多的新规划空间，并且也能够从实证和规划的角度对有关领地化和再领地化的讨论做有益补充。奥曼丁格等人（Allmendinger等，2015）指出，新的非法定的或者说非正式的规划和城市更新的柔性空间的出现，是为了让自己在领地化意义上是嵌入的，而在关系意义上又是开放的：

> 对正式的规划而言，规划依然还是需要清晰的、法律上"固定的"边界。如果规划要反映由各种跨越多重边界的关系综合构成的更加复杂的关系世界，那么它还需要通过其他的空间才能实现，这种其他的空间也就是我们所认为的"柔性空间"。（Allmendinger和Haughton，2009，p.619）

柔性空间是：

> 非正规的或者半正规的，同时也不具有法定的规划空间性。这种非法定的空间性内含了各种关联关系，不仅跨越各种正式建立的规划边界和规划层次，还跨越在以前自我保护和相互分割的不同部门。（Metzger和Schmitt，2012，pp.265-266）

现在，已有大量的研究强调柔性空间的存在，并且在多个尺度上对其进行了识别，包括：

> 欧盟尺度（Jensen和Richardson，2004；Faludi，2009，2010，2013）

> 宏观区域尺度（macro-regional scale）（Fabbro和Haselsberger，2009；Stead，2011；Metzger和Schmitt，2012）

> 亚区域/区域尺度（Knieling等，2003；Haughon等，2010；Harrison和Growe，2012；Heley，2013；Walsh，

2014）

　　都市区、城市区域尺度（Knieling，2011；Savini，2012；Levelt和Janssen-Jansen，2013）

　　地方尺度，主要围绕总体规划和更新项目等的实施空间（Allmendinger和Haughton，2009；Counsell等，2014）

　　下面，我们通过一个例子来帮助阐述这种空间是如何产生的，以及利用它来做什么。在"分权化的英国区域规划研究"中，霍顿等人（Haughton等，2010）指出了存在于一系列区域或国家—区域规划中的各种柔性空间和模糊边界。在1990年代后期，英国实施了一项权力下放的计划，目的是要求在标准的英格兰地区、苏格兰地区和威尔士地区编制战略规划。然而，这种基于领地划分的空间，既没有包括自然的规划范围，也没有包括功能上的规划范围。这就引起了两个问题。第一，在规模上看，规划的范围过大；而在尺度上看，这种空间与地方的规划功能离得太远，从而相互脱节。第二，这些空间的边界很大程度上是历史形成的，但是，在某些情况下，这种边界早已被新的事件所抹平，比如说相互邻接的城市已经发展成片，但是这类空间却不在某个划定的区域内，同时已经划定的区域对这种发展的身份认同和相关跨界活动也缺乏反映。结果是，出现了各种非正式的但是非常重要的亚区域规划空间。因此，法定的区域战略实际上是亚区域（包括城市区域）的规划和战略的混合体。这就进一步引起了两个问题和后果。第一，自1960年代国家经济规划的尝试失败以来，英国的规划对国家规划以及它内含的国家导向的社会主义姿态是非常警觉的。但是，在政府内部，这种基于国家层面的思维被认为是有必要的，特别面对诸如交通和能源等大型设施问题上更是如此。编制覆盖全国的区域规划，它们聚合在一起事实上就是一个国家规划，也是另一个新的但非常重要的柔性空间。新的柔性规划空间的第二个特征要素是其运用的"模糊"边界。霍顿等（Haughton等，2010）指出了一系列的模糊边界，尤其在威尔士，这是因为在这里需要有意识地模糊此地区在语言和文化上的差异。

　　柔性空间出现的第二个例子涉及欧洲范围内的宏观区域战略问题，梅茨格和施密特（Metzger和Schmitt，2012）对这个例子作了详细研究。欧盟委员会鼓励并且签订了一系列的欧洲区域战略，其中最著名的是多瑙河、亚得里亚海爱奥尼亚海、北海、波罗的海和阿尔卑斯山等区域的战略。在这些区域战略中,相关的国家努力建立共同的空间战略以帮助他们实现领地权力的融合、连贯和合作,但是不借助于立法的资源、工具和支撑。很显然,这种战略十分重要,但是是"柔性的"、非正式的规划空间,不存在民主介入的形式,也不存在明确的责任主体。梅茨格和施密特解释了波罗的海宏观区域战略为何表现出微妙的模糊性和柔性。具体来说,其目标就是缝合或者协调"此区域过多的战略、愿景、计划或者项目,而过多的原因就在于许多团体和行为主体都针对波罗的海区域阐述了自己的看法"(Metzger和Schmitt,2012,p.271)。此外,在梅茨格和施密特的研究中,还对另外一个问题进行了讨论,也就是规划的柔性空间在多大程度上可以被"硬化"或者"固态化"。就波罗的海宏观区域战略这个案例而言,梅茨格和施密特认为欧盟委员会的角色就是要团结一致,赋予各种不同的战略和方法一种内聚力,并在战略形成之前有效"硬化"各种混乱和疑惑。另外,欧盟担当的这种角色以及其他宏观区域战略的出现,还有其另外的一面需要进行阐述。其中,这些宏观区域战略涉及欧盟委员在指导和塑造民族国家的相关政策和结果过程中存在"夺权行为",其手段就是操控宏观区域战略:

> 看上去,在波罗的海区域的欧盟战略所涉及的各项事务上,欧盟委员似乎是赋予了自己信息交换中心的功能,几乎在所有可感知的方向上的互动事务,其都认定自己代理着协调员和监督员的角色(Metzger和Schmitt,2012,p.274)。

柔性空间可能是临时的、非正式的和可反转的,但是他们在引导硬性的、领地化的空间上依然担当着重要角色。

在欧洲及其他地区,还有很多其他的有关柔性规划空间产生的例子(参见Allmendinger等,2015)。通过对截至目前的各类研究的分析,可以清楚地看到柔性空间是一种特殊的、杂合的空间,其出现可能是一种进步的规划工具,也可能是一种退化的规划工具。在某种程度上,确定的规划空间的创造和使用具有很长的历史传统,尤其是在更新规划或者大型的、计划型新发展项目上更是如此。有人可能会指出英国的新城发展公司是新的、确定的规划空间,但同时其也具有"柔性的"特点。即使承认这些人的说法,但无论是从柔性空间的数量还是这种空间的各种描述来看，一些新的事情似乎正在发生。柔性空间已经从一个不怎么被使用的保守方法变成规划和规划师使用的主流方法。有证据表明，柔性空间和模糊边界已经被当作一种有效工具，以非常巧妙的方式来模糊各种发展规划的目标和影响。过去使用"确定的规划空间"和当前使用该词相比，两者之间还存在着一个重要的区别。就当前来说，这种新空间的可追责性和透明性都发生了变化，如我在前面章节中已经讨论的那样，在通过这些空间进行规划编制工作时，规划师的角色也发生了变化。

驱动当前新的、柔性规划空间增多的一个特别原因，在于它们不仅是经济发展和增长的一个有用的要素，还在于它们与经济发展和增长具有很好的兼容性。在规划师的深思熟虑下，柔性空间作为新自由主义规划的一种有力工具，给我们提供了一个支持增长的舞台，在此舞台上，我们可以通过协调不同部门来促进发展（Allmendinger，2016）。基于市场的柔性空间，则寻求空间和尺度的固定性，从而有助于新自由化的不断推进。虽然新自由主义的柔性空间的具体性质千变万化，但是将它们联系在一起的共同点是：它们都寻求取代、补充或者挑战现有的国家空间，比如说环境保护、社会住房等。然而，新规划空间的出现和消失不应该不加批评，但同时我们也不能只是把它看作是要尝试推翻现有的制度体系，认为其目标就是要为新自由主义规划提供一个看上去具有可追责性和透明性的外表。当然，我们要认识到还有其他很多因素也在发挥作用，那些有义务创造规划体系的人必须不断地寻求有效的、支持市场发展的不同尺度上的、机构上的和空间上的确定依托。

当前，柔性空间已经变成全球规划实践的一个重要元素，目的就是要寻求解决关系思想和领域化思想之间的紧张关系，解决功能规划的需要，满足挑战与动摇已有的规划实践与过程的需求。对规划师来说，伴随着这种新空间的出现，是新的语汇与技能集合的出现：控制、调节、模拟和预测让位于后实证主义的话语与工具，比如说搭档、治理、合作、想象与涌现。由于柔性空间既具有进步的因素也具有退化的因素，这就表明它们既不能看作是技术性质的，也不能看作是中性的，当然也不能简单地用来填补某个空缺，而是要将其看作是作用于不同行为主体的某个政治工程的一部分。对规划师来说，规划师就是要再造和重新构想规划职业，烘托规划具有主动、积极的性质，弱化规划的领地化的管控功能。在这些要素的伪装下，各种柔性空间就构成了各种"店面"，聚焦于强调它们能够产生新的空间想象的能力，聚焦于强调规划的积极功能；但是，这些功能的发挥同时要倚重规划空间的"后院"，也即已有的领地化的空间所包含的权力、立法和合作基础。对那些协作规划倡导者而言，柔性空间是他们所主张的"自下而上"过程的反映，在思考社区和邻里问题时更是如此。然而，柔性空间也有存在问题的一面，尤其是当它们被用来取代和拖延"政治的"对抗问题，用来隐藏规划过程中的可供选择的选项，用来掩饰规划过程中的"赢家和输家"的时候尤其如此。在利用或者是确定的，或者是临时的，抑或者是模糊的新空间时，既可能是为了服务于，也可能是为了模糊化规划与可追责的领地空间的联系。但是，不管怎么样，都会带来一个明显的问题："在哪里能够找到规划？"还有一些其他切中要害的问题，并不是继续追问关系空间和治理的新形式是否会取代或吞噬领地化的空间形式，而是关注不同空间——新的和旧的——之间的关系是什么，而更重要的问题是，规划师如何才能理解由此带来的新空间关系。

结 论

在规划中，空间布局和互动正变得日益复杂和碎化。空间的概念——作为规划的核心——受到了其他要素，比如说全球化过程和基于后结构主义思维响应的挑战。然而，这种影响在很大程度上已被规划实践中发生的事件所超越。具体来说，就是新的空间已经成为并将继续成为一种普遍和持久的规划实践要素。就新规划空间而言，实践一直在影响着理论，导致了一种独特的与规划相关的空间思想。规划的物质空间实践传统使得其对广泛的理论提出了批判，同时也更明确地指出了抽象思维（比如说地理学）和物质实践（比如说空间规划）之间的巨大鸿沟。

从规划实践来看，关系方法的部分问题涉及如何才能够拿捏各种空间的"开放性"及其隐含的流、网络和各种联系，以便对空间进行准确的理解和研究。如后结构主义和后现代主义的一般假设那样，它反对采取传统的方式来定义空间，因为这样做会限制这种理论的多个可能性——什么应该包含进来？什么应该排除出去？一个空间是如何无限的、开放的？我们如何研究它呢？我们怎么判断不同网络的重要性大小？对这种"经验上的"问题，后结构主义者并没有给出恰当的解决方案。但是，对规划师和那些需要将抽象的思想转化为"真实的"政策和治理方案的人来说，这些问题是非常重要的。

　　但是，这并不是说这样的后结构主义洞见没有任何优点。将规划等物质实践视为过于具体和独特，甚至是超越理论的想法是有危险的。后结构主义思想抽象的方法框架与规划的物质实践两者是相互利好的。即使是在基于政策的领地化空间治理的调和约束下，后结构主义思想至少也会质疑，在更甚的情况下甚至会反对采用结构主义或经济决定论来理解规划实践的变化，同时为我们理解规划实践的性质提供思考的起点。实际上，这些规划实践既是复杂的也是变化的。比如，有些边界或领地化管制的重要性在不断下降，而同时另外一些地方却认为要引入更多这种做法。在有些地方，领地化的边界在不断"硬化"，因为对待开发的外部影响和增长问题，人们的态度是希望规划能够更多地体现传统的调控型政府。而在其他的一些地方，更具渗透性和开放性的民众态度可能占据主导，结果是边界和领地变得更加脆弱，甚至是可被轻易穿透，而此时的规划则担任提供空间治理和空间便利的角色。实际上，规划师需要一直超越领地的限制，向外看到更广泛的问题和影响，但是与此同时，规划师还必须充分理解这些看到的要素和问题，并将其融入对民主赋予的负责上和法律界定的领地上。在现实中，领地化的方法和关系的方法是并存的，但是，其中的一个方法还是可能会主导另一个方法，具体关系如何则取决于规划的具体地方，解决的具体问题以及规划的具体功能。

第十一章
协作规划

引言

　　正如后现代的规划理论一样，协作规划开始于这样一个问题：在一个动态且日益复杂的社会中，我们如何"理解"正在发生的事情并为未来做出规划？当人们普遍不信任政治过程，政治都碎化成了单问题政治，而立场又是多元的时候，我们如何就关注的问题达成一致？对规划师来说，其面临的问题是：社会正在发生变化，而且变化的很快，但是，规划作为一种实践，作为一个过程的集合，却仍然与来自于另一个不同时代的各种思想和规划程序如胶似漆地交融在一起。这些思想的核心是关于理性的论争。尽管有人试图改善公众介入，扩大公众参与，但规划程序仍然以工具理性为主导，这种理性起源于启蒙运动和现代主义，并以麦克劳林（McLoughlin，1969）和法卢迪（Faludi，1973）等人提出的系统方法或全局方法为典型代表。正如第一章所讨论的，这意味着要将规划手段与"给定的"目的相分离，并以一种技术性和"无关政治的"方式系统地识别、评估和选择规划手段。对这种系统方法的批判来自于多方面，尤其是受政治经济学的启发而产生的对社会和规划的批判。但是，这种方法在规范性上的欠缺依然存在——规划师们如何与不同社区合作，进而在他们之间达成一致并制定"规划"？

　　在理论上，颇为流行的一种方法是将规划视为沟通与协作的过程。正如希利（Healey，1996/1997）所指出的，对于这一观点有三个主要的影响。首先同时也是最为重要的是尤尔根·哈贝马斯（Jürgen Habermas）的作品，他一直在寻求重建"未完成的现代性工程"。哈贝马斯（Habermas）质疑工具理性在日常生活中的主导地位，转而寻求重新强调其他的认知和思考方式。其次是（众多学者中的）米歇尔·福柯（Michel Foucault）的作品，他开始关注语言和意义背后的问题，关注语言和意义会隐藏现有权力关系的这一主导本质。最后是安东尼·吉登斯（Anthony Giddens）和制度主义学派的作品，他们研究了我们通过社会关系网相互关联的方式以及我们在社会中共存的方式。在上述不同研究中，哈贝马斯的作品尤为突出，因为其是沟通式规划方法的支柱，并对那些把规划作为一种交流过程的人（比如，Forester，1989，1993；Healey，1993a，1997，2003）的作品有着重要影响。

　　哈贝马斯作品是在对现代性的批判这一背景下产生的。我在第八章概述了什么是"现代的"和现代性。在概述中，我提出了后现代主义者和改革的现代主义者或新现代主义者（neo-modernist）之间的主要分歧，即是否可以像哈贝马斯所提出的那样，通过承认抨击和批判来"修正"或"重新定义"作为社会思想的现代主义，还是像后现代主义和结构主义思想家所主张的那样，现代主义从来就没有任何合法的基础，只不过是被各种具体事件所替代了而已。

　　这两个学派所共同认可的是：现代主义在某些方面存在着问题。正如我在第八章的最后所论述的，现代主义者希望坚持某种形式的"客观"知识，但让它不拘泥于科学理性或工具理性，而后现代主义者认为没有任何形式的客观知识是存在的，所有的知识都是相对的，随着社会变得越来越碎片化或越来越多元化，知识更是越来越表现出相对性。换句话说，麦克伦南（McLennan，1992，p.330）认为后现代主义带来的挑战，涉及质疑以下典型的现代主义信条：

1. 认为我们有关社会的知识，同社会本身一样，在特征上是整体的、累积的和总体上来说是进步的。
2. 我们能够获得对社会的理性知识。
3. 这种知识是普遍的并且因而是客观的。
4. 社会学的知识不仅不同于，而且还优于"扭曲的"思想形态，这些"扭曲的"思想形态包括意识形态、宗教、常识、迷信和偏见等。
5. 社会科学知识一旦被证实并付诸实践，就会导致人类普遍的相互解放和社会改善。

利奥塔（Lyotard）质疑整个启蒙运动的基石，也即客观与科学的知识，长期以来，科学总是与叙事相冲突。以科学的标准来看，大多数叙事都被证明是谎言或神话。但是，只要不限制科学自己陈述有用的规律并且寻求背后的真理，那么它就可以使自己的游戏规则合理合法。然后，科学就会生产出某种论说或某种立法以维护自己的地位（1984，p.xxiii）。在利奥塔看来，科学并不比他所说的叙事或故事更具有知识上的客观性。相反，科学本身是建立在含有价值和假设的更高层次的叙事或者元叙事基础上的。麦克伦南（McLennan，1992）进一步解释了这一点。他认为科学进步常常被视为促进工商业增长的必要和关键部分。然而，以马克思主义者为例，他们可能会争辩说科学最终服务于或应该服务于将人类从剥削中解放出来。

　　也有人认为科学有不同的终极目标："期待科学是客观的这样的想法，不可避免地受到某种明显的元叙事的构架，这种元叙事内含很多充满价值观的概念，比如社会进步和人类解放"（McLennan，1992，p.332）。显然，这种看法是在质疑主张客观知识的启蒙运动的整个基石，因为科学家们自己对他们在追求什么和为什么追求有着不同的看法。因此，后现代主义者主张我们应该放弃这种追寻真理的现代主义，转而去接受不确定性和不可知论。考虑到当前世界变得更加多元化、更加碎片化，并且世界包含多样性的文化、语言和历史等，这就使得上述说法更能成立。现代主义者怎么会认为知识是客观的呢？这肯定得取决于你的立场。如果真是这样，那么会有共同的规则吗？从哈贝马斯（Habermas 1984，1987）和其他人的回答来看，答案是肯定的。与后现代主义者不同，哈贝马斯更关心的是对现代主义的批判而不是完全抛弃它。现代主义并不像后现代主义者所宣扬的那样，存在一种包罗万象的理性主义，而是以科学、道德和艺术三要素为基础的。虽然知识以及获取不同知识理性的途径可能已经被一些专业人士比如规划师们所操纵，但是可以通过在非科学世界中占据主导地位的工具性的或科学性的集中努力来重获理性，并重新发现哈贝马斯（Habermas，1984）所说的沟通理性的价值。这涉及打破科学客观主义的主导地位，转而建立另一种不同的客观性，这种客观性以共同的认可为基础，而这种认可是通过自由和开放的对话而实现的。

　　当前的问题是，工具理性已经排挤了其他的思维与认知方式，扭曲了社会中的权力关系。正是这种现代主义的发展，构成了规划作为沟通过程的这种认识基础。但是这种方法并不是没有受到后现代主义者的批评。在利奥塔（Lyotard，1984）看来，世界的多元化本质就不可还原，对共同性的探索是毫无意义的、错误的。尽管哈马贝斯认为存在着使人们达成一致的方法路径，但他仍然承认存在文化和论说的复杂混合。亚文化的扩散之所以能够成为可能，确切地说是因为：认可是社会互动的基本规则，对这种规则的需要，则在更高抽象层次上得到了满足。正是由于世界正在变得更碎片化，才需要有一套共同的规则以便于沟通。另外，利奥塔（Lyotard）的相对主义观点（由于所有的地点和人是如此的不同，我们永远不能获得一种"客观的"真理）是自相矛盾的。就像麦克伦南（McLennan，1992，p.339）所指出的，"如果你说在对话中展现的各种价值在根本上就必然是不可匹配的，这本身就会让人怀疑你这种说法似乎是在说自己是绝对正确的，而根据相对主义者的观点，这却是不可能的"。在某种程度上，改革的现代主义者和后现代主义者在两个问题上达成了一致。第一，社会是复杂的，并且变得日益复杂；第二，科学理性主义主导了其他的思维方式与认知方式，与此同时，其本身并不是客观的。这里的异议在于，利奥塔（Lyotard，1984）和鲍曼（Bauman，1989）认为任何形式的理性都是不存在的，而哈贝马斯（Habermas，1984、1987）和其他学者（比如Giddens，1990）相信沟通理性就是一种理性的存在形式。这就是现代主义和后现代主义在社会思想方面的争论焦点。在这里，我们就可以抛开后现代主义了，转而去探索由哈贝马斯以抽象的形式发展的沟通理性思想以及福雷斯特（Forester，1989、1993）和希利（Healey，1993a、1997）在规划实践中发展起来的沟通理性思想。但是，对整个沟通理性的基本原则来说，后现代主义者的观点提供了非常有益的批判。当我们把这种批判与更加趋向于实践性的批判置于一起的时候，则将有助于我们正确地理解沟通理性。

沟通理性

　　为理解沟通理性，我们还必须先来了解一下有关论说的知识。霍尔（Hall，1992a）将论说定义为一组声明，它为谈论（表述）关于某一主题的特定知识提供了一种语言。福柯（Foucault，1980）对此作了补充，认为论说是通过语言来实现知识的生产，但论说本身产生于一种实践——漫谈式的实践——关于意义的实践。因此，语言是与权力斗争有关的，因为它"能决定什么是真与假"（Hall，1992a）。在一些批判理论家，如哈贝马斯看来，语言与话语背后的权力来自于资本主义的生产模式。所以，论说不仅仅与权力相关，同时也是权力运用的一种方式。语言是维持和发展权力关系的一种方式，但它也有着揭示这种关系的潜力。

在批判现代性的批判家看来，采用现代或者科学理性的方式来思考和探讨论说的问题在于其会限制论说的上述潜力。为了某些清晰的目的，产生于启蒙运动的科学理性主义或工具理性主义，可以对实现这些目的的手段进行设计、选择和施加影响。与此相关联的是启蒙运动持有的如下想法，即认为理性选择需要相信事实的存在并相信与之相关的理论，价值和道德的确定应参照一套适用于所有人的客观标准（Drazek，1990）。有人对这种方法存在的问题进行了识别，包括：

1. 根据韦伯（Weber）的观点，在人类生存的"铁笼"中，这种方法破坏了人类交往中更亲切的、更自然的、更平等的和在本质上更有意义的那些方面的内容。
2. 由于政治权力的集中，这种方法是反民主的。这种政治权力的集中是通过职业群体或官僚群体来实现的。
3. 通过压制个体表达自己的自由和能力，实现对个体的压制。
4. 由于没有对社会构成部分进行结构，因此无法充分反映复杂的社会问题。
5. 使得进行有效且恰当的政策分析变得不可能。

如上所述的这些批判，最终产生了两种新的解决方法：第一种是完全抛弃现代主义的思维模式（Lyotard等人）。第二种是试图从工具理性中找回现代性（Habermas等人）。为了寻找其他形式的理性，形成了各种实践方法，这些方法或多或少都是以亚里士多德的"实践理性"的思想为基础的，实践理性涉及劝导说服、价值反思和思想的自由公开。然而，方法虽多，但倡导替代的理性形式的主要代表是尤尔根·哈贝马斯。

哈贝马斯向我们提出了生活世界和制度两个概念。生活世界是一个符号网络，主体在这个网络中互动，并通过共享的实践知识来协调社会活动。正如希利（Healey）和希尔（Hillier，1995）所言，这是人际关系的范畴。另一方面，制度，如资本主义经济和官僚行政，通过权力和利益去运行，并形成生活世界所依赖的环境。哈马贝斯（Habermas，1987）认为制度支配着生活世界（尽管它是由生活世界理性化的产物），并限制了沟通行动的范围。自启蒙运动以来，沟通行为（或沟通理性）就一直在与工具理性斗争。但是，与上文德雷泽克（Drazek）列举的工具理性和客观主义截然相反，沟通行为使人们能够"发展、确认和更新他们所在的社会群体中的成员的身份和他们自己的身份"（Habermas，引自Healey和Hillier，1995，p.21）。我们目前在联合行动上所经历的协议达成过程（例如，规划过程）涉及权力、资本、妥协等（无论是采取多元主义、社团主义、精英主义还是其他），与此种过程相反，沟通理性具有一种完全不同的实现联合行动的方式。这将涉及生活世界重拾自己的基石，重拾失落在制度中的基石。

然而，正如德雷泽克（Drazek，1990）等人所指出的那样，沟通只涉及部分行动的协调，因此沟通理性不能完全取代工具理性，只能将其限制在从属的角色。这里我们必须区分清楚沟通行为与沟通理性。交往行为旨在通过讨论和社区成员的社会化，走向主体间的互相理解和行动的协调。沟通理性是指这种行为的特征在多大程度上能够展现出那些颇具能力的行为者的反思性见解（Drazek，1990）。生活世界和制度之间的博弈，牵涉到我们每天在公共领域所遇到的各种机构和各种过程——从支路之争到医疗支出。实际上，正如许多处理过规划申请的人所希望的那样，这些领域的公众意见似乎并不会产生什么不同。鉴于此，人们就被迫参与博弈，也就是说，开始运用他们的影响力让他们的声音被听到。这包括通过游说或质疑工具理性决策的基础等手段，让自己成为制度的一部分。通常，这样的过程还涉及疏远和排斥他人的情况。公众参与等措施有助于维护制度的合法性，然而，与此同时却将权力和决策，集中在官僚和政客手中。但是，人们依然有潜力通过交往行动获得最终的决策，并拿回丢失在工具理性中的行动基石。

为了做到这一点，哈贝马斯（Habermas，1984）探讨了我们在交流并把知识从一个人传递给另一个人时所做的假设。我们努力在相互理解、共享知识、相互信任和一致调和的基础上达成协议。这里至少需要四点来保障我们沟通的有效性，没有这些，我们就不会声称自己在沟通：

1. 有关我们外部现实的观点的真实性。
2. 我们与他人人际关系的正直性。

3. 我们内在主观状态的诚实性。
4. 我们语言的可理解性。(Low，1991)

尽管我们可能无法实现这些主张，但交往行为要求我们尝试通过具有以下特征的论说来实现这些主张：

1. 不受权力支配（行使权力）的互动。
2. 没有被参与者预先设计算计的互动。
3. 没有（自我）欺骗的互动。
4. 所有人都能平等地和充分地提出观点和质疑观点。
5. 不设参与限制。
6. 好的论点，才是唯一的权威。(Drazek，1990)

在这些条件下达成的任何共识，都可以被认为是"理性的"，但到底在多大程度上能够达成一致？这是一个很大的问题（比如利己主义？）。这是对哈贝马斯的常见批判。在哈贝马斯（Habermas，1984）和伯恩斯坦（Bernstein，1983）看来，解决之道在于，需要声明沟通理性只是提供了关于如何解决争端和争论，以及如何构建原则的程序标准（Drazek，1990，p.17）。此外，不同观点的分歧是可以接受的，前提是这些观点是以一种理性的沟通方式达成的。沟通行为与沟通理性理论被批评为过于抽象（Low，1991），并且哈贝马斯本人因几乎未对这一方法在实践中如何发挥进行阐述也遭到了批评（Healey和Hillier，1995）。但是已有一些尝试，努力把高度抽象的想法转变为具体的实践方法。具体情况如下：

沟通理性的实践应用

工具理性和现代主义不仅主导了话语体系，也主导了自由民主制度：自由民主制度的形式和功能。但是，批判现代主义的批评家们花了大量时间去揭示其缺点，但花在提出替代方案上的时间却少得多。不过，在提出替代方案上面已经有了一些尝试，我将在这里集中讨论其中的一种具体方法。德雷泽克（Dryzek，1990）阐述了沟通理性是如何应对制度并有效运行①，并且把这种模式和波普尔（Popperian）的"开放社会"理想——也就是在工具理性的框架下施行自由民主——进行了对比。为了挑战波普尔提出的模型，德雷泽克识别了政治机构的六大要素，并且提出了沟通理性这样的替代方案。

理想演说

德雷泽克声称，哈贝马斯的理想演说的情境（真实性、正直性、诚实性和可理解性），在自由民主社会（由权力和利益支配）中可能并不存在，也不可能存在，理想演说在现实世界中将永远受到妨碍。但是，理想演说确实存在于个体之间的日常交流中（而不是像两个国家或机构之间的交流）。从这个意义上说，它可以用来建立共识，揭示现有的权力关系，包括揭示工具理性的支配地位。理想演说的这种揭示作用，正是它的关键功能之所在，也是它的主要力量。沟通理性的世界，将通过提供必要的条件——真正的公共领域——来促进理想演说的表达。

真正的公共领域

沟通理性和理想演说的实际应用的要点就是"公共领域"，其定义为：

> 任意的两个或多个个体……聚集在一起讨论他们之间的互动，讨论他们总是并且已经融入其中的、更广泛的社会与政治权力关系。通过这种自治的联合，公共领域的成员会思考他们在做什么，决定他们将如何生活在一起，并决定他们如何集体采取行动。（Keane，1984，引自Dryzek，1990，p.37）

这种公共领域存在于18世纪，尽管最终被工具理性和社会中现存的权力结构所支配。今天，很难想象哈贝马斯所说的"公共领域"，因为我们周围的人群都是由"标准的"关系所指引的。例如，居民协会、地方委员会或家长教师协会都是个体聚集的地方，但他们的行动、言论、谈话都受到各种传统、规范、文化包袱等因素的指导。——例如，选举主席、会议记录、某个议程都可以用来"指引"

---

① 德雷泽克（Dryzek）为保持论述的一致性，将其方法称之为"对话式民主"，我们在这里应该保留使用"交往理性"一词。德雷泽克的这个术语似乎旨在将沟通理性与沟通行为结合起来。

任何会面。在哈贝马斯的公共领域里，大家都需要遵循沟通理性的原则。然而，下面列出了一些更接近于当代的真正公共领域的例子。公共领域可在两种理念的基础上产生：论说和整体实验。

论说与整体实验

公共领域的实现将需要两个方面的条件。首先，为了相互的理解、信任和没有扭曲的共识，政治生活中必须有自由和开放的交流。通过这种方式，将可以避免追求目标导向的行动方式，而这就迫切需要在政治上的互动。在极端情况下（可能性非常有限），这就可能会以"言论自由"的形式呈现出来，大体上就类似于在美国的情况，不过，需要注意的是，这似乎并不能保证可以实现理想演说，也不能保证不受到支配力量的影响。另一种方式，就是采取实验的形式来开展政治实践，其目的是通过实验主体之间的反思和共识来改善任何实验主体的条件状况，也即允许人们通过实验性和自由的方式开展相互联合，从而创造他们自己的政治和行动过程等。这不是一个正常意义上的实验，而是一个由公共领域的参与者们反复进行的实验，从而确定他们自己的政治实践。

对话式设计

正如德雷泽克所指出的，在制度设计领域，沟通理性的影响最为薄弱。人们认识到，有必要建立某种制度，这种制度甚至可能是以工具理性的一些基本原则为基础的，因为我们在实践中是需要采取实际行动的（请记住，沟通理性并非是要试图取代工具理性，而只是希望达到一种新的平衡，使其能够更有利于沟通理性）。但是，如何能保证制度对沟通理性的各种需求有敏感的反应呢？答案是，这看起来会困难重重。但是，实现这个目的基本的指导原则看起来是这样的：这种制度应该对公众参与不加限制，从而实现政治决策的达成。

然而，正如德雷泽克所指出的，沟通理性主义者在这方面处于不利地位。首先，他们对现代自由主义国家充满了深深的怀疑。其次，依托某种组织的想法，也就意味着其中必然存在某种工具理性，同时也会存在强制实行某些过程和程序的可能；但是沟通理性希望最好是把这些问题交给介入的个体。虽然如此，我们认为设计过程本身可以是对话式的。使得这种形式成为可能的最好办法，似乎是制定一套标准，供参与者在会面时遵循，其中包括：以最好的雄辩而不是权力作为权威的原则，没有任何参与的障碍，也没有章程或规则（因为这些也是需要协商的）的约束。但是如何去执行决策或者决策的规则条例呢？典型的观点是，达成共识后，规则的执行就没有必要了，但这是否现实呢？理想演说能否实现？更有可能发生的情况是，在开放性的讨论中形成合理的分歧。在此情况下，根据德雷泽克的说法，个体可能会在做什么这个问题上寻求共识，但同时在为什么要做这些这个问题上保持异议。因此，基于沟通理性的社会机制，是建立在各种期望的聚合的基础上的。个体应当以公民的身份而不是代表的身份参与制度设计之中，参与的成员资格应该向所有人开放。因此，制度的目的就是针对特定的问题背景来发起和协调行动。在自由民主条件下，这样的制度设计将有助于揭示国家内部现存的权力关系。

初始的设计

初始的设计是指某些现存的条件，这些条件以自由民主为背景，它使得沟通行动的可能性。典型的例子包括：对民事纠纷、劳动纠纷、国际争端和环境争端等的调解。这些沟通实践（虽然可能并不这样称呼）有许多特点。第一，它们解决各方都感兴趣的问题。第二，其语境的最初特征是一定程度的冲突。第三，中立的第三方来促进这种讨论。第四，讨论是长时间的、面对面的，并且以理智的论说作为"规则"来进行管理（不存在威胁、公开谈判地位等）。第五，这一过程的结果是一种理性的、以行动为导向的共识，纯粹是自愿的。最后，这样的执行行动是动态的、短暂的，不会比其要处理的特定问题持续得更久。最近，通过这些方法获得的调解的成功，引发了人们对寻求解决问题的替代方法产生了兴趣；然而，人们似乎已经创造或者获得了这些方法过程，但他们既没有考虑现有的结构，也没有考虑现有的准则规范，更是对什么是沟通规划一无所知。

新社会运动

为证明沟通理性的实用性，德雷泽克声称，沟通理性（虽然没有使用这个术语）在许多组织中得到了实践，包括与和平、生态、反对核能、女权、公民权利和社区权威有关的运动。这类组织的内部政治通常是在自由论说的基础上构架起来的，并能促进自由论说的建立或复兴。他们的要求往往是不可妥协的，因为他们不与国家的任何部门结盟。当诸如"绿色主义者"这样的团体变得越来越政治化，并组织成一个政党时，问题就出现了。然后，他们就有可能因为必须遵守某种制度规则，而陷入损害自由的和开放的论说的危机中。德雷茨克认为，沟通理性完全有能力激励政治组织制定实际有效的行动计划。然而，除了能够针对特别限定的、没有深重矛盾的情况提出专门的解决方案外，沟通理性是否能够做到更多呢？

实际上，沟通理性并没有真正被大规模地尝试过，且一直处于政治边缘，这也许就是问题之所在。一部分原因是因为沟通理性只是许多竞争范式中的一个，这些范式都认为自身的才是最适合国家发挥作用的模式。其他范式（例如代议制民主、法制民主等）都牢固地根植于工具理性或现代制度之中。沟通理性挑战的不仅仅是工具理性，还需要挑战工具理性在自由民主中的具体体现——制度，这种制度包含了一种有关人性的规定性模型，也即认为人性是统一的、原子论的，并且理性地追求一套纯粹的、主观的偏好（Dryzek，1990，p.52）。另外的原因还包括日益复杂的社会，以及在韦伯（Weber）看来需要更多而不是更少的工具理性才能解决的问题。对沟通理性的批判可以从理论和实践两个方面展开，后者能为前者提供启示。所以，在讨论某些具体批判之前，我们不妨先来看看沟通理性在规划理论与规划实践两个层面上是如何被看待的。

作为沟通过程的规划

规划完全是"现代的"：以积极的方式解决问题和冲突，从而找到解决办法，在目的理性的意义上来看，这就是"规划"的作用（Low，1991，p.234）。尽管关于理性和规划的争论由来已久，但提出的替代方案远没有提出的批评那么突出。在这方面，在工具理性所面临的挑战中，有两个挑战是我们所关心的：批判性方法和规范性方法。批判性方法要向人们展示的观点是：当前的规划理论只不过是通过利用工具理性并不民主的本质来维持现状；而规范性方法则是为了给规划师们寻求工具理性的替代方案，从而致力于实现民主化。在开始探讨沟通式的替代方案（规范性的）之前，我们首先对有关工具理性和规划的批判观点作简要说明。这应该与第三章中提出的评论一起来理解。

虽然自20世纪70年代初开始，规划理论家就意识到了对工具理性和规划的各种批判，但在弗里德曼的交互式方法（Friedmann，1973）之后，规划实践却仍然主要在关心让自己看起来"客观"或"科学"："规划渴望成为一门科学，遵循科学活动的规则，并接受科学界高度推崇的所有这些原则"（Camhis，1979，p.8）。这种对科学的渴望，可以用法卢迪（Faludi）的理性综合方法或理性概要方法来概括（见第3章）。这种观点将规划看作是一种特殊的决策和行动方式，它

涉及运用科学知识来解决问题并实现社会系统的某些目标（Camhis，
1979，p.8）。这种理性的综合方法要求人们根据自己想要达到的目标
来考虑他们应该做什么。它假定：

> 目标是可以被识别和清晰表述的，替代策略的结果是
> 可以预测的，其预期效用是可以根据与目标相关的客观标
> 准加以评估的，有关情形发生的概率是可以根据可得资料
> 加以预测的。（Alexander，1986，p.47）

在这种理性综合方法的规划过程中，将按照不同的阶段开展规
划，包括识别目标和约束条件，评估替代的解决方案和选择"最佳"
的替代方法来实现某些目标。弗里德曼认为，规划师声称他们在相
关学科和专业领域的高级学位，让他们有获得科学的知识和技能的特
权。他们还声称，这种知识通常优于通过其他方式（比如从实际经验
中）获得的知识。这里，他们似乎是在以启蒙运动的真正继承人的身
份在说话（Friedmann，1987，p.40）。那么，工具理性和规划有什
么问题呢？达尔克（Darke，1985）认为，这涉及手段和目的的区
别。有些人，如里德（Reade，1985），认为可以使用理性方法来识
别实现特定的"给定"目的所需要的方法，另一些人，如亚历山大
（Alexander，1986），则区分了规划中的两种理性：形式理性和实质
理性。

长期以来，规划倾向于形式理性——使用正式的程序，例如上面
所讲的那些程序，来实现某些"给定的"目的。另一方面，实质理性
则涉及目的本身的价值观、理想和道德等（Darke，1985，p.18-19）。
如果规划仅仅遵循形式（方法）理性，会产生两个问题。首先，官僚
体制会把形式理性置于实质理性之上。例如，规划中决策的速度并不
是严格意义上的目的，然而它却会被当作目的，而以牺牲诸如决策的
质量等其他目的为代价。第二，目的本身并不清晰。目标的设定与不
同方法的识别是连为一体的。有人指责规划师把政治问题说成是有
关事实的问题，或者某种程度上属于"价值中立"的问题（Darke，
1985），并想当然地认为形式理性会带来合适的政策内容（Camhis，
1979）。正如福雷斯特（Forester，1989，p.16）所言，规划师不仅
仅是保持航向的航海家：他们还必须参与航线的制定。因此，规划师
既要参与形式理性，也要参与实质理性。但亚历山大认为最大的问题
是：这是谁的目标，哪些目标，什么时候的目标？（1986，p.55）。问

题是你不能把手段从目的中脱离分开。正如西蒙（Simon）所说的，
"如果你允许我来决定约束条件，我就不在乎是谁来选择优化的准则"
（引自Alexander，1986，p.55）。弗里德曼（Friedmann，1987）
考虑到了价值中立性所面临的挑战，他对工具理性的规划方法提出了
六个问题：

1. 从工具理性方法中获得的知识是基于过去的事件，但规划者
   需要有关于未来事件的知识。为了可以宣称关于过去的知识
   和"知道"未来是颇有关系的，我们必须做出怎样的假设？
2. 所有的科学假设、理论和模型都是真实世界的极端简化。但
   是在真实世界中进行规划要复杂得多。当宣称某些知识是正
   确的时候，则需要依据一些假设。然而，一旦这些假设被放
   宽时，知识会失去它的"客观"特征吗？
3. 所有的科学和技术知识要么过于理论化，要么过于技术化。
   规划师们依照什么标准在众多理论中做出选择？选择一种理
   论而不选择另一种是一种政治行为吗？
4. 其他类型的知识的主张是什么？声称科学技术知识优于其他
   类型的知识，尤其是当它的应用产生的结果不同时，这种声
   称的依据是什么？
5. 所有的经验知识（科学的和其他种类的）的正确性的验证，
   似乎都需要谈论证据。因此，知识的建构必须被视为一个高
   度社会化的过程。这种基于交往的过程在政治上和理论上都
   是结构化的。我们对这些过程的认识都是基于对世界的认
   识，即事实、经验、信念和想象的知识。因此，所有的知识
   都是通过社会过程创造的。因此，规划师凭什么认为他们对
   世界的看法和观点就应该是胜出的？
6. 对世界的理解，个体的或共有的信仰是获得客观知识的重要
   阻碍。规划师怎么能认为自己就能优先获得客观知识？当某
   些行为主体的个人知识与规划师的科学知识发生冲突时，
   是否有理由认为其中一种或另一种本质上更好，因此应该
   遵循？

福雷斯特（Forester，1989）认为，这些问题的答案与他所说
的"扭曲"相关。尽管理性规划和渐进式规划都是谈论现实，但在实
践中，它们并没有真正抓住规划师们日常工作的实际内容：

> 扑灭森林大火、处理随机的电话、与同事辩论、处理优先事项、在这里谈判和在那里组织工作，试图理解世界上的其他人（或某些文件）的意思，这些都是我们的日常工作。当我们对这些日常工作进行审视的时候……很快就会发现我们对手段—目的（means-end）的看法虽然引人入胜，但实际上却是对实际发生的事情的一种不充分的重建。（1989，p.15）。

所以，工具理性规划不仅在原则上就容易引起人们的反对，而且在实践中也是受到限制的，或者如西蒙（Simon，1957）所说的"有限的"（bounded）。相对于理性综合方法所要求的"完美"条件，规划师们面临着：

- 模糊、未清晰定义的问题。
- 关于替代方案的不完整信息。
- 关于"问题"的基线和背景的不完整信息。
- 关于价值、偏好和兴趣的范围和内容的不完整信息。
- 有限的时间，有限的生存空间和有限的资源。（Forester，1989，p.50）

除了理论上和实践上的限制，理性还面临着结构性的限制。社会权力不是分散的，投资和行动的能力也不是均等分布的。同样，强大的社会、政治和经济结构，不仅将决定谁的声音最响，而且决定谁的声音能够得到最多的倾听。在规划师构建规划议程的时候，这些条件与不明确的信息或模糊的目标具有同等重要的影响（Forester，1989，p.60）。对于规划师来说，实践上和结构上对理性的限制所产生的结果是相当严重的。规划师们会采取满意解决法（降低对最优方案的期望），会利用社会和组织网络，会利用其他团体和行动者的大力支持，会进行谈判并调整目标（Forester，1989，p.54-59）。然而，规划仍然把自己看作是一种"理性的"事业。

希利（Healey，1993 b，p.235）认为，规划对工具理性迷恋的后果是显而易见的：从高楼大厦的建筑灾难到以经济标准作为主导来支持公路的建设。为了解决这一情况，一些新的规划理论出现了，包括弗里德曼（Friedmann，1973）的"交互式"规划和埃齐奥尼（Etzioni，1967）的"混合扫描"等都是为了解决这一情况而发展起

　　来的，尽管后者的核心仍然是保留工具理性。显然我们在这里所关注的是沟通理性的发展，更具体地说，是沟通行为的发展。沟通理性对规划意味着什么？相关文献中反复出现的问题有：公平、社会正义、民主和稳定。规划作为一种沟通过程，对于规划是什么的问题有着明确的想法，并挑战规划师的职业中立性和存在的理由：这与规划师拥有一套议程有关。其内容是"所有那些致力于将规划视为一种民主事业的规划师们面对困境，因他们以促进社会公正和环境可持续为目标。"（Healey，1993，p.232）。"仅仅依靠技术知识和实践性上的组织知识，并不能帮助规划师解决公平、财富积累的集聚以及贫困和苦难的普遍存在等问题。"（Forester，1989，p.76）可以看到，这里所关注的焦点主要集中于支配作用和扭曲问题。像哈贝马斯这样的批判理论家关注的是资本主义对语言的影响，或者它是如何扭曲真理、创造或延续支配作用的。规划师的角色就是要通过识别和规避扭曲，来揭示这种支配作用。但其涉及的关系并不简单。规划师倾向于为组织机构工作，并且，像福雷斯特（Forester，1989）总结的那样，组织机构不仅产生工具性的结果，它们也通过控制信息、使用网络或构架问题等机制对社会和政治关系进行再生产。由于沟通过程的扭曲，公民不仅被误导，而且被排除在他们的民主权利之外。规划师或许会发现公民并不开展政治性的组织活动，也不积极参与到规划过程中，相反，他们会发现公民已经被去政治化了，变得沉默无声，服从于表面上的地位、头衔或专业知识（Forester，1989，p.77）。规划师甚至可能会看到他们所工作的组织机构把这种情况永久化。因此，他们需要理清楚这是如何发生的，以便解决它；在努力达成一致的时候，需要与不同的人一起工作从而充分认识不同的经验方式（Healey，1993b，p.23）。

　　福雷斯特（Forester，1989）认为，规划师所做的已经远远超过了法卢迪（Faludi）的规定性理性综合方法或林德布卢姆（Lindblom）的描述性非连贯的渐进思想（见第3章和第8章）所要求的内容。在面对权力或支配力量时，他们即兴发挥，调整目标、应对问题、调整优先次序和工作力度，他们诠释指令、义务、承诺和威胁（1989，p.178-179）。在规划中，这些过程的最显著的结果之一是规划方案本身。规划是各种"论说"的结果，是不同的思想通过语言汇集在一起而产生出的一种特定的"观点"或规划。希利（Healey）（1993b）声称，在一个规划中可能会有几方博弈——比如那些想要保护农村的人的想法，与那些推动农村地区更大经济增长的人的想

法。这些"论说"在规划中是如何被解决的和被呈现的是沟通理性的
核心。

通过考察英国的许多发展规划，希利（Healey，1993b）对某
个规划中的意义体系，及其中的对话（论说）和参与者（论说社区）
进行了探讨。因此，我们不仅要分析"赢家和输家"，还要分析这个
规划是如何达成的，它阐述了什么以及它是如何阐述的。规划师通常
认为他们的角色是平衡这些论说，但是，正如希利（Healey）所认
为的，必须在不同的论说之间做出选择——这些选择是如何做出的，
其依据是什么，在规划中往往没有对其说明。沟通理性方法认为：考
虑到这种选择的不明晰，它们可能是基于狭隘的工具理性标准和/或
被社会中的强势力量（资本、政治等）所扭曲（隐含和明确地）。关
键是，我们不知道，因为选择依据的基础不明确。规划如何能够避免
这一点？希利（Healey，1993b）为发展规划中的上述问题提供了一
些简单的解决方案。规划师应该做的是承认规划中的不同主张。这可
能涉及要明确选择哪一个主张以及为什么（例如"在这个问题上有三
个论点，A、B和C；我们选择B，原因如下"）。规划应该承认存在分
歧，例如，为什么某个规划不能实现某些目标，因为它们超出了其能
解决的范围。

但这似乎将争论限制在了结果上，而沟通理性还是与过程有关的
（最大限度假设这两者可以分开）。正如德雷泽克（Dryzek，1990）
所指出的那样，系统论的思想和过程理性的思想是沟通理性主义者所
憎恶的，它容易使人产生这是新的控制形式的想法。所有参与到展望
未来的人，也应该参与到用以遵循的规则和程序的制定中。在此过程
中，必须随时调整规则和程序，以确保它们不会形成对自己的支配。
福雷斯特（Forester，1989，1993）发展了哈贝马斯的理想演说的
四个标准（可理解性、诚实性、合法性、准确性）作为沟通的基础，
并认为有必要关注内容（讨论的是什么）与背景情况（什么时候以及
在什么情景下被讨论）（Forester，1989，p.145-146）。他接着提出
了一个规划师可以（不是"应该"——想要避免规定性和支配性）使
用的方法。规划师应该思考如何去做到以下方面：

· 培养由联络人和各种联系构成的社区网络。
· 仔细倾听。
· 在规划过程中，让缺乏组织的利益相关者能够知晓。
· 培育公民和社区组织。

- 提供技术和政治信息。
- 确保非专业人员能够获得文件和信息。
- 鼓励基于社区的团体努力争取获得拟议项目的全部信息。
- 培养组织合作的技巧。
- 鼓励独立的、基于社区的项目评审。
- 对政治/经济压力要有心理准备。

这些指导方针明显地绕过了制度方面的限制。这些指导方针没有实现利用沟通理性来约束制度理性而是适得其反［正如洛（Low，1991）所指出的，类似于老派的多元主义模式］。希利（Healey，1993），在讨论她所称的空间战略制定（或规划编制？）的含义时，提出了关于规划的五个问题，从而帮助确认是否需要提出替代的规划制度和规划过程，并初步给出了一些答案：

1. 讨论在哪里发生的？在什么论坛和舞台上发生的？社区成员如何才能参与其中？传统上，这些讨论空间存在于正式的政治、行政、法定和法律体系中。然而，英国当前制度中存在的自由裁量权给当权者了机会，允许他们对规划过程进行反思，但前提是他们能够认识到这样的机会。根据社区的空间本质属性和基于利益的本质属性，首先需要将社区反映在地图上或对社区进行识别，然后在任何其他工作开始之前，他们需要得到邀请从而参加有关参与权与参与过程的讨论。关于在"哪里"的问题，布莱森和克罗斯比（Bryson和Crosby，1992）确定了三种"场所"：论坛，阐明涉及价值观的战略；舞台，对政策进行更为精确的界定；法院，确认悬而未决的争端。

2. 讨论将以什么方式进行？什么方式最有可能开启讨论，以确保各类社区成员的语言得以表达？在目前的制度中，可以把这看作是对应于规划中的调查阶段。我们需要的是开启问题，以了解它们对不同的人意味着什么，从而避免强化陈规，避免窄化议程，避免疏远民众。有三个方面是非常重要的：方式（谁说话？什么时候说？他们说什么？空间利用等）；语言（理想演说的使用，转译等）；呼吁（努力平衡讨论，以避免那些强势群体占主导地位）。

3. 在讨论中出现的各种议题、争论、需要关注的主张、需要做什么的看法等构成的复杂综合体，如何能够得以理顺？在这里，存在大量问题值得提出来。按照传统做法，由规划师负责筛选并得到一个比较合理的点。但是，这种做法应该要更加丰富一些才行——规划师需要对价值和道德等进行探索，其作用就是帮助别人理解这些方面的内容。

4. 一项战略如何制定，才能使其成为一种新论说，一种关于如何能够对城市地区发生的空间和环境变化进行很好管理的新论说？为此，有必要让其他人参与到对问题的讨论、对行动目的讨论，对成本和效益的评估方式的讨论，而不是仅仅依靠规划师们的专长。可以举的一个例子是绿带，它似乎已经成了一个占主导地位的论说，尽管并不清楚它是如何做到的。希利（Healey）认识到，这是这个过程中最危险的一面；新的论说需要不断地接受批评，以避免它们成为主宰。

5. 一个政治团体如何能就某个战略达成一致，并在随时接受批判的情况下长时间保持这个一致的结论？分歧肯定会有，所以需要一种方法来解决这个问题。重要的是，需要利用沟通理性来认可这种方法与批判。

另外一些有关规划制度的替代方案的建议（例如Hoch，1984；Albrecht和Lim，1989）似乎遵循着相似的路线，试图在规范性建议之间取得微妙的平衡，而不想强制某种规划构成或规划制度得到参与者的执行。这样，给我们留下的，应当就像希利（Healey，1993b）所列举的那样，是一些关于规划会是什么样子的启示：

1. 规划应使用其他类型的分析技术和表现形式。
2. 在不同的论说社群之间无法得到共同的语言。因此，规划应侧重于寻求可实现相互理解的途径。
3. 规划应该促进对话社群内部及之间的相互尊重的讨论。
4. 应该努力构建一些平台，在这些平台上能够完成程序的制定和冲突的识别。
5. 允许各种知识和理性。
6. 反思和批判的能力的维持必须通过理想演说来实现。
7. 所有利害关系的人都应该包括在内（或至少不排除在外）。困境需要通过交互式对话的方式来解决。
8. 利益并不是固定不变的，通过互动和相互学习的过程人们可能会改变自己的利益。

9. 有可能通过批判挑战现有的权力关系，揭示压迫力量与支配力量。

10. 目的是帮助规划师在互相理解的基础上，以双方都认可的方式开展工作。

问题的关键是，没有人真正知道，为了避免造成对各种替代方案的支配，一个沟通式过程或制度会是什么样子。霍克（Hoch，1984）谈到了一种激进的实用主义，在此框架下，规划师能意识到权力分配的不平等，并努力寻找替代办法。阿尔布雷特和利姆（Albrecht和Lim，1989）认为，规划师应具有高度的自省意识，不应假定就比他人知道得更多，并应遵循哈贝马斯的理想演说规则。

在试图转译哈贝马斯的思想时，我们只是简单地从高度抽象走到了一般抽象。作为波普尔（Popper）的"开放社会"理论的替代方案，德雷泽克（Dryzek）的沟通理性理论将工具理性限定在沟通理性范围之内，但在规划中，该替代方案似乎恰恰是与此做法相反，它保留了基于工具理性的国家结构，并将沟通理性作为一种工具或将过程置于国家结构之中。那么，我们如何使用这种方法呢？目前看来，有两个主要用法。首先是可以用这种方法来分析现有的规划制度和规划程序。其次，它影响了当前的一些规划过程，特别是公众参与的过程。

对当前实践的分析

对规划的分析，巧妙地揭示了规划工作沟通的本质（Lauria和Wagner，2006）。这些研究的核心似乎涉及两个问题。权力关系是以什么样的方式体现在知识的拥有和运用中的？什么类型的沟通行为能传达这种知识？在研究发展规划时，希利（Healey，1993b）试图揭示规划中的不同论说及其背后的规划过程，她声称这样做能够判断该规划中包含的民主的内容。规划师所关心的，是如何在规划中产生一个商定的"故事情节"，而不是如何产生各种故事情节以及选择其中某些故事情节的标准。

这一点也困扰着福雷斯特（Forester，1989）对日常决策中的微观政治的研究。判断问题的时候对程序、检验或证明正当性的方法的严重依赖，模糊对问题的预先感知和认识，因而制定的规划行动一定是不适当的（1991，p.200）。希利（Healey，1993b）声称，不同论说的存在以及规划师的调解，有可能掩盖这些决策背后的强大力量，并破解隐藏在政府所持的某个观点背后的共同论说的神秘，比如"规划方案应该是清晰和容易理解的"这种观点。这种涉及知识的产生和交流的日常决策，容易与意识形态实践和政治实践沆瀣一气，从而保护权势者并糊弄无权者（Healey，1992，p.9）——规划师应该意识到这种信息误导（Forester，1989）。

在研究一个发展控制规划师的某个典型工作日常时，希利（Healey，1993b）识别出了上述信息误导可能发生的三种情景：信息的提供、议程的构架和战略的制定。在这三种情景下，规划师（以及其他专业人员，如建筑师或测量员）使用的图像和语言不应排斥他人，或封闭调查渠道——因此，规划师应该以身示范前文讨论的理想演说的可能性。在希利和希利尔（Healey和Hillier，1995）对社区参与的研究中，似乎缺乏这样的理想演说。基于哈马贝斯的制度与生活世界的概念，我们发现：在规划师与社区团体之间存在拉锯战。规划师和规划程序看起来是以咨询这种仪式而不是参与这种方式来迎合制度，这样做就维持了制度的合法性（1995，p.22）。另一方面，社区团体试图但未能按照他们的要求参与到这个过程中，他们被迫使用规划师的惯用词汇并以规划技术为基础来讨论，而不是对实践中真知进行讨论。通过解析规划流程和居民的角色，希利和希利尔阐明了规划的过程和结果是多么地具有强迫性和排他性。

规划的方法

这些分析虽然具有启发性，但要想改变当前的规划实践，就必须要形成规范。希利（Healey，1993）声称，这样的研究将有助于给规划制定者和使用者提供关于如何巧妙民主地制定和使用规划的建议——但是解决方案是什么？认识到政府有将行政（和意识形态？）论说强加于规划上的权力，希利建议对规划内容和公众参与策略进

行审查。希利和希利尔（Healey和Hillier，1995）也提出了类似的
建议，他们认为规划师需要从实践知识中，学习很多东西。福雷斯
特（Forester，1989）给规划师担任道德践行者提供了另一个经验清
单，其中包括：

1. 需要了解价值——既要认识到自己的想象和探索角色，还要
   认识到自己的公正角色。
2. 需要利用模糊性——不要接受人们所说的、所探索的一些表
   面上的价值。
3. 既要深思熟虑目的，也要深思熟虑手段。
4. 实践判断既是重建性的也是公正性的——关注问题是如何被
   构造、感知、识别的，而不是为某个选择辩护。
5. 在强权者的陈述面前，公众陈述的需要应该以人们能够表达
   自己关切的问题的对话为基础。实践判断不应该依赖于理性
   的计算，而应该更多地依赖于潜在的共识。
6. 需要在价值参与、价值感知和价值认知之间建立包容性的纽
   带——没有对价值的感知，参与者就无从言起；没有市民的
   参与，商议就没有合法性可言。同时，在批判现状与提供替
   代方案之间是存在矛盾的，当然，这个替代方案应该要求其
   不会像原有的制度或程序一样处于支配地位。

沟通式规划与城市的新自由化

还有最后一个针对协作规划的批判最近颇受关注。这个批判考虑
的问题是协作规划与新自由主义的关系。珀塞尔（Purcell，2009）
认为，沟通式规划无意中支持和促进了正在进行的城市的新自由化。
普遍认为，新自由主义催生了民主赤字（是指政府的政治目标与治理
理念、手段等与民意之间存在巨大差异。——译者注），并为自己制
造了一个政治问题："由于新自由主义正在瓦解福利制度，加剧不平
等，并将严峻的市场竞争关系释放到了城市的政治生活，那么，它将
如何证明自己的合法性"（Purcell，2009，p.143）。虽然自由式民主
接受了经济上的不平等，并通过福利政策予以改善，但新自由主义要

256   规划理论（原著第三版）

想以民主平等（即每个人都有投票的权利选择通过执行投票权来支持
其他替代方案）的方式继续保持长期的生存，则仍然面临着威胁。新
自由主义造成了不平等与经济不稳定，因此，同时它需要确保它自己
的合法性和自己的未来不会受到威胁。在规划中，我们可以发现这些
危机是如何表现出来的，例如，缺乏可负担的住房、环境破坏、强调
私人汽车而反对公共交通：

> 沟通式规划为新自由主义者提供了一条极具吸引力的
> 路径，来帮助他们获得他们所需的民主合法性，因为它在
> 产生民主合法的决策的同时，往往会加强当前的政治经济
> 现状。在进行沟通式规划时，新自由主义者即便只是略知
> 一二，也能强化新自由主义的各种主张的支配地位，并重
> 新赋予资本不断增长的权力以合法性，从而塑造城市的未
> 来。（Purcell，2009，p.147）

珀塞尔认为，为资本的利益而服务并非是沟通式规划师的本意，
但毫无疑问的是，追求沟通式规划确实是服务了资本的利益。珀塞尔
的批判援用了一系列熟悉的论点，而不管这些论点对沟通式规划是多
么不利或与其信仰背道而驰，比如：为达成共识却使得根本意义丧
失，没有办法把权力中性化（援用自Foucault），需要对立主义以便
于支撑规划是"政治的"的观点，沟通式规划很难发展出挑战新自由
主义的替代方法，以及认为所有利益集团都会接受某个结果这种天真
的想法等。因此：

> 综上所述，这些批判表明，从长远来看，交往行为
> 倾向于巩固现状，因为它是在致力于解决冲突，消除排
> 斥，均衡权力关系，而不是把它们视为社会动员的基础。
> （Purcell，2009，p.155）

有一种相当有力的普遍观点认为，善意的和进步的规划方法不仅
失败了，而且实际上破坏了其倡导者的意图和目标（Allmendinger，
2016）。一些替代方案和反霸权的声音需要被规划和规划师们调动起
来，而不要让它们以徒劳的方式被扼杀，也不要让它们在错误地追寻
共识的过程中被扼杀。

结论

　　将某个立场或某个连贯的理论当作是沟通式规划，一定是错误的
（Watson，2008）。然而，尽管沟通式规划涉及的各种理论其重点不
同、存在细节差异，但它们之间还是有显著的共同点。沟通式规划的
尝试为规划寻找前进的方向、寻求合法的依据等提供了规范基础，这
是自20世纪70年代理性综合方法以来所缺乏的。因此，它应该受到
欢迎。但沟通式规划是规划正确的方向吗？要接受沟通式规划，你必
须接受它如下的内在理论基础：规划是一种再分配活动；规划师并不
只是和政治无关的不同利益的仲裁者；最重要的是，规划是一种公众
参与的过程。这些明确的政治立场，意味着要彻底抛弃如下观念，也
即：认为规划师掌握在专业人士、雇主、公众和社会手里。同时也质
疑整个规划职业的基础——如果你认为没有专家知识这种东西，只有
汇集在一起的不同的意见的话，那么它怎么可能成为一个职业（其存
在的理由就是专家知识的应用）？这些问题并没有得到提出该观点的
人的充分探讨，而且正如赖丁（Rydin，2007，2008）所强调的，协
作规划理论并没有完全解决这些问题。

　　对于规划师而言，其中有些可能发生的结果也是令其深恶痛绝
的。比如："规划师对最终的政策问题无法做出决策，规划师只是向
议员提供建议，然后由议员们来做出决策"（Greed，1996，p.21）。
规划师无关政治的角色，看起来是深深嵌入到了规划师的职业灵魂之
中，就像把工具理性当作只是决策的过程、把代议制民主当作只是决
策的手段的认知一样。然而，关键问题是这种方法给我们带来的全方
位的启示在文献中并没有明显谈到，其原因有两个。第一个是贯穿在
整个沟通式规划之中的悖论。用希利（Healey）的话来说，它指向
未来，而非确定未来。它提出了未来的变化前景，但没有预先给定变
化的具体内容，因为在沟通式规划中变化的内容是无法预先给定的。
因此，很难将其作为一种规划替代方法，因为它仍停留在抽象的层面
上。其次，因为它对什么是规划做了预先假设，因此你必须针对规划
是关于什么的这个问题采纳一个确定的立场。如果你不认同规划是一
个民主过程这个基础假设，那也无需烦恼。因此，沟通式规划理论缺
乏某种批判——但是这个理论本身却又建议针对规划提出这种批判。
也许，作为一种沟通过程的规划，其最重要的一个方面就是它以参与
式民主为基础。民众对此种规划方式的接受和倡导者们对其的理解是

一样的，但是他们并没有认知到基于这种认识所引起的许多实际和理论问题。帕特曼（Pateman，1970）认为，参与式民主（即人民直接参与社会关键机构的管理，并以政治形式实践和促进人的发展）提高了政治效能感，减少了与权力中心的隔阂感，培养了对集体问题的关注，并有助于形成知识丰富的公民团体，使他们能够更积极地关心政府（Held，1987，p.258-259）。

　　然而，赫尔德（Held，1987）同意韦伯（Weber）和熊彼特（Schumpeter）的观点，即普通公民不太可能对国家层面做出的各种决策感兴趣，因为他可能只会关心身边的事。此外，竞争的党派、政治的代表、定期的选举等许多自由民主的关键机构，都是参与型社会不可避免的要素。直接的参与和对现场的控制，加上政党和利益集团对政府事务的竞争，能够以最现实的方式来促进参与式民主这个原则（Held，1987，p.260）。沟通式规划的理论家们对于如何将代议制民主和参与式民主进行结合的问题并没有给出多少说明，规划师们和其他学者很难去设想出一个不再只是抽象理论的方案。

　　另一种观点来自于后现代主义者对现代主义的批判，包括在前面提到的利奥塔和鲍曼。尽管后现代主义者会同意这种沟通式规划，即规划师不能认为他们比其他人拥有更多的客观知识，但希利和福雷斯特等支持者试图通过某种共识获得一致认可。正如相对主义者所主张的那样，如果通过这一过程达成的共识和传统的工具理性主义一样，既有缺陷又会产生支配性，那将怎么办？上文中赫尔德的观点表明，实际上，参与过程很可能被某个团体和那些拥有时间和权力的民主代表所主导。沟通理性可能仅仅是使现有权力关系合法化的另一种方式。利奥塔认为应该去接受不可知和不确定性（在我们还需要向前看的条件下，虽然这并不能带领我们前进），这与一些新自由主义理论有共鸣。一些实践中的问题似乎也与这一理论相符。尽管有许多人正在对这些实践问题进行探索（见Bryson和Crosby，1992；Ines，1992；Sager，1994；Flyvbjerg，1998），但有不同的观点认为，这只不过是给规划研究提供了一个有趣的视角而已，除此以外别无建树。洛（Low，1991）将这个问题更推进一步。在什么条件下非扭曲的沟通才有可能？在没有支配、没有压制和意识形态的情况下，它才会成为可能。一般来说，在国家规划师和其要应对的人民之间开展的任何互动过程中，这些条件都不存在；在国家规划师和那些感受到他们所制定政策的影响的人群之间也不存在。支配是规划师们所在的社会网中的运行规则的一部分（Low，1991，p.256）。亚历山大提出了另一个有关协作规划的要害问题。正如他认为的，"结果可能是一个很好的方案，但这个规划方案实际上会被实施吗?"（Alexander，2001）。这不是因为规划方案本身不切实际，而更多的是与规划师在把事情做好中所扮演的角色有关。

第十二章
规划、后殖民主义、反叛性与非正规性

引言

规划的传播与扩散和规划本身的历史几乎一样长。被很多人认为是规划的奠基人的帕特里克·盖迪斯（Patrick Geddes）爵士，曾在1915年被邀请到印度去为马德拉斯市（Madras）做规划，目的就是为了展示英国规划章法的好处。随后，盖迪斯还为印度和巴基斯坦的很多其他城市和发展制定了规划。实际上，他不是唯一一个帮助殖民地的统治者引进规划和规划方法的人。在此过程中，规划的引进有时候是通过谈判方式，有时候是通过强制的斗争方式（Ward，2003）。在其他地方，规划传统的强制性则相对较弱：

> 在1914年以前……英国大量借鉴学习德国的城镇扩张、区划和有机城市设计的方法。作为回应，德国人（已经借鉴了英国的公共卫生这个创新做法）非常敬仰英国的住宅设计，其中尤其是田园城市的规划方法。而美国，则借鉴了德国的区划方法，英国的田园城市思想以及法国的宏大城市设计方法。作为回报，美国则给欧洲带来了城市范围的总体规划，以及城市景观设计的大手笔方法。（Ward，2003，p.490）

规划思想的相互借鉴并不局限在发展中国家之间。在战后的日本，德国、英国和美国的规划思想都在日本得到运用以帮助日本的战后重建。更具争议的是，沃德声称澳大利亚的规划师也借鉴了英国的规划思想，因为"决策的权力依然还留在思想的输出国"（Ward，

2003，p.494），这种看法显然忽视了本地人关于这件事情的看法。然而，在这里，对于规划思想的传播问题，对于国家权力的角色问题，以及无论是广义还是狭义上的土地利用情境下，规划是如何被当作工具用来实施殖民化的问题，存在着很多观点。从殖民的角度来理解规划实践和规划知识的传播正日益成为规划思想和规划研究中的重要领域。这是因为，尽管在第二次世界大战以后西方国家的很多殖民统治已经撤出殖民地，但是很多规划方案和规划体系依然留在了原被殖民国家。这种后殖民相关的内容，目前也和其他领域一样，正成为规划研究和关注的新领域。

这一章特别关注作为一种规划思想和规划研究的殖民主义和后殖民主义。从后殖民主义和规划的关系来看，后殖民主义很大程度上不是一种理论，而是为我们批判和发展现有的规划体制如何被一种权力（尤其是殖民国家）强加到另一种权力上（尤其是被殖民国家）的这个问题提供一种思考态度和思考起点。在后殖民主义和规划背后，存在着许多的理论，比如说把规划看作是一种治理形式，目的就是要将殖民合法化和永久化。然而，在规划中的后殖民作品的主要目的是以理解地方的特色和需求为基础，来促进批判、差异以及其他的可能解决方案。实际上，规划和规划师都直接或间接地介入过后殖民的思想。在直接介入方面，我们可以举出瓦妮莎·沃特森（Vanessa Watson）、让·希利尔（Jean Hillier）、阿南亚·罗伊（Annanya Roy）和奥伦·伊夫特休（Oren Yiftachel）等人的作品。在间接介入方面，本特·弗吕比约格（Bent Flyvbjerg）针对将西方语境下形成的规划理论和实践进行普遍化的现象进行了质疑。所有的这些分析，实际上都与一个主题有关，那就是在学术圈和研究领域，太多的注意力都聚焦在全球北方的规划实践和理论上。在罗伊看来，"是时候将城市理论和规划理论的生产放置在全球南方了"（Roy，2005，p.92）。[Global South这个概念大概出现在2000年左右，是一个横跨多个人文社会学科、复杂而多变的概念。反映了具有上升趋势的两股力量，一个是反全球主义者等组织，另一个是世界贸易组织内的南方国家联盟。在社会科学中，这个概念常常与现代性、（后）殖民主义等概念相互关联。本书中将Global South统一翻译为全球南方。——译者注]

第二个主题涉及这样的问题：有必要让当前的规划体系能更好地反映地方的本土文化和首要需求。

本章将聚焦于和规划相关的后殖民思想所涉及的许多方面。由于这是一个非常广泛且不断成长的领域，因此这里的讨论话题有必要有一定的选择性。首先，我想介绍一下关于知识传播的讨论，为后面要讲的内容做铺陈。然后，我将讨论殖民主义和后殖民主义的详细含义，紧接着我会提出规划会抑制本土的权利，并指出殖民主义如何以新的方式在这些地方出现。最后，我将探讨最近在后殖民规划研究中颇受关注的两个概念：非正规性（informality）和动乱（insurgency）。

规划知识的传播

在规划中，殖民主义和后殖民主义主要涉及那些施加给殖民地的规划体制的遗留及其影响。但是，一个国家的规划体系影响另一个国家的规划体系的方式多种多样，有一些影响是强制式的，有一些影响则不是。在正式讨论殖民主义、后殖民主义和规划强制施加的影响之前，我们有必要后退一步，对研究所谓的规划知识的传播的不同方法进行差异分析。实际上，有大量的关于规划理论与实践的传播著作，从彼得·霍尔（Peter Hall）的《明日之城》（*Cities of Tomorrow*）（1996）到安东尼·萨特克利夫（Anthony Sutcliffe）的《迈向规划的城市》（*Towards the Planned City*）（1981）。更近的一些关于规划理论与知识的传播的论述（例如Heng，2016），则是对上述这些文献的一种补充，同时也为这些已有文献增加了一个更具批评性的维度（例如Home，2013）。有两种论述规划知识传播的方法：一种是基于地方的分析，或者说是研究一个城市或区域的规划是通过何种方法而获得知识和启示的？另一种是基于思想的方法，举例来说，也就是某个思想或者概念（比如田园城市）在各种不同的地方是如何产生影响并塑造地方的规划政策的。不管是哪一种方法，有一个共识就是思想和地方之间存在复杂的互动关系。此外，沃德（Ward，2003）还强调了另一个维度的问题：思想和知识在多大城市上是借鉴的或强制的。针对这两个大的传播类型，沃德补充了许多关于两者的其他特征（表12.1）。

很显然，表12.1所展示的传播类型很好地表达了沃德对传播的理解：传播是高度变化的，它受到机制和行为主体等关键角色的影响。

因此，其带来的一个结果就是思想在不同地方的解读会有很大的多样性。

从本章所要聚焦的问题来看，沃德在表12.1中所表达的传播类型是非常有趣的，表中粗线的上下区分了是借鉴的规划知识还是强制的规划知识。在这里，我们主要关注强制的规划知识，沃德将其分成了三种类型：协商的、争夺的和独裁的。理解这些不同的传播形式的要点就是所谓的殖民者和被殖民者之间的权力关系的平衡问题。其中涉及的权力会以不同形式出现，因此它很有可能不会是那种更加传统的模式，比如一个国家全面压倒另一个国家。比如说，在协商型传播中，沃德强调与国际援助相关的规划体系的重要性，尤其是在非洲和亚洲，因为这些地方的投资往往关系着某种特殊形式的新自由主义改革。

不管我们是否接受沃德的分类和分析，我们应该赞许沃德的努力，对那些希望描述殖民主义、后殖民主义和规划之间关系的人来说尤其应该认识到其价值。在规划的文献中，表现出了一种趋势，认为虽然殖民主义的具体经验丰富多样，但是这种多样性很快就会被同化进而形成统一的经验。同时，已有的规划文献尤其倾向于聚焦强制型传播。此外，还有一种倾向，就是将所有的经验都强捏到"强制型"传播中去。但是，沃德指出，"独裁型强制的"传播是非常少见的。毫无疑问，这个观点很多人是不同意的。沃德的这个观点表明很多的殖民规划应该属于"协商型"和"争夺型"，不过，这很大程度上取决于这些名字到底是什么意思以及按照谁的观点来进行评估界定。

传播的类型 表12.1

类型	本土的角色	外部的角色	典型的机制	传播的水平	关键的行为主体	差异的可能性	典型例子
合成型借鉴（Synthetic borrowing）	非常高	非常低	本土的规划运动加上广泛的外部联系	理论和实践	本土的	非常高	西欧主要国家和美国
选择型借鉴（Selective borrowing）	高	低	外部联系加上创新的规划传统	实践和某些理论	本土的	高	西欧的小国

续表

类型	本土的角色	外部的角色	典型的机制	传播的水平	关键的行为主体	差异的可能性	典型例子
原版型借鉴（Undiluted borrowing）	中	中	本土参考创新性的外部规划传统	实践加少量理论或没有理论	外部的加上一些本土的	较低	大英帝国的统治地方，日本以及某些欧洲国家
协商型强制（Negotiated imposition）	低	高	取决于外部规划传统	实践	外部的加上一些本土的	低	援助依赖型国家（比如非洲国家）
争夺型强制（Contested imposition）	非常低	非常高	高度取决于某个外部规划传统	实践	外部的	低	"启蒙"的殖民规划
独裁型强制（Authoritarian imposition）	无	全面的	完全取决于某个外部规划传统	实践	外部的	没有	新征服的领地

来源：Ward，2003，p.48。

　　虽然后殖民主义关注所有规划类型的传播及其遗留和影响，但是总体来说其更加关注强制型规划的遗留和影响。不过，正如沃德所强调的那样，我们首先有必要搞清楚"强制"表达的是什么意思。正如我在这里要给大家讨论的那样，规划体系有可能通过多种途径被"强制"，包括国际机构（例如世界银行）的援助与规划改革的关联关系、认识到有必要在全球资本时代进行竞争、通过咨询和顾问来交流思想和方法，以及将英语作为规划中的通用语言来提供"最佳的规划实践"范例的做法。有些人认为当前所用的一些驱动因素是后殖民做法，因为其影响是相同的：将非本土的方法强制到（虽然是通过协商和洽谈的方式）本土的规划中。在有些人看来，殖民主义的时代没有结束还有其他原因。在过去的大概十年里，许多新殖民公司还与军事活动保有联系，同时也与针对恐怖分子的战争有联系，这些事情统统都涉及规划和重建，我在后文将继续阐述。在这些情况下，我们可能会看清楚什么是强制型规划体制，甚至是独裁强制型规划体制。也许，后殖民这个词本身就被滥用了，将其当作一种工具以便更好地理解规划斗争也是不够准确的，尤其是在当前的规划斗争中这个词更为不准。不管怎么说，我们可能会问：所有的规划体系在某种程度上不都是被一些令人厌恶的利益所强制吗？为了更好地理解这个词以及它与规划的关系，一个方法就是要后退一步，对与规划相关的术语的出现进行思考。

什么是后殖民主义以及它要利用规划来做什么

大家所熟知的后殖民主义的出现，源于对曾隶属于大英帝国等国家的殖民地去殖民化经验的关注。根据伯默尔（Boehmer，2005）的观点，殖民主义最早指涉的是一种商业冒险，涉及在某个领地的定居，对本地资源的探寻和利用，对本土居民的统治，通常是通过武力方式实现统治。后殖民主义，指的是殖民以后的一些东西，不过，正如桑德考克（Sandercock，2004）所指出的那样：后殖民主义还需要从经验和政治的角度来理解。从经验角度来看，后殖民主义指代的是殖民的体制安排的瓦解。但是，从政治角度来看，"殖民的心态和殖民的政府管理技巧会以新的形式继续存在。因此，在当前的新世界里，从概念上来讨论殖民社会里尚未解决的后殖民主义问题是有道理的（Sandercock，2004，p.119）"。从这个意义上来看，后殖民并不是表示殖民后的某些东西，而是一个接续的过程。

早期关于殖民主义及其后果的著作，源于对现存殖民主义文献的批评，其目的是试图提供主流之外的其他观点。以积极的态度来看待殖民者的观点在一些著作出版后得到了很大的推广，比如弗朗兹·法农（Frantz Fanon）的著作《黑脸庞，白面具》（*Black Face*，*White Masks*），爱德华·萨德（Edward Said）在1978年发表的《东方主义》（*Orientialism*）。此两本著作都探讨了殖民者和被殖民者之间的关系问题，也探讨了殖民主义如何通过创造的知识来支持分隔的居住实践，证明殖民主义的合法，帮助殖民主义的渗透。萨德的分析指出了东方人是如何被不断地描述成为低下的群体的，而西方人被描述成为高高在上的人群的，这就从道德上证明殖民者对被殖民者的长期殖民的合法性。两部书的要点在于阐述了帝国如何对人的思想进行殖民，而不是对空间和领土的简单殖民。因此，对殖民主义的反抗或另寻他路，需要聚焦于对思想进行去殖民化，而不是简单地把旗帜降下来。此外，著作还指出了基于殖民思维的治理态度和形式，在去殖民化后还会继续存留。这个看法，与规划的关系非常密切，同时也与桑德考克的观点异曲同工：要对后殖民主义中的经验要素和政治要素进行区别。

这个分析方法为这个话题开启了一个广阔的分析领域，同时建立起了后殖民主义分析和一系列学科、话题的联系，这其中就包括规划。在殖民主义这个话题上，一个特别受到关注的问题就是殖民主义发挥功效的机制和工具是什么，这个问题就把人们的注意力转移到了具体的物质层面上来。那么，这和规划又有什么关系呢？如上文所讨论的那样，规划的知识和学说是会进行国际传播的，这种传播有时候是通过自愿合作，而有时候又是通过强制方式实现的。后殖民主义规划包括了上述两种情形（也包括处于两者之间的情形），但是后殖民主义规划尤其强调强制型和殖民型的规划遗留及其影响。相应的，有三个领域的研究分析尤其突出。第一，规划工具和机制的传播，抑制了本地规划的形成和理解，如果是通过沃德（Ward）所谓的"借鉴"的方式，则这种抑制可能相对较轻，但很多时候这种传播却是强制的。规划方案和规划过程是规划的支柱，但是它们是在具体的法律、政治和行政背景下形成的。规划涉及的这些背景和工具却被强加到非常不同的其他的本土文化上。通过这种方式强制形成的规划体系，毫无疑问是不恰当的，同时这种规划体系指向的公共产品也是非常狭隘的：

> 在这个世界上，继承了殖民时期规划体系的地方，存在典型的现代主义、自上而下、中央集权和控制导向的规划体系，这种体系长期以来是为政治和经济精英而量身定制的，这些精英们热衷于控制城市化和非正规聚居，热衷于提升地价。（Watson，2016，pp.663-4）

这里的主要观点是：存在大量的国家，其中大多数在全球南方（Global South），它们所拥有的规划体系都是现代主义的西式规划体系（Western planning system），这些规划体系是曾经的殖民者强加给他们的，构成了殖民的一部分。这种规划体系的指向就是榨取价值、促进增长以利于殖民者。围绕"一个好的城市"是由什么构成的问题，这些规划体系的假设是：需要通过诸如区划、分离用途和管理开发密度等政策来实现，同时也需要从西方舶来各种理性分析的规划工具来帮助理解非常不同情形下的城市。

后殖民主义分析普遍关注的第二个问题，涉及规划如何通过直白或者隐晦的方式来抹黑本地的知识和文化，使其在某种程度上看来是低下的或是"前现代的"。例如，麦库（Mycoo，2016）讨论了在20世纪过程中，英国式规划是如何被介绍到说英语的加勒比地区的，本地的精英又是如何运用和适应这种西式规划论说的，而其代价却是牺牲了本地的规划技术和知识。在一些情况下，来自国际的咨询专家们给出的规划方案无法实施，原因在于他们对地方文化和传统的认识不足。最近，这种问题再次凸显，这是因为：在全球资本自由的时代，全球许多咨询公司被邀请来为地方或区域政府寻求地方发展和参与全球竞争的思想方法，这就带来了当前国际、跨境政策的快速增加。这种所谓的"快餐式政策"（Peck和Theodore，2015）是一种"去边境"政策，已有许多著作对其意义和启示进行了研究。在规划领域，对这种现象的担忧集中在一起就形成了后殖民主义的新形式：

> 长期以来，规划对社会精英和政治家来说是一种社会控制的有效机制。但在全球智力型公司（Global Intelligence Corps）（GIC）的推动下，规划则被推动形成了一种服务：国际建筑、工程和规划公司规模虽小，但是能量巨大。它们为世界范围内的客户生产各种总体规划，这些客户希望这些规划看起来既现代又具全球性。这个，难道不是当前的实情吗？（Watson，2016，p.663）

更一般地来讲，目前也存在这样的思考：在一个包含贸易和调控的国际协议的全球化世界里，政策的不同在多大程度上才有可能呢？值得指出的是，快餐式政策并不是仅仅在殖民地被采用，在许多被指控实施殖民的地方快餐式政策也同样被采用。但是，人们对于这种新一轮的强制型规划持有特别的敏感性，害怕新的全球规划秩序会寻求地方和文化的同化，并形成"一刀切"的规划方法。

最后，后殖民主义规划的分析还有一个分支，其涉及规划如何进行改变，从而使其更加适应后殖民时期本地人民的关切。在对本地规划和殖民主义进行总结中，桑德考克（Sandercock，2004，p.119）

围绕"本地人民争取发声权、土地权、自治权、经济发展机会、象征性认可以及矛盾调和"等问题识别出了三种要素，颇有帮助。第一个方面是主权问题。作为殖民主义的一部分，许多地方人民丧失了其土地权。因此，对他们来说排在第一位的就是收回合法的土地权这种资源，然后解决土地的规划和调控在多大程度上能够做到更加包容和具有文化敏感性。这就需要收回土地的主权。这个问题的解决并不是简单地发展出一种规划的新形式，而是要在现有的政治和法律治理结构下对主权和规划进行协调。对于这个问题，相关文献特别强调本地规划师和非本地规划师的差别，并且认为将这两者区分开来的想法是非常直接的，且本身不存在问题。然而，正如桑德考克所指出那样：

> 拥有关于本地政治法律结构的相关知识的非本地规划师能够帮助本地机构在现有的政治环境下开展工作。同时，他们也以诸如识别本地文化知识的方式来改变本地的政治环境。（Sandercock，2004，p.121）

通过现有的政治结构（包括政治党派）和法律框架来开展工作是十分必要的，而要做到这些，所谓的"非本地规划师"是十分必要的。

桑德考克识别出来的第二个主题是知识。对某些社区群体或本地人民来说，和发达国家常见的理性的、抽象的理论方法相比，社会学习和故事讲述是更加重要的知识构成：

> 如果西方规划师/研究者不能够发展出上面所述的本地人所拥有的技能，那么其如何能够开展有意义的对话呢？如何才能使得规划的过程更加适合故事讲述的模式？我们甚至可能会问：规划教育者思考过这些问题吗？（Sandercock，2004，p.122）

桑德考克进一步指出，思考和处理问题的方式如此不同，可能需要规划师和研究者拥有完全不同的思维模式。如果那些所谓的"非本地规划师"只是简单地对本地进行研究，然后把研究成果带走，那么还有另一些方面的问题需要研究："这是一种现代主义版的殖民实践，首先盗取本地人的坟墓，然后将他们的骨架带到西方的博物馆和科学实验室"（Sandercock，2004，p.122）

最后，桑德考克强调要考虑伦理道德方面的内容，并强调对已经学到的东西和各种假设进行反思，实施反学习的做法。规划师不仅可能缺乏帮助本地社区的相关知识和技能，还有可能他们本身就是问题的一部分。然而，从道德伦理上讲，规划师有必要从行动上加强本地人民的主权和自我帮助的能力。从这个逻辑来说，规划师应该尽快从"把规划当作一个工作"的思维中走出来。

在世界的很多地方，后殖民主义规划分析已经成为研究分析中成长起来的一个新领域。两个典型领域充分说明了这种趋势。第一个涉及规划如何与本地人民、社区群体联系的问题，第二个涉及规划如何促进了当前还在继续的帝国主义和殖民主义。

规划与本地的权力

> 在本地的问题上，殖民时代遗留下来的压制性行政管理，对本地人民的利益来说具有深远而持续的影响。不同人民及其对土地和资源利益的根本索求、由现代和后殖民国家构成的不同地方以及多种规划体系的共同治理等多要素的共存已经构成了一个重要的领域，在这个领域里，社会理论可以为规划实践的改善做出贡献。（Howittt和James Lunkapis，2010，p.109）

规划中的后殖民式介入的一个重要板块，就是围绕着规划的角色问题展开，也即无论是在历史上，还是在当前，都是要像曾经作为殖民主义的一部分那样，帮助遏制本地人民的权利：

> 在过去的几十年里，本地性已经成为被外来势力统治多年的人民和社区群体进行斗争运动的关键概念。一代又一代，这些民族或社区群体在他们自己的传统文化、法律和领地里实施自我管理。实际上，这种本地性运动的崛起是全球化的一部分，通过此种形式，边缘化的社会群体被聚拢到了一起。而这些边缘化的群体，过去都是被遏制或者被消灭的对象，当然要遏制或消灭他们的人往往是欧洲的移民社群或者后殖民国家。（Yiftachel等，2016，p.2132）

主流观点认为，在殖民之前就与本地土地有关系的群体对本地的土地具有天然的权利，但是在殖民过程中，他们的权利被殖民国家收缴了。因此，对本地权利的分析，能够很好地将前殖民时代、殖民时代和后殖民时代清晰地划分出来。不同的国家对待本地人民的方法各不相同。和这里的讨论有关的，是规划体系被用作工具来管理这个殖民过程的方式。作为收缴权利的一部分，我们发现，规划被用来赋予一些知识某些特权从而遏制另外一种知识，比如认为西方知识和本地知识比较起来是上等知识。这和萨德（Said）及其他学者的观点具有相似性，他们指责如下这种看法：和更加以西方为中心的知识和过程，比如在殖民地开展的法定所有权和贸易等相比，规划师和精英们将本地知识描述成前现代的或低下的。

规划对本地权利进行边缘化的一个方式就是将责任进行尺度性分离。比如，在澳大利亚，规划很大程度上是地方或省这一级的功能，而制定可能影响本地人民的法律的权利却保留在国家级政府里。在霍伊特和兰卡皮斯（Howitt和Lunkapis, 2010）看来，这种尺度性分离是对治理和自治的本地尺度和空间的废除。为了阻碍地方土地权利，另一个相关的变动就是对城市地区的扩展，这是因为土著居民的权利在城市地区不适用。对土著居民的权利的觊觎不仅仅局限在这种一般性土地权利上，还被扩展到了那些需要进行城市和区域开发的遥远的空间。尽管可以从法律上对这种做法做出成功的挑战，但是，要对抗占据统治地位的规划过程和规划结果并进行实践上的挑战，则面临困难，因为现实的制度对制定一个更加负责的规划体系没有太多的兴趣。

后殖民主义、新帝国主义和规划

对于后殖民主义和规划而言，第二个值得聚焦讨论的主要领域，涉及规划的角色如何促进了当前还在继续的帝国主义。概括来说，对于规划是如何被继续用作殖民主义的一种形式的这个问题，存在两类基本看法。第一，规划努力尝试强制推行普适性标准和方法，在某些人看来，这是新殖民主义的一种新生。比如，沃特森（Watson, 2016）就对联合国城市与国土规划国际指南（UN's International Guidelines on Urban and Territorial Planning）（UN Habitat, 2015）颇有批判。这个指南试图给全球范围内的规划提供一种标准的核对清单，并认为可以适用于多种尺度、多种背景和多种条件。联合国的指南提供了"改善全球政策、规划、设计和实施过程的工作框架，这将带来更加紧凑的、更加社会包容的、更好融合和更强联系的城市和领地空间，这些空间则能够培育可持续的城市发展，并且对气候变化拥有良好的韧性"（UN Habitat，2015，p.1）。这个总体目标可以通过从"国家和地方的经验"中寻求普适性原理来实现。当前，寻求普适性原理的行动已经开始，而对这种行动的影响可以在全球范围内不同的原理和实践中找到："规划方法的谱系非常宽泛，且显示出了明显的演化序列。在此序列中的每一个特定的场景下，自上而下和自下而上的方法都以不同程度进行组合"（UN Habitat，2015，p.3）。这种方法一出来就受到了某些人的批判，这些人认为这已经发展成了一种在联合国庇护下的新殖民主义（neo-colonialism），它融合了"现代主义概念上的、从国家尺度到地方尺度的政策与规划层级体系，同时也融入了城市与乡村平衡的概念"（Watson，2016，p.663）。因此，这些人声称，其最终的结果可能是全球规划的"寡头文化"。

上述这种观点只是对这个指南框架的选择性解释，正如该指南文件的标题所示，只涉及其中的一些指导方针。实际上，该文件还隐含了针对规划的层级式方法，也即从国家层次到地方层次，再到邻里层次。不过，该指南还强调了多样性和包容性。当然，其也清晰地指出了规划中的一些伦理道德建议：

> 城市与国土规划的最原始目标，就是要为当前和未来社会的各个层次的群体实现工作和生活的富足标准，确保城市发展的成本、机会和收益能够公平分配，特别是要促进社会的包容性和凝聚力。（Watson，2015，p.14）

拒绝这种"自上而下"的分析框架几乎是沃特森的原则。在她看来，这种普适主义，很大程度上是基于西方关于"好的城市"（good city）的标准和理论，对全球南方的城市来说这就是一个灾难。"城市不断地将穷人边缘化，因为繁复的规划和建筑调控使得人们'有必要游离法律之外'以便于自己的生存，这就带来了牢不可破的空间不平衡、城市边缘地区快速而碎化的发展"（Watson，2016，p.664）。作为一个持续前行的过程和框架，这些指南与全球南方不同城市真实情况之间的联系模糊不清。这种普适主义对真实情况的普遍回避，给我们带来了一些更加讽刺且充满矛盾的极端后现代视角。更加重要的是，对这种普适标准或"快餐型政策"的分析为我们指出了一系列的影响要素，这些内容对于将政策转化成为实践来说非常重要。正如佩克和西奥多（Peck和Theodore，2015）所指出的那样："有太多的东西是不可能轻易包装后就可以出口的，包括神授的领导力，有利的本地环境以及起支持作用的搭档的存在"（Peck和Theodore，2015，p.xvii）。因此，他们指出，所谓的（普适性内容的）固定和移动两者之间存在矛盾关系。

第二个主要看法也是认为殖民主义并不是发生在过去的某些简单的东西，而是一个持续不断的过程，与全球化以及其后的资本主义关系紧密。和前面提到的将后殖民主义理解为一个去殖民化的持续过程的观点相比，这个观点既是独立的，也是不同的。后殖民主义和规划的关系，主要涉及规划师所面临的伦理道德约束和其参与到后殖民化过程这两者所带来的两难矛盾。对后殖民主义思想及其与当前规划之间的关系这个问题，其中最为清晰明了的一个阐述来自于罗伊（Roy，2006）。罗伊认为，规划作为一门学科和一种职业，和军事一样，是帮助建立帝国的工具的一部分。后者扮演了征服的角色，而前者则担任了重建和创造的角色。

这种情况并不仅限于历史，也不仅限于理论。在罗伊看来，帝国主义和帝国的建立与当代规划是休戚相关的：在阿富汗和伊拉克的军工企业，实际上就是打包的新自由主义和全球化，它们构成了新自由主义和全球化的一部分，目的就是要"占据"反抗空间进而实施经济自由主义。"反恐战争"，隐含的是更深的资本主义扩张逻辑。当然，经济自由主义也常被看作是对抗宗教极端主义的一部分，在某些人看来这也是为了帮助前现代国家走入现代化。

在此过程中，规划和规划师一方面帮助解决帝国的建立和扩张过程中的矛盾，另一方面在帝国的重建过程中发挥部分作用以维持帝国长久。如此来看，规划和规划师也是资本主义扩张的同谋。在某种程度上来看，这也是可以理解的：谁又会拒绝成为帮助其他民族重建自己生活的一份子的这种机会呢？罗伊（Roy，2006，p.12）提出了"军工综合体"的概念，她认为，通过慷慨的金钱资助，"军工综合体"会引诱规划师抛却他们在伦理方面的约束和考虑。考虑到在大学或非政府组织中（NGOs）存在把公共经费置换成为来自私人的经费的需要，这种经费来源尤其具有吸引力。规划师这样做的动机在于他们觉得可以通过为这些机构工作的方式从内部颠覆这些机构持有的帝国主义目标。这种动机，尽管愿望很好，但是却"混淆了什么是同谋，什么是颠覆"（Roy，2006，p.13）。当规划师介入到某个存在持续矛盾冲突而又不得不成为其中一份子的场合时，他们在伦理上可能面临的第二种形式的两难处境就会出现。这种场合往往也是多目标战略的一部分：

> 在这种战略中，有推土机和导弹，同时也有景观的战略性转型，这种转型往往是通过土地利用、交通和环境规划来实现的。（Roy，2006，p.13）

　　和军事导向的帝国主义不同，在这里并没有宣称规划师是全球资本主义的侍奉者。但是，罗伊给规划和规划师提出的挑战，是要重新思考规划的历史和基石是进步的和无关政治的这种假设，重新思考规划是一个"无辜的职业"的这种不实之思（Roy，2006，p.13），而认为规划是"无辜的职业"也是马克思主义者在某些时候所秉持的观点。当然，围绕新自由主义和规划促进的"创造性破坏"这两者的关系，罗伊（Roy，2006）认为的后殖民主义和哈维（Harvey，2003）主张的观点之间有很大的相同。从这个意义上说，殖民化可能会涉及其他的国家，同时也有可能涉及同一国家内的其他社区，这种联系可能源于历史、文化或者政治原因。根据罗伊的观点，到底是哪一种联系的关键是要看规划与"振兴"的语言是如何联系的，而不是马克思主义者所说的剥削。原始积累需要一个创造性破坏的辩证过程，这就有必要让规划既是破坏者，也是创造者。创造性破坏，作为规划的本体论或者规划的基础，需要通过使用更新、复兴和振兴等标签让其在政治上可以被接受，这些标签实际上也是规划和规划师长期坚持使用的短语。自9·11以来，与反恐战争相关的冲突不断。在某些人看来，这给创造性破坏和规划等概念注入了新的动能，使其不限于国内，而是与帝国主义有关。因此，规划师就被卷入其中，针对破坏的空间开展必要的重建工作，并且被反复灌输一个罗伊认为的观点：这是一个做好事的绝佳机会。推进工作的方式，罗伊将其称作斡旋，这个过程也就是空间生产的政治化过程。斡旋这个概念对规划和规划师的角色产生挑战，主要还是将规划和规划师的功能当成帝国主义的一部分被打包送到了台前，强调并要求规划师从容地参与到殖民化的过程，且以一定的方式"指示出自由主义规划的缺陷"（Roy，2006，p.22）。这要求规划师要充分认识到罗伊所谓的"双重性"，也就是反身性的态度：规划师既要与帝国主义同谋，也要考虑颠覆帝国主义。这就形成了一种危机意识，这种危机意识会迫使规划师不仅要对他们的买主负责，还要对他们所肩负的更广泛的目标和伦理需要负责。

解决这种伦理上的两难处境，并不一定要拒绝后殖民主义的规划方法，也并不一定要否定更具地方特色和文化敏感性的规划体系。比如，在马来西亚，从殖民时期继承的规划法和规划过程都发生了改变。然而，如霍伊特和兰卡皮斯（Howitt和Lunkapis，2010）所指出的那样，这种转变带来的结果，一方面是规划被当作用来实现国家发展的一种有力工具，另一方面是很有效地将发展的受益者从殖民者身上转到了地方精英身上。地方原住民则从土地上被驱逐出去了，从而确保被认为是国家经济优先发展的领域得到发展，比如说油棕树和橡胶的生产。这种新方法依然援用了之前的殖民体系依赖的工具和基础，但是对领地空间则进行了识别、定界和区划。这些做法，在本地社群看来，则造成了本地的土地和空间的碎化。土地区划后主要是为商业、工业、农业或休闲等用途，却不是为了本地人民：

> 结果，所有的土地过去是本地人民利用的，现在却都变得破碎不堪……并且在此过程中还习惯性地被抹去不提。（Howitt和Lunkapis，2010，p.123）

在这个例子中有两个要点。第一点，后殖民主义规划体系并不一定可以解决殖民主义规划的问题：不管规划是殖民主义的还是非殖民主义的，其都可能会被强势的利益主体滥用；第二，正如霍伊特和兰卡皮斯（Howitt和Lunkapis，2010）所指出的那样，这就要注重规划师的角色，要让他们确保任何一个规划体系对地方的和本土的需求、文化具有足够的敏感性。这也是许多规划思想理解后殖民主义所依据的观点，罗伊（2006）对此有相关讨论，上文已经叙述。

规划与非正规性

在规划和城市研究领域，越来越多的人对非正规性的概念颇感兴趣，尤其是在涉及殖民主义和后殖民主义的研究分析中更是如此。概括来说，理解非正规性的方法有两种。第一，作为理解和概念化聚落的一种方法，特定的城市形态以及地方（通常存在于高度争夺性的和分裂的社会）虽然不是"规划的"也不是"正规的"，但是却是必要的和可以接受的。这些属于"中间态"的空间和地方，既不是"白色的（正式认可的）"，也不是"黑色的（不被认可的）"，而是"灰色的"：

> 灰色空间中包含了许多的群体、机构、住房、土地、经济和论说，从字面上来理解灰色空间存在于被规划的正式的城市、政治组织和经济的"阴影里"。（Yiftachel，2009，p.89）

这种灰色空间的例子有很多。从经济和社会角度来看属于分裂的非正规聚落，伊夫特休（Yiftachel）指出南美、非洲和亚洲的贫民窟和棚户区都是例子。而关于高度争夺性的空间，伊夫特休则指出了一些著名的例子，比如说贝尔法斯特、贝鲁特、萨拉热窝、耶路撒冷、约翰内斯堡和科伦坡。在后一种类型中，殖民主义的发生，主要是通过引入某个民族或者国家群体来实现，而这种行为往往是受到国家支持的，通过新的发展，这种行为对现有的领地和主权形成争夺。而前一种类型的殖民主义，则涉及被边缘化的或临时人口的移民，这种情况被认为是一种"慢速推进的殖民主义"。

伊夫特休认为，这两种形式最终发展成了一种新的殖民主义，而这种殖民主义与更加传统的殖民主义或主流的欧洲主导的殖民主义及其相关的后殖民主义有很大的不同。伊夫特休将这种新殖民主义称作当代城市殖民关系。虽然这种新殖民主义丰富了人们对权力的调控会如何促进土地的侵占和挪用的理解，但是其还是具有一些传统殖民主义的特征。传统殖民主义和新型殖民主义的共同要素包括：

> a）统治利益的扩张（无论是空间上的还是其他形式的）；
>
> b）对边缘化群体的剥削；
>
> c）制度化各种不公平，对身份进行本质化；
>
> d）强迫的等级化隔离。（Yiftachel，2009，p.90）

在以色列/巴勒斯坦的例子中，伊夫特休认为传统的殖民主义和新的，也即当代城市殖民主义是同时发挥作用的。从"上面"来看，国家对主权产生挑战，同时通过规划等机制对权力和资源进行划分。从"下面"来看，存在持续的殖民化过程：向城市地区的移民产生了更多的对非正规聚落的需求，同时进一步稀释了本土人民的需求和权力。一些灰色空间则受到了来自"上面"的认可，特别地，如果占据这些灰色空间的人群是体制所偏袒的并且已经将他们变成了"白色的"，比如移民者、企业家等，则更会如此。对于其他的灰色空间来说，如果国家认为其会被那些国家并不待见的人群所占据，则这些空间就会被国家定为"黑色的"。如此一来，在这种灰色空间中既包含开发商，也包括无家可归者和无产者，这构成了一个宽广的社会行为者谱系，因此灰色空间就好比一个"社会转型的地带"（Yiftachel，2009，p.92）。规划的角色，就是帮助创造关于灰色空间的叙事和调控体制，这种叙事和调控体制对上述两种过程都有可能支持，但是其主要的角色还是支持不被认可的政治：

> 城市规划——也就是各种相关的空间政策的组合——既在作为普遍存在的灰色空间背后发挥作用，也在被罪恶化的灰色空间背后发挥作用。城市规划通常设计的都是城市的"白色"空间，对大部分的非正式场地和人群来说，这种空间几乎都没有为这些空间融入和被认可提供入口，相反，规划的论说总是不断谴责这些空间，认为它们对城市来说是一种混乱的威胁。在此环境下，我们当然有必要选择性地考虑，将零规划作为规划的一部分，将零规划作为一种积极的社会排斥行为。在这种颇具说服力的语境下，规划远不止是一种促进公正和可持续城市主义的职业，而更应该是一种管理深度社会不公平的体系——这种不公表现为"慢速推进的隔离制度"体系。（Yiftachel，2009，p.93）

第二种理解非正规性的方法，也就是将其看作是西方理性意义上的法定管控和规划框架之外的一种管理形式。在此情况下，具体问题和行政管辖的复杂性使得更加正规的方法无法实施（例如可参见Roy，2009）。长期以来，理解相关机构和行为主体如何走到一起来实施正规性和非正规性政策是政策分析的一个重要特点。在规划领域，很多研究已经认识到，自上而下的政策在更低的地方层级上实施的时候既可能会遇到困难，也可能与上级要求不符。任何政策的实施，其关键在于那些主要的行为者的想象力和责任感，这当然也包括规划师，他们需要有能力想象到在现有的地方机构和条件环境下能够实现的结果。而非正规性则比这要更进一步，它强调规划应该是自组织的、有机的和弹性的。(Innes等，2007)。此外，非正规性也被用来探索规划在其他非西方语境下是如何实践的。特别地，从更广泛的西方理性逻辑来看，规划是管理未来发展的一种理性的、系统的过程。非正规性则有助于我们理解规划在某些特定的地方并不能完成上述西方理性逻辑所规范的规划任务。

　　例如，罗伊（2009）探讨了关于班加罗尔（Bangalore）市边缘地区新机场的规划失败的不同叙事。这种规划失败一方面指缺乏新的道路交通容量来承载这种新的变化，另一方面指没有将这种发展和水源供给进行有效对接。对于这种情况，主流的解释，也即西方式的解释是：规划缺乏与发展中国家的发展节奏保持一致的能力；规划师的能力不足以及零碎的、新自由主义驱动下的增长的影响，并且这种增长是高度依赖基础设施与发展相配套协调的。但是，罗伊还强调了另外一种解释，这种解释基于印度具有碎化的土地所有权的这种特殊性，在此情况下，不变性和法律上的确定性是不存在的。这种法律上的确定性的缺失并不是一个特例，而是一个常态。比如说，在德里，虽然有许多种特定的"没有被授权认可的"发展已经被选出来当成了"授权认可的"发展（显然，这里有许多地方是和上文讨论的"灰色"空间是有关联的），但是大部分城市都是没有被授权认可的。决定什么是授权认可的而什么不是的标准，看起来似乎是要看它们是否一定能够有助于该城市向"世界级"前进。选择什么是合法的什么是非法的过程，实际上就是一个创造不公平的过程。这种情况并不是印度独有的，在包括巴西等其他国家和城市都能找到这种例子。

　　在罗伊（Roy）看来，非正规性是：

> 合法和非法、合理和不合理、授权认可和未授权认可之间持续不断变化的一种关系，非正规性就是一种特殊情况，一种模糊情况，在此情况下，土地的所有权、土地的具体使用及其目的无法根据预先制定的规则或法律予以确定，也无法描绘成图。(Roy，2009，pp.8-9)

　　但是，与此小节前面伊夫特休描述的情形不同，这种模糊性对穷困群体来说是有利的，因为他们可以利用这种非正规性和确定性的缺失来抵制更加正式的规划和战略，从而阻挠西方意义上的规划。此外，这种非正规性还有另外一个方面的好处。土地所有权和相关规则的开放和流动特性带来了弹性和模糊性，这对国家来说也有好处。因为国家可以利用这个特点进行发展，如果中间发现既定的发展无法推进时，它可以在半途改变既定发展计划。但是，这里也存在挑战。一个需要重点考虑的问题，涉及非正规性规划是否能够算作规划的一部分，还是根本就不算。根据罗伊（Roy，2009）的观点，在印度，规划更多关注的是规划方案和具体的物质现实的关系，而不是所谓的法律和正规性问题，而物质现实则指的是各种易变的土地及其他资源。规划的挑战就是要在这种条件下实现想要的结果，这和西方国家所理解的规划相比，显然是另一种规划。

如德福林（Devlin，2011）所指出的那样，正规性和非正规性常常被当作一种简易的表述方式，来描述发达城市和国家与发展中的城市和国家之间的差别：

> 对迪·索托（de Soto）和其他城市来说，非正规的东西都被看作是欠发达的一种症状和原因，从定义上来看是属于全球南方（Global South）城市的一种城市组织逻辑。这与纽约等地方是截然不同的，在纽约等地的空间组织方式往往被认为是正式的、规范的和可预见的。

德福林还提出，非正规性也告诉我们，全球南方城市中的日常规划经验可能对下面这些地方来说也是有一定适用性的：一方面是那些认为自己符合法律约束的行政辖区，另一方面是认为政策和实施之间存在清晰关联的地区。虽然公共政策研究的相关结论强调，在政策实施过程中，自由裁量和实际选择尤为关键（例如可参见Pressman和Wildavsky，1973；Lipsky，1980），但后面这种看法依然存在。全球南方的规划具有复杂的、争夺性的和流动的属性，也许有必要向此类规划学习，这将有助于我们更好地理解发达国家的城市演变的轨迹（Devlin，2011）。

反叛型规划

在后殖民主义和后殖民主义规划这个大主题之下还有最后一个值得探讨的要点，那就是反叛型的或者激进型的规划思想。反叛型的这个术语用法很多，用的场合也很多，主要用来表述应对规划的一些行为或者某种特殊的规划。反叛并不是唯一与后殖民主义或后殖民主义规划有关系。然而，通过与具有高度移民特征的快速增长的城市进行联系，与基本便利设施的享用具有典型不公平性的城市进行联系，后殖民主义为思考"反叛"提供了一个特别的视角焦点。在全球南方的城市中，规划方法的属性、规划背后的逻辑假设及规划运行所带来的配置后果，都构成了城市转型和管理以及争取各种城市权力的关键要素。人们对反叛型的规划这个话题的兴趣大部分来自于"供给侧"，比如大量"实地里的"活动不仅涉及规划，并且对规划还发出了挑战。概括地讲，所谓反叛，指对当前流行的规划方法和规划体制的反抗行为，或对某些规划战略的抗拒背离了国家提供的或允许的参与渠道。然而，这种行为或者反抗在不同情况下会有很大不同，这反映在相关理论是如何使用反叛这个词并将它作为标签来描述各种情形上面。在这里，我将简要阐述这个词的三种使用方式。

第一种方法总体上是抽象的，它采取更具反思性甚至是后现代的视角来理解规划的属性，认为规划的属性是限制各种未来可能性，是要强加给人们一个单一的未来愿景。霍斯顿（Holston，1995）认为，反叛公民权的出现，是为了反对某个单一规划的现代主义规划方法和目标：

> 它（现代主义规划）尝试实现一种没有矛盾、没有冲突的规划。它假想未来会是理性主导的社会，在现代主义规划强制实现的社会秩序和凝聚力下，整体规划和整体化的规划将消除人们想象中的社会和现实社会之间的冲突。
> （Holston，1995，p.43）

然而，全球南方的反叛公民权和城市本身复杂的、多样的、变化的现实，表现出对各种权力和资源竞相争夺的特征，这超出了人们对公民权、民主介入和公共政策的一般理解和实现方法。从殖民时期继承而来的规划体系寻求遏制多样性，希望创造某种单一的结果，这从根本上来说与发展中的城市是相互冲突的。比如说，在这种发展中的城市里，大量的移民会带来新的文化和新的需求，这与现行规划体系的各种假设是不一样的。根据霍斯顿的观点，有必要认识到"多维公民权"的存在并且为之而进行规划，这会破坏统一的公民权（或者公共利益）的概念。反叛公民权和反叛型规划就是对统一的或单一的方法/规划的一种响应。作为回应，规划应该从单一的方法转向多样性的方法，应该充分认识到并考虑到包括少数民族或少数种族群体的新的社会运动，人们对住房、卫生、健康和教育的需求，人们对隔离化、私有化和设防化等策略的质询。因此，霍斯顿倡导更加开放的、人种学的规划，倡导使用反叛这个工具和思想武器，寻求多样的包容性（也可以参见Sandercock，1998和Friedmann，2002）。

第二种方法是描述与反抗新自由主义的具体行动相关的反叛实践。比如，根据米拉夫特（Miraftab，2009）的观点，反叛规划是尝试合法化新自由主义主导的增长和发展所带来的直接结果，这种合法化的尝试主要通过象征性的包容和公众参与予以实现。在这种环境下，反叛规划就变成了一种抵抗霸权的规划实践。在这里，有些观点我们已经很熟悉了（参见第五章和第九章），这主要涉及要把公众介入进行日常化，从而实现人们追求资源和公平的去政治化，最终将新自由主义合法化。在这种情况下，国家（和规划）的目标就是要稳定进一步的经济累积和增长，而反叛就是要动摇增长，并且制造反霸权的社会运动。这种形式的反叛，米拉夫特举了南非为准备2010年世界杯需要修建一条新的高速公路而遭到反抗的例子。在这个例子中，为了修建高速公路需要清除高速公路选线周围的各种非正规居民点，而反叛的形式也多种多样，包括传统的抗议和游行、法律的质询以及以行动重新连接中断的各种服务等。在这种反叛的背后，实际上是对正常的公民权的一种基本诉求，这种诉求受到了"被剥夺了选举权的移民的驱动，工业化世界中的、在种族上的、民族上或者性别上的少数群体的驱动，全球南方的棚户区的市民的驱动"（Miraftab，2009，p.40）。

关于研究和理解反叛的最后一种方法，需要再次援用霍斯顿关于巴西的研究。巴西虽然经历了政治民主的提升，但伴随其增长过程的则是针对公民的政治暴力和不公平。这种情形反映了霍斯顿所指出的发展中的民主其内核中包含的重要矛盾。具体来说，就是当国家拥抱民主的时候，国家遭受的反叛和暴力看起来也是不断增加的（Holston，2008，2009）。这些过程在反叛力量——包括暴力和其他形式——新的空间化上都有所反映，同时规划和城市也必须要应付这种种新形势。在此过程中，霍斯顿最为担心的一个问题，是犯罪团伙的崛起，他们会采用民主公民权的话语权来合法化他们的行为。这种团伙往往能够对城市的某些部分进行很有效的统治，在脱离正义约束的同时却也给其所辖人口提供包括医疗和工作等直接支持。如此一来，在全球城市里，就会有一种非常特殊而不同的反叛形式发挥作用，霍斯顿将这种新的空间称之为危险的、杂合的公民权空间：

> 在巨型城市及大都市社会背景下努力实现……民主——包括规划、法律和行政管理方面的努力——很有可能要应对这些团伙控制或者骚扰重要的城市领地。（Holston，2009，p.16）

因此，在霍斯顿看来，反叛就会形成一种"反政治"，它会动摇占据统治地位的公民权体制，使其变得脆弱，并解除由其带给我们的凝聚力（Holston，2009，p.15）。但是，反叛会结合其他的产生不稳定性的原因，比如新自由主义和城市化进行结合，从而造成多种不稳定性要素的复杂纠缠。

虽然反叛在世界许多地方都能见到，但形成反叛的关键驱动要素，多数还是与全球南方快速增长的城市边缘区的现实条件有关系，尤其是在涉及住房、基础设施、交通等方面诉求的时候更是如此。然而，满足城市某些部分的这些诉求的同时可能又会在城市的其他部分造成不稳定和连锁反应，包括针对破坏社会秩序行为而产生的治安暴力：

> 当感到不能处理时，作为应对两种暴力都会出现。治安暴力的出现是为了寻求秩序重建，而犯罪暴力的出现则是现有机构不作为的一种结果。（Holston，2009，p.22）

霍斯顿的大概观点，就是主张要充分认识各种复杂的、多重的和相互联系的反叛，包括犯罪团伙这种反叛类型的重要性。反叛型规划并不是关于其他的土地利用方案这么简单，而是涉及权力和稀缺资源的分配等根本性问题。同样地，也要认识到创造新的民主参与形式实际上是既可能动摇公民权，也可能扩展公民权。

结论

　　围绕西方中心论占据理论的主导地位以及权力定义知识的方式等问题，后殖民主义思想给规划和规划师提出了一些非常重要的问题。比如说，在当前中东地区的土地权利斗争中，通过一种看起来理性而科学的过程，规划被国家当作一种工具用来"清除"本土居民和社区的土地权利。对"黑暗面"的这种分析，从最好的角度来说，揭露了规划和规划师粗暴鲁莽的实践行为；从最坏的角度来说，则揭露了规划和规划师为了某些恶毒的目的而利用相关理论和知识。然而，这些分析并不是没有遭到挑战。比如，以色列的内盖夫（Negev/Naqab）的贝多因人（Bedouins）是伊夫特休（Yiftachel）集中研究的案例，在此案例中，伊芙特休采取了更加趋向于历史的视角来分析"本土的"到底表达的是什么意思，并提出了反对许多后殖民主义分析的观点。正如鲁斯·卡卡（Ruth Kark）这位学者已经论述的那样：

> 　　从"本土的"这个词的传统意义来看，内盖夫的贝多因人也许并不能看作是本土居民。如果有共同性的话，贝多因人也只是与欧洲的移民者有更多的共同性，这些欧洲移民者曾移民到不同的国家并且与本地现存人口发生互动，从而给本地人带来各种负面后果。此外，贝多因人不只是遭受了陌生人对他们自己的本土生活方式的异样态度，他们大部分都是在奥斯曼帝国范围内迁徙，因此他们都属于同一个熟悉的行政和法律体系。这些行政法律体系的信条在很大程度上依然在英国委任统治和以色列政府管理的双重背景下发挥作用。（Yiftachel等，2016，p.2133）

　　这种叙事表达的观点进一步得到了以色列政府的一些行为的支持。比如，以色列政府认为以色列人的迁徙实际上是回到他们自己所描述的家园。从本书所涉及的讨论范围的角度来说，对"本土的"这个词的理解进行的讨论实际上偏离了本书的核心。本书的核心是要讨论在如此颇具争议的情形下规划的本质属性：规划和规划师到底是应该坚持自己的观点立场，还是只需要简单地反映国家使用的方法？

　　后殖民主义规划的另一个更根本的问题涉及殖民主义和资本主义的关系问题。有些时候，马克思主义思想认为应该将规划理解为资本主义和新自由主义的一种工具。那么，后殖民主义的分析能够给这个看法增加什么新的内容呢？后殖民主义是否是马克思主义思想的一个子集，只不过其关注的焦点主要在于历史和空间关系呢？从其中一个层面来说，后殖民主义分析，强调的只是规划如何能够被使用，以及如何在帝国建立过程中被当作一种工具来使用，当然这个过程既包括历史过程，也包括当前的过程。因此，针对规划的使用和滥用现象，其提出了一些非常重要的（虽然不是原创性的）问题。然而，很多关于这个方面的讨论都是热度多于真知灼见，大都是概括而抽象的（一些特例除外）。这些分析对规划存在着一种潜在的愤怒，但同时对规划师则是屈尊俯就的态度，主张规划师应该秉持更多的反思精神，并充分认识到在资本需求的驱动下，他们如何构成了有失道德的帝国建立过程中的一部分。然而，万一规划师们完全明白他们正在做的事情的实质呢？万一如弗格森（Ferguson，2002）所主张的那样，也即规划师们认可应该以积极的方式来实施殖民主义，并认为这是传播自由和民主的一个重要方式呢？也有可能，规划师们并不认为他们的行为有失道德，只不过是因为他们自己持有不同的道德伦理观呢？

后殖民主义和马克思主义思想之间是存在矛盾的，这与后现代主义和马克思主义之间的矛盾关系相类似，其中马克思主义强调要将文化理解成为更深层次的经济力量的一种产物。在某些马克思主义者看来，后殖民主义需要放在竞争资本主义的框架中进行讨论（不过许多后殖民主义分析也的确是这么做的）。一个更加切中肯綮的问题就是要关注全球化的影响，要研究民族国家的弱化以及跨境的全球网络和相关机构的崛起将如何影响后殖民主义思想及其研究。

另外，在某些时代，一些问题看起来并没有解决而是不断地在发展，因此我们还有一些很严肃的问题需要回答，那就是后殖民主义分析与时代的关系问题。有人提出在下面情况下民族国家是否依然还是一个合适的分析单元：一方面，区域和城市在具体事项中不断相互介入，且在此情况下采取的规划或多或少也是较为先进的；另一方面，难民和移民流动以及恐怖主义的影响，导致了新的恐慌心理的出现，要制定跨境的规划和政策而不是将这种规划和政策局限在某个领地范围之内也面临着新的挑战（Sanyal，2016）。另一个严肃的问题，涉及规划本身在多大程度上与过去的规划是不同的。在发达的西方，规划过去被理解为一种国家主导的管控框架，但现在却被更加私有化的市场主导的模式所取代。事实上，这种情况并不只是发生在西方。罗伊（Roy，2009）特别阐述了班加罗尔（Bangalore）这个案例，他阐述了班加罗尔如何在没有国家规划的情况下通过全球金融机构实现了基础设施的供给（水、路和住房等），从而为把班加罗尔发展成为21世纪的高科技中心提供了前提基础。然而，这种投资及其驱动的发展并不能规避冲突：

> 城市公共利益是否可以交付到私人开发商手中呢？他们是否会是更好的规划师和更好的"面对未来者"呢？又或者，这种做法很可能会制造分裂城市主义的某一个情景，在此情境下，基于私人开发商的方法只是为了解决整体公共基础设施短缺的问题？（Roy，2009，p.77）

在这里，问题是：规划能够在多大程度上被视为是殖民主义的一部分？虽然有很多关于规划和规划师的批评，但是现在的问题是不是说规划太少了？还是说现在的规划是一种错误的类型？例如，伊夫特休（Yiftachel，2009）声称，城市规划变得越来越像企业代理人，它需要促成各种开发（正式的或者其他的形式），从而支持增长和经济发展。这似乎在一定程度上削弱了他关于规划在新形式殖民主义中发挥的作用——规划是否是一种殖民力量的观点。我们是否可以确定：规划不可能既是新自由主义的一种有效工具，又是能够发挥遏制本土权利作用但同时却是软弱而无任何影响的消极存在？

在这些辩论的背后，都存在一个问题。如果可以这样问的话，那么规划是不是或者在多大程度上是一项具有共同基本要素的普适性活动；或者说，规划的过程是否需要或在多大程度上需要根据不同的政治、社会和文化环境下进行重新创造。此外，规划理论的范畴也迫切需要一些质疑和挑战，一方面涉及其秉持的信条（这构成了规划的理论），另一方面涉及规划在北美和西欧以外的其他地区解决问题时的适用性。这类挑战和问题应该会受到欢迎。人们可以理解，规划理论为什么没有着手解决这其中的一些问题——特别是非正规性和反叛性问题，因为两者都表明：作为一种面向未来的理性活动，规划并不是管理变革的唯一或最佳方法。

第十三章
结论

引言

在本书中，我写入了一系列我所说的内生规划理论，它们代表了截然不同但相关的思想"集群"。这些不同的理论集合之间的关系可以通过多种方式进行分析。在涉及理论所依赖的嵌入社会的和具有偶然性特点的基础，我选择借鉴后实证主义的思想，并特别强调时间和空间，因为它们对于理解理论的起源，使用和演化具有重要意义。这样来理解理论有多种优势，并且总体上与规划理论和社会理论的时代精神是吻合的（参见Dear，2000；Flyvbjerg，2001），但是这种理解方法也存在一些不足。有三点问题值得提及。第一，是对跨学科的议题缺乏认识，这些议题在每个思想流派中都是至关重要的。第二个缺点是规划师们会使用不属于任何特定学派的不同理论（比如可参见第二章，我把这些理论称作外生理论、框架理论和社会理论），但是其使用方式并没有得到应有的讨论。最后，受到我使用的分类法的影响，本书中所呈现的理论有过于简单的问题。下面，我将对这三个问题做更详细的讨论。

这种方法的一个主要问题，是在收集各种理论的同时，它会遗漏一些反复出现的议题、理论和思想。我一直努力强调过的一个议题是相对主义，尤其是在协作的、后现代的和实用主义的方法中的相对主义；另外，我也以较小的力度强调过一些对空间的后结构主义的理解。用来描述城市政治的多元主义和超多元主义（Yates，1977），可能会导致人们必须从一种左右不决、几乎是混乱的或无助的情况下来开展决策行动——每个人似乎都有一个合理而不同的观点。在某些人看来，我们生活在一个"后真相世界"，他们强调我们缺乏共同的立场或客观的参照点，以应对错误的信息，应对把包装的观点当作事实的做法。在有些情况下，理论也不能提供帮助。这是因为，看起来理论也会强化"太多选择"这个本质属性，不仅认为这就是生活的内在特征，而且还会认为我们要努力让生活变得更加多元。后现代主义规划理论的极端情形就是采用这种看法，造成的结果就是很多批判家认为有必要将这种看法与虚无主义等同（Eagleton，1996）。规划师需要在这种超多元主义的背景下工作，并且要考虑把大量不同的观点进行协调融合以满足现实行动的需要。如此看来，相对主义这个问题就显得非常相关了，并且值得进行更加细致的思考。

　　上面提到的每一个理论学派在处理相对主义的时候都会采取不同的视角（这也是它们相互之间非常不同的一个重要原因）。因此，就协作规划而言，它的一个显著特征就是它认识到了这些不同，并且将这些不同进行有效的协调融合，从而实现或者至少有愿望实现共识的形成和行动的实施。如我在第十一章所指出的那样，为了这样做，协作规划学派坚持存在某种客观的知识，只不过，他们将这种客观的知识嵌入到了偏向于沟通式规划方法和规划解释之中。后现代规划理论以更为极端的幌子拒绝了这一观点，拒绝认为知识像社会一样是整体的、累积的和在总体上是进步的。可以看到，上述两种方法都认识到了相对主义，但是两者处理相对主义的方法是不同的。

　　许多人反对相对主义的后现代形式，因为他们认为后现代主义就是秉持一种"什么都可行"的态度。然而，正如吉登斯（Giddens，1990）所指出的那样，现代性本身既是建立在确定性上也是建立在不确定性上的——因强烈地偏好于持续的革命，由此现代性的"主宰者"就带来了不确定性和混沌性。因此，在实践上，后现代的相对主义也许意味着，当我们以天为单位来处理不确定性、分歧和面临多种行动选择等问题的时候，几乎是没有损失的（Kumar，1995）。因此，后现代主义做的事情，实际上就是突出这些问题并且帮助我们理解为什么这些问题会出现。协作规划学派对相对主义的反应是承认它，并且认为通过公开的讨论，各种不同的观点是可以进行协调融合的。从这个角度来说，在人际相互交往的条件下，相对主义作为一个实际问题就消失了。这些问题的交叉性质表明，要在本书的论述方法上采取一个更加整体性的视角是相当困难的。

　　从这一简短的讨论中，应该清楚地看到，至少一个重要问题是我们要面对的，同时也还有许多其他与之相关的问题。这些问题既会让一些理论流派能够进行合并，也会让一些理论流派能够发生分离。

实际上，我们要面对的问题还有很多。许多切中要害的交叉性问题，有一部分在某些单独的章节有所讨论，而另外的一些问题，比如关于结构和代理以及社会理论向后实证主义的广泛转变的讨论，则在第一章和第二章有所涉及。

按学派来组织本书的方法的第二个缺陷之一就是缺乏对如下问题的关注：规划师们经常使用我称之为构架理论、外生理论和社会理论等理论来反思规划，而这些理论很多时候是不属于任何规划理论学派的。体制理论就是一个很好的例子。

体制理论受到规划师和其他群体的关注始于1980年代中期，并且在民主和行为的多元主义模式和精英主义模式的基础上得到进一步发展（参见第七章）。我们可以再次看到时间和空间在这个理论中的重要地位。从时间上来看，考虑到体制理论强调要让城市地区转向依靠公共力量和私人力量合作所结成的联盟来从全球经济中获得最大化的外来投资的特点，体制理论出现在1980年代中期并不是一种巧合。这个时代正好是新自由主义强调削弱国家影响、强调与私有部门展开更多合作、强调私有部门直接提供更多服务的时代。从空间上来看，由于不同国家的制度和政治背景存在差异，因此对体制理论的理解以及该理论能够带来的启示在不同的国家将会有所不同。不过，用该理论来理解流行的市场正统论的还是在美国和英国。

体制理论想要解释地方政府所处环境的变化，想要解释为了应对全球经济竞争带来的挑战而不断增加的公、私利益群体的联盟合作。在地方政府要求更多地方自主控制、中央金融约束和准政府机构不断增多的背景下，大家关注的焦点更多的是各种地方治理而非管制。体制理论就是要研究满足这种地方治理需要的复杂安排的实现方式、如何被再生产以及它对城市生活的影响。由于资本和投资决策很大程度上是私人主导的，公共当局不得不联合结盟并开展合作以实现广泛的社会目标。与更加主流的马克思主义视角不同，体制理论者认为国家对私有资本有很大的影响。但是，私有部门和公共部门之间存在着越来越复杂的关系，尤其是当两者之间的边界变得越来越模糊以后更是如此。以此为背景，体制理论探讨不同的权力中心如何进行组合从而给各自带来效益。这就涉及妥协和合作以及体制的建立。支撑这种体制并不是传统的权力和权威关系，而是基于信任、团结、忠诚和相互支持所建立起来的关系。最近，行动者网络理论（ANT，参见第一章）作为一种方法受到了关注。该方法也围绕行动者、网络和联盟等类似问题开展研究，同时还增加了关于知识创造的内容，并对专家与非专家、自然和社会之间的区别等问题提出了挑战。装配，也就是把各种关系中和各种网络中的行动者集聚到一起的过程，这看起来与体制的方法有很大的相似性，不过对两者的产生过程的理解却是不一样的。一个根本的区别在于体制理论更加趋向于以实证主义和经济力量为理解基础，而行动者网络理论则更加趋向于以后实证主义和开放的思维为理解基础。最终，人们可以利用两者中的任何一种理解方式来构架规划，从而反映出本书一直所强调的一点：理论具有摘取和合成的属性。如此一来，一系列实证性的问题随之而至，比如说在体制中和装配中规划和规划师的角色问题，再比如说诸如公众和职业公正等概念的真实意思及其启示是什么的问题。

从这里我们可以很快看到这些观点与规划有很大的相关性。规划控制会产生正规的和非正规的机制，这就使得规划无论是在体制的方法中还是在装配的方法中都是核心行为主体。然而，需要再次强调的一个要点是，体制理论和行动者网络理论借鉴并发展出了一系列的理论学派，比如多元主义，但是，这些理论学派却并不属于某一个规划理论学派（如我在第二章所定义的那样）。不过，两个理论为当代规划实践提供了新的理解，并让规划师和其他从业者对他们可能遇到的城市治理新特征保持警醒。这些理论所代表的规划方法与系统方法和协作方法相比是不同的；同时，对行动者、网络和体制也不存在特殊的规划理解。在第七章中，我应该可以加入更多关于这些问题的讨论作为倡导性规划的背景，不过这样做可能会让这些问题独立成篇，而不是将他们（和其他理论，比如调控理论）当作背景来理解规划的语境和主题。在这里的基本观点就是，还存在很多其他领域的理论与规划或多或少都是有关系的，这些理论显然在本书采用学派的方法所论及的理论范围之外。

本书使用的方法的另一个相关缺陷，存在于本书对规划理论的分类本身上面。尽管对任何一个复杂的领域进行分类都不可避免会产生如下这个问题，但还是得说我在第二章提出的分类方法过于简单。在此分类中，有一个维度并没有进行充分阐述，这就是规划实践的维度，不过在一些单独的章节中对这个维度的阐述要多一些。在第一章中，从后实证主义视角对理论与实践之间的关系进行了陈述。简洁地说，在第一章中，我认为在政治博弈过程中，规划师会摘取一些理论来满足自己的需要，而这种政治博弈与权力关系，尤其是"谁得到什么"的问题紧紧地捆绑在一起。此外，我还提出，某些特定的理论可能会比其他理论更加受欢迎，因为这可能意味着这些理论对那些掌握权力要职的个体，比如说规划师，来说更加有利。

和亚历山大（Alexander）和其他人所说的"理论—实践鸿沟"的看法不同，从后实证主义角度来看，实践与理论是一体的。这种看法有助于解释为什么，比如说，规划师对于弥补理论与实践之间的鸿沟几乎没有兴趣。不过这种方法却对如下这个问题没有充分考虑，也即为什么规划师要选择一些理论来对抗他们自己的利益。更进一步来说，虽然这种方法允许规划师根据自己的需要对理论进行自由裁量式的理解，但这种方法无法提供够多的信息，也无法明示什么样的理论利用方式可以得到反馈，使得理论反过来可以进行自我调节和改变。毫无疑问，这种反馈是存在的，但是很难识别，也很难量化。从更广的层面来说，理论是通过许多的机制得到改善的，但是接受实证检验的是其中某一种机制，而接受同行会评的却是另外一种机制。

最后一个重要议题，是在后实证主义的理解框架下，要做某种分类是否可能或是否有需要。如果认可后实证主义，那么我们就要处理这种可能性，也即理论的数量和对事物的理解的数量一样多——此情景下就会出现答案比问题还多的情况。那么，在此背景下我们如何论证某一种分类更加合理？产生这个问题的原因归根结底在于认识论与本体论之间的区别。

认识论研究思想以及思想之间是如何联系的。依据我的分类法识别出来的各种理论学派代表的是各种思想集合——每个思想集合都有不同的解释世界的方法。然而，当我们继续向前追问理解世界的这些想法的假设是什么的时候——比如说，到底是否存在绝对的真理或事实——我们就进入了本体论的世界。后实证主义的本体论就是不存在绝对真理。因此，后实证主义本体论会用批判性的、不那么同情的眼光来审视更加偏向于实证主义的理论，因为实证主义理论采用的是根本不同的、以绝对真理为基础的本体论。后实证主义思想所主张的思想之间的不可比性和世界本质的主观性，与系统理论和理性理论所依据的实证主义基础是存在矛盾的。驱动我使用本书的分类方法的原因在于我不希望有任何一种理论占据霸权地位，具体来说就是本书的方法具有相对微妙的、开放的相对主义特点。因此，针对前文所说的是否有可能对理论做一个后实证主义的分类，其答案是可能——但是要以上文所述的实证主义方法的内涵为约束。然后转向需要性，如果有的话，则更需要从后实证主义的（相对主义的）角度来绘制思想地图。

　　我在这里写了关于本书采用的"学派"方法的一些缺陷，这是为了强调我认为需要注意的问题，但是这并不妨碍这种方法所具有的优势。现在，我想转到这些优势上来并对其作进一步的阐述，并且对其可能给理解规划理论带来的启示进行简要的探索。

回溯：对规划理论的影响

　　对时间和空间的强调，目的是为了质疑存在与历史无关和与空间无关的理论的想法。换句话说，就是质疑如下想法：认为理论在某种程度上是独立于各种社会力量的影响的，但是这些影响本身却与产生于空间之中的各种偶然性的特殊关系有关。这就开启了一种可能性：规划可以在不同的时间、不同的地点以不同的方式进行实践和思考。认为理论在时间上、空间上和社会上是偶然性的看法所包含的假设，就是认为我们无法决定哪一种理论是正确的，哪一种理论是错误的。然而，正如迪尔（Dear，2000，p.42）所指出的那样，"我们也许可以识别出某一种理论在哪种特殊环境下是最适用的"。

　　理论、社会、时间和空间构成的复杂关系使得我们无法对其采取简单的分析。但是，值得指出的是，在不同的时代，不同的理论在学术界和实践领域的流行程度是不同的——1960年代的系统理论和理性理论，1970年代的马克思主义，1980年代的新右派（New Right），1990年代的协作理论、实用理论和后现代理论等。我特地避免把各种理论流派放在时间年表上，因为我拒绝采用线性的方法来论述理论的发展（不过，有这种做法的文献，可以参见Yiftachel，1989和Taylor，1998）。因为这种方法倾向于强调理论的发展很大程度上可以参照实证主义视角下的科学理论的发展主线，比如说爱因斯坦需要在牛顿和麦克斯韦等人的理论基础上建立理论。在社会学领域，以这种方法来理解理论的发展（虽然既简单又具有吸引力）则行不通。并不存在简单的线性的理论发展，实际的情况更加复杂。规划理论总是并行存在，并且有不同程度的重叠。因此，实用主义学派、后现代学派和协作规划学派之间存在很大程度的重叠，同时又有很大的不同。更进一步来说，我们不能假定对规划理论的理解在空间上都是统一的。从宽泛的层面来说（我在下面将进行更多细节讨论），某个特殊地方的具体情况，自然而然会对规划理论的理解方式和使用方式产生影响。其结果是，我们能够看到不同的理论会在不同的地方以不同的方式影响实践。

　　即使是在同一个国家，也存在这种规划风格多样性的事实证据（Brindley，Rydin和Stoker，1996）。造成这个现象的原因看起来很复杂，但是有两点特别突出。第一个原因是因为规划在地方层面上组织自己和决定哪些内容应该优先的时候，规划实践具有内在的弹性。这种情况在单一制国家和联邦制国家中都会发生。单一制的体系，比如英国和法国，对总体的变化进行集中式指导，但是将基于指导的具体实施和解读留给了专业人员和地方选举的当局。联邦制的体系，比如美国、德国和澳大利亚，倾向于将弹性和差异进行正式化，允许各州按照自己的方式来处理规划法和规划过程，不过这些都需要限定在成文的宪法框架之内。第二个原因来自于不同地方呈现出来的多样化的社会、政治和经济差异，同时这些具体情况又为如何看待规划实施和理解规划提供了一个"过滤器"。我们可以预想，规划的具体方法，包括哪些应该优先和使用什么工具等，在不同的情况下会有所不同。比如说一个是过去的工业区，而现在正处于衰败状态并需要更新，而另一个是乡村地区，目前正在寻求如何管理大量的旅游需求，这两者情况应该所有不同。

　　布林德利等人（Brindley等，1996）识别出了在英国演化出来的六种规划实践风格（表13.1）。表13.1的类型划分强调了相对的经济表现对具体的规划形式的重要性，这些相对的经济表现都列在了表格的最左边一列。然而，对这些经济情形的反应，大概分成了市场批判型和市场导向型两种类型，更多的属于政治驱动。而不同的规划理论和空间的联系，则显得更加明显。在活力地区，存在很多的市场需求，该类型划分识别出了两种总体反应。采取传统的调控方法的规划以理性和系统规划理论为支撑，把专家型的规划师放在管控所有土地利用形式的中心位置（Brindley等，1996，p.14）。在这里，规划师必须以社会全体的利益为依据寻求决策，平衡公共需求和私人需求。在大概类似的活力环境下，布林德利等人识别出来的另外一种规划方法就是"趋势型规划"。在此条件下，理论和实践两者都寻求通过一些方式，比如努力为市场起决定作用的地区配置充足的土地，减少繁文缛节（red tape）和冗长的决策过程等方式来促进市场导向的发展。很显然，这种方法与新右派和新自由主义的理论学派的主张是统一的。

不同规划风格的一种类型划分　　　表13.1

感受到的城市问题	对市场过程的态度	
	市场批判型：重新解决市场导致的不平衡和不公平	市场导向型：矫正低效的同时支持市场过程
活力地区：小问题以及充满活力的市场	调控型规划	趋势型规划
边缘地区：一些城市问题以及对市场有潜在的兴趣	大众型规划	杠杆型规划
废弃地区：综合的城市问题以及萎靡的市场	公共投资型规划	私人管理型规划

来源：基于Brindley等，1996，p.9。

　　表13.1中识别的另外四种规划风格，也以类似的方式展示了理论与空间的联系。不过，布林德利等人并没有研究（主要是因为这不是他们的著作的焦点）为何某个特定的地区会以某个特定的方式来开展规划。

　　区别不同的社会和政府的因素是什么？这些不同是从哪里来的呢？有一个理论领域专门寻求解释社会、政治和经济差异性，这个理论领域被粗略地称为"地方性理论"。依据这个看法，寻求解释差异性来源的起点就是不平衡的经济空间发展，也就是说，不同的地区在不同的经济增长率上发展。与其他地区相比，接近诸如矿产、河流等自然资源的地区在不同的时代可能会获得更多的收益，进而吸引更多的经济活动。当新一轮的投资与现有的物理和文化/社会格局进行互动的时候，这种不平衡的空间经济发展反过来会带来不平衡的社会和政治发展：

> 　　在自然条件下，公民社会的各种实践由这些实践本身以及世界资本主义根据实际需要而形成，比如说，在简单的采集—狩猎社会里的性别劳动分工……在很大程度上与理解和组织劳动的方式有关……在资本主义社会这个原理同样成立，只不过现在资本主义的不均衡发展与自然的不均衡发生了交叠。（Duncan和Goodwin，1988，p.xx）

马克-罗森和沃德（Mark-Lawson和Warde，1987）追溯了生产过程中、家庭范围内和城市政治中存在的不同地方社会关系的详细关联。例如，通过对18世纪晚期到两次世界大战之间这一段时期的普雷斯顿的纺织业发展的阐述，萨维奇（Savage）阐明了家庭范围内的家长制结构扩展并关联到工作场所的家长制结构的方式。他列举的证据表明，在战前时期，在普雷斯顿的纺织车间中，通常是一家的（男性）主人与车间的（男性）监工头们直接商量并决定其被雇佣的妻子或女儿的工作条件的变动（比如说下班时间），在纺织车间的监工头则像这个家庭的代理主人一样，负责规范道德品质和工作质量。然而，在20世纪早期，虽然家长制的关系依然存在，但是监工头们维持这种关系的角色被削弱了，削弱这种角色的力量主要源于作坊所有制形式（股份公司和专业的管理经理变得更加常见）的改变和国家支持的劳动力市场的改变——也就是国民保险制度的引入，这减小了在招聘过程中原监工头们能够进行自由裁量的范围。这个例子还展示了一些生产领域之间的联系、地方不同情形的交互纠缠关系、资本主义企业管理的转变以及在全国统一执行的国家政策。

在另一个相关的研究里，通过比较普雷斯顿和其隔壁的兰卡斯特（Lancaster）和尼尔森（Nelson）两个城市，马克-罗森和沃德（Mark-Lawson和Warde，1987）探讨了性别关系对于城市政治领域的启示。普雷斯顿和尼尔森两个城市都是棉纺城市，对两个城市的比较特别有意思，提出的观点也颇有说服力。他们认为，普雷斯顿的劳动力市场的普遍分割（在这里，纺织很大程度上是一个受到男性监管的女性职业，同时男性还可能受到其他的不招收女性的行业的雇佣）对于理解当地的工党为什么没有把福利问题放在优先位置考虑来说至关重要。通过家长制的态度和权力，女性被排斥在普雷斯顿的各种工会之外，而工党与工会的关系使得女性被排斥在工党之外，同时也隔绝了工党使其免受女性积极活动分子的影响。另一方面，在尼尔森，并没有对棉纺行业的雇佣机会进行限制，其结果是有大量的男性和女性在一起当纺织工人，无论男女都受到（男性）监工和经理的监管。这种公平工作条件的经验以及分割的劳动力市场的缺失就可以支持女性介入工会和劳动力政治之中，结果，和普雷斯顿相比，其相应的福利问题则得到了更显著的关注。最近，装配理论对地方性思想进行了发展，试图将地方解释成为由各种思想、影响和理论构成的流在地方层面上的安排及其动态装配。

认为空间上不同的社会经济发展状态和理论存在这种关联并不

是没有问题。正如巴古利等人（Bagguley等，1990，p.185）的看法那样，经济重构和政治行动之间并不存在直接的关系。但是，这种事件会影响并重塑人们的态度和政治行动，而过去的类似事件会帮助设定变革议程，从而确定需要追踪的问题，需要介入的群体以及需要获得的资源。而地方政府就是这些力量的集中体现。邓肯和古德温（Duncan和Goodwin，1988，p.114）探讨了在这种历史影响的条件下地方政府担任的角色：

> 由于社会关系是不均衡发展的，因此，一方面，在不同的地方需要不同的政策；另一方面，也需要地方政府机构来制定和执行这些不同的政策。地方政府机构植根于异质的地方政府关系种，而中央政府要处理这种差异性则面临困难。但是……地方政府的这种发展是一把双刃剑——因为有地方构成的这些团体可能会利用这些机构来扩展他们自己的利益，甚至有可能背离中央主导的利益。

正如巴古利等人（Bagguley等，1990，p.185）所描述的那样：

> 如此一来，地方政府就变成了中央政府处理非均衡发展带来的问题的一种手段；同时也变成了代表那些有可能背离中央的利益集团的一种模式。从这种具有潜在矛盾的关系网络中就会产生出不同的地方政策的动态变动。

对地方性的这种讨论，有助于我们理解为什么不同的地区会在政治、社会和文化上表现出不同，即使在国家机器，也即地方政府，从表面上来看是一样的情况下，依然会如此。这种讨论还能够解释为什么理论在内容上、理解上和发展上都表现出空间差异性——普雷斯顿和尼尔森的工人及其代表可能会以不同的方式来理解理论或阶级意识。不过，这种分析没有给我们提供任何标准以帮助我们发展适合地方的理论。然而，依据后实证主义方法的看法，并不存在一致认可的标准来帮助我们评估和发展最适合某些特定条件的理论。迈克尔·迪尔（Michael Dear）认为在决定不同的理论的时候：

> 不同的标准可能在不同的条件下才合适。比如，我们选择某个理论，可能是因为它指明了一系列变量之间的因

> 果联系；可能是因为它具有预测和经得起实例验证的能力；可能是因为它具有很强的内在一致性；或者可能是因为它简洁明了。大量评估标准的存在，正好说明了普遍一致性的缺乏，说明了真理不可捉摸的本性。（Dear，2000，p.42）

因此，决定哪一个合适的重担就落到了对理论的理解和说服力上了：

> （理论的）分析师/倡导者应该对他们认为有优先权的理论所依据的标准进行详细说明和辩护；并且他们也应该认识到他们的主张可能会受到系统的分析且要应对提出的各种意见。毫不奇怪，要发展这种比较论说的模式，无论是在技术上还是在政治上，都是理论和哲学领域最为困难的任务之一。（Dear，2000，p.43）

这能够带来什么启示取决于你的立场。有一种观点认为，对于可能（很大程度上是会）随着时间和空间而变化的思想和理论来说，没有绝对的事物能够用来判断他们的对错是一件好事。另一种更加悲观的观点认为，我们应该花更少的时间在揭开和赞美差异性的上面，而应该花更多的时间来思考如何在不同的范式之间进行交流，从而建立共同认可的基础与理解。目前，规划理论领域表现出对这两种观点持不同态度的特点。

结论与未来

未来会怎么样呢？顺着本书的总体假定，应该把未来看作是不可知和高度主观性的——我们应该要注意预测是以归纳为基础的，并且要谨记"休谟难题"（Hume's puzzle）（参见第一章），也就是，我们如何依据过去来预测未来？启蒙运动的事实和愿望至少被证明是过于乐观的。但是，未来也充满希望和期待。不过，在谨记预测的问题的同时，我们可以努力面向未来而工作——毕竟，这项活动是规划的基础。在这里，我想做的事情，是思考当前的理论学派将会如何发展，尤其是上述两个观点的发展，也就是，到底是要继续揭开并搜寻差异性，还是要寻求对两者进行协调融合的方法。此外，在这个思考基础上，我还希望根据各种理论学派的优点和缺点来看看它们的发展，这也是本书的一个重要部分。在后续部分，我识别了未来规划理论发展的三种情景。

第一个情景断定广义的后现代学派的规划理论会进一步发展。如我在第八章所论述的那样，后现代主义的作品拒绝整体的社会分析，强调以话语来认识现实：

> 如此看来，不同的社会理论只不过是各种相互矛盾的叙述或者是各种无法通约的看法，而不是对外部社会现实的描述。根据采用跨领域的标准和程序获得有效知识的研究和讨论，可以对这种描述进行判断和评估。（Antonio和Kellner，1991，p.129）

一些极端的后现代理论学者，比如让·鲍德里亚，更是进一步声称人不仅糊涂而且淡漠无趣，麻木地消费各种大规模生产的映像。人思考未来的能力和欲望是极其有限的。

如果后现代理论要超越现有分析而进一步发展，从而为未来规划提供启示，那么毫无疑问，它必须能够解决一些超越地方和个人的问题。比如，对全球化及其影响，后现代社会理论会有什么说法？后现代分析对能够替代当前现状的其他可能方案也言之甚少。不过，有一些相关线索，讨论过替代当前现状的后现代主义方案怎样才有可能行得通。比如说，利奥塔（Lyotard）的异教政治和鲍德里亚（Baudrillard）的象征交换的思想（关于这方面的更多内容，请参见Allmendinger，2001，pp.193-195），但是所有这些都是三心二意的尝试，以逃避自己的理论给自己施加的约束：

> 正如受到女权主义启发而对后现代理论进行的许多批判所指出的那样，很多极端方法都未能解决政治上的实际问题，也没有解决其对现代解放议题的忽视问题，比如说自由和博爱等议题，都是反抗镇压所必需的。（Allmendinger，2001，p.196）

以后现代主义为基础来理解规划有很多问题，尤其是它对差异性似乎是无休止地称颂的这一点。与从整体的、协调的角度来理解社会相比较，后现代规划表现出来的情况，即使以较小的限度来看，都更加趋向于碎化的、原子论的新自由主义。即使是那些尝试考虑过后现代规划的人都承认，将这两者进行匹配即使不是自相矛盾的，也是不可思议的。因此，后现代主义理论如果还是继续按照当前其主要倡导者的主张来使用的话，则其除了自身颇具洞察力的批判外，不太可能有新的发展。

这并不是否定其批判的作用。甚至是只将其作为一种强大的洞察视角，后现代主义也绝对是非常有用的，同时也值得对其进行更进一步的发展。在揭露现代机构，比如规划机构的僵化和权力等问题上，后现代分析颇具启发性且产出颇丰。后现代社会理论家，比如说福柯（Foucault）等人尝试解决的问题就具有典型性，这些问题的解决对规划来说也是有益的。在贝斯特（Best）和凯尔纳（Kellner）看来，后现代社会理论中值得保留的要素包括：

- 关于现代性机构和论说的详细历史谱系，以及它们正规化和规范化不同科目的方式。
- 对资本主义欲望殖民化的微观分析以及对潜在的法西斯主题的生产的微观分析。
- 将大众媒体、信息系统和技术理论化为一种新的控制形式，这种理论化从根本上改变了政治、主观性和日常生活的本质属性。
- 强调微观政治、新的社会运动和新的社会转型战略。
- 对有缺陷的现代性哲学构件的批判。
- 对女性主义和后现代理论进行了新的综合。（Best和Kellner，1991，pp.262-3）

如果我们准备好了不盲从于某些较为极端的后现代社会理论，那么后现代社会理论就可能有希望发展成为规划的一个理论基础。在另外一本书里（Allmendinger，2001），我已经尝试将后现代的一些论点发展成为后现代的规划理论与实践，为了缩短原书中的长篇大论，下面是一份构建后现代规划可以依据的原则的清单：

1. 叙事（成文的或者口头的故事或描述，比如规划方案）总是以开放的姿态接受新的描述和不同的分析。另外一种说法就

是，当前的规划和其他的指导性文件表达的只是看待世界的
一种方式。

2. 因此，后现代规划有一个潜在的基础假设，那就是所有的过
程和程序都不是终结性的，也就是说对每一个情形来说不存
在最好的规划方案。对于任何一个决策，尤其是那些终结性
的决策，比如说规划方案，我们要把其仅仅看成是一种临时
性的利益协调。

3. 在任何一个过程中，要想保持开放性，必须保证所有的选项
和观点贯通始终，直到最终决策的形成或过程的结束。换句
话说，规划师需要确保他们能够维持一个开放的过程，在此
过程中不能草率否定不同的观点和思想。

4. 为了避免只是表面上的开放性，程序上的系统性核查必须非
常到位，以确保持续不断的反思。这与上面更加正式的要点3
相关。这种核查可以是对其他的观点和投票选举等开展的常
规性论坛。

5. 程序需要存在被修改的可能性。可变的规则框架（它们本身
也应该存在被挑战和修改的可能性）要确保在有必要的时候
能够对过程和程序进行常规性的修改或改变。因此，并不存
在预先想好的规划方法，甚至说根本上就不应该有规划。诸
如如何开展规划等工作过程，需要进行不断地重新构建和
协调。

6. 需要一整套清晰明确的权利来鼓励公民代表表达激进的、挑
战性的看法，从而促成对程序和过程的挑战，并使得对程序
和过程的挑战合理合法。

7. 创造激进的民主形式的一部分目的是为了让投票人和代表之
间有更强的联系。这听起来有点儿伪善和含糊，但是，面临
选民对代表们提出更多的责任要求，传统的代表式民主形式
正在走向失败。

8. 现存的权力关系不仅需要公开，而且需要受到质询。要实现
这个，既要维持持续的反思机制，也要让决策者和其他行动
者更加负责任，让过程更加透明。

9. 为维持和鼓励流动性的结构和过程，规划师要担任更具积极
性和创意性的角色（Allmendinger，2001，pp.225-226）。
这就使得规划师们有更加重大的责任来思考他们当前的角
色，思考他们如何强化现有的权力关系。

这些原则一方面采用了一些后现代思想，另一方面又加入了一些基础性要素。在某些人眼里，这完全不能说是后现代的。然而，如果我们需要接受某种不那么极端的后现代主义形式，从而为更加现实的前进方式奠定基础（对于另一种尝试，可参见Laclau和Mouffe，1985），那么上述这种后现代规划理论就可以很好地付诸实践并得到进一步的发展。

第二个情景断定更加偏向于新现代主义的理论领域的发展，比如说协作式规划学派或沟通式规划学派。沿袭哈贝马斯的相关观点的新现代主义理论，探讨了很多后现代主义思想所涉及的话题，比如说差异性、权力和支配等，不过，它还是积极寻求现代主义的方法，比如说寻求追逐进步的单一的声音，寻求自由解放的绝对理想。这与极端后现代主义方法所主张的碎化的、虚无主义的看法是对立的。同时，这与上文所述的不那么极端的后现代主义也不太相同，主要表现在本体论方面——后现代主义方法会认为根本性的真理并不存在，但是协作式规划方法坚称真理是存在的。这个理论学派要得到更远的发展，需要解决很多的关键问题，我在第十一章已经对此进行了讨论。此外，针对这种方法的理论基础和实践结果出现了越来越多的批评，因此协作式规划的理论学者要对此给予更多的关注。

协作式规划理论对规划师的职业动机和职业精神抱有天真的想法，这与更加现实的/讽刺的观点形成了巨大反差。这是协作式规划理论受到批判的第一个领域，也是协作式规划理论需要予以改善的地方。更加现实的/讽刺的观点认为："规划当局和规划师经常倒行逆施利用支配权、制造不平等，这也就是所谓的规划的黑暗面"（Yiftachel和Huxley，2000，p.910）。这给我们的启示是，要认识到规划师和规划自然而然会同时带来险恶的和有益的影响。但是，同样重要的是：针对规划应该如何理论化的问题，这种认识是什么看法。协作式规划学派认为可以使用人种学式这个术语。也就是说，它主张通过直接观察，通常也包括参与式观察来开展规划。采取这种观察方法的一个危险就是可能会变得过于介入到被观察者之中而经常性丧失对大局的把握。这就需要一个阈值距离，也就是说要将研究人员放置在规划论说圈之外的某处，使其不受到规划职业中的意识形态工具所预设的信仰的影响。（Yiftachel和Huxley，2000，p.910）第二个受到批判、需要协作式规划学派来解决的问题，是该理论缺乏对国家和规划的角色的认识。这两者，实际上是更大的空间生产过程的一部分，包括财富、不平等、权力和管控等。要对规划的研究和理论化，则不可能脱离这个更大的过程和影响。过度聚焦于规划师的日常运作和他们使用的规划语言，会遗漏许多作用于规划之上的重要力量和影响，反过来规划也会促成这些力量和影响的形成。

第三，和后现代主义一样，协作式规划学派被自己制造的陷阱所困。因此，它需要克服定义自己的一些问题，比如说，为了达成共识所依赖的开放的、包容的论说，会挑战现有的权力关系。这也许就是为什么很多关于协作式规划的研究关注的大多都是对规划实践的分析，或者强调其缺点而不是尝试提供新的替代方案。具体来说，如果协作式规划学派能够做如下这些则对其大有裨益：针对差异和共识的角色问题在其理论里面增加部分后现代主义的思想/理论；针对规划的角色问题采取更加整体性的视角，认识到规划只是城镇如何发展成为今天的模样的一个部分。

最后一个情景与处于新现代主义学派和后现代主义学派之间的中间路线有关。有许多不同的作家都在尝试以新现代主义和后现代主义各自所拥有的最好的思想元素为基础来发展替代理论。比如，贝斯特和凯尔纳（Best和Kellner，1991）寻求发展他们称之为重构的批判社会理论，该理论将现代主义的相关内容，比如说民主和公平等和后现代社会理论所关注的微观政治进行结合。后现代主义微观层面的理论为揭示权力和支配的复杂性提供了强有力的工具，但同时它却遗漏了社会中的这个重要结构化力量——资本主义。和詹姆森（Jameson）一样，贝斯特和凯尔纳将后现代主义看作是资本主义的一种表现形式，不可能通过简单的忽略它来将资本主义和后现代主义相分离。

虽然资本积累是社会的驱动逻辑，但是与这种宏观层面的理解相关的其他社会维度也需要得到阐述，比如说性别和种族：

> 缺乏下面这种尝试从认知层面上描绘社会的宏观理论，比如描绘社会发展的新形式，描绘不同领域，比如经济、文化、教育和政治之间的关系等，我们就有可能被迫生活在各种社会碎片之中而不明白新技术和新的社会发展对我们社会生活的方方面面造成的影响到底意味着什么。
> （Best和Kellner，1991，p.301）

因此，贝斯特和凯尔纳将后现代的批判嵌入到物质主义框架之中，充分认识到权力支配的复杂性及其依托的宏大社会背景。克服新现代社会理论和后现代社会理论这种二元主义的尝试，都可以归结到大体上标签为批判现实主义的旗下。后现代主义和后实证主义的观点认为，现实从根本上来说是"不可知的"，我们所能做的就是以更好的方式来对其进行描述，然而批判现实主义对这种看法提出了挑战。如批判现实主义者所指出的那样，"考虑到我们拥有科学理论，并且从总体上来说这些理论看起来能够很好地解释世界，因此我们要问，使得这种科学成为可能的世界必须是什么样的?"（Outhwaite，1987，p.18）如果我们根本就不能理解真实世界，那么，基于可知现实的科学理论怎么会行之有效呢？因此，批判现实主义采取了一个与后现代主义社会理论不同的本体论观点，也即不相信相对主义，而是相信存在真理和现实所依托的终极基石。与后现代社会理论相背离的第二个大的要点涉及个体的角色问题。后现代思想不重视结构的角色，而批判现实主义则注重结构的引介。这和后现代主义将行动者描述成为被动的欺骗对象形成明显对照，后现代主义认为这些行动者是积极的、具有反思精神的并且有能力决定他们未来的群体。

关于结构和代理之间的平衡关系（参见第一章），批判现实主义的概念中更加偏向于结构。与新现代协作规划学派相比，批判现实主义看起来与后现代主义社会理论要离得更远一些。但是，批判现实主义和后现代思想在很多方面有很大的重叠。批判现实主义对汇总法和还原法，比如说马克思主义等保持谨慎态度，这反映出批判现实主义和后现代主义类似，并不信任基础性的绝对真理。

和批判社会理论类似，批判现实主义方法提供了一条中间道路，它介于后现代和新现代这两个对立的方法之间，也即后现代主义规划和协作式规划之间。这并不是说上面列出的这两种方法是仅有的选择，也并不表明这两种方法本身就没有受到批判。然而，这两种方法的确给未来规划理论超越协作式规划学派和后现代规划学派而获得新的发展提供了有趣且很可能富有成效的基础。

当然，除了上述论及的理论外，其他的理论选项也是存在的。有一个领域看起来正在得到学界和业界不断增多的关注，这就是系统理论。关于零售业影响评价、环境影响评价和战略性环境评价的工作，趋向于从工具性的角度来强调理性方法和系统方法。然而，这种新的方法与第三章中理解规划的经典系统论和理性论是不同的。特别重要的是，这些新方法依托的是对规划的角色和目的更加开放的、更负责任的理解，且这些方法本身不是目的。

参考文献

Akers, J. (2015) 'Emerging Market City', *Environment and Planning A*, 47: 1842-58.

Albrecht, U. and Lim, G.-C. (1989) 'State and Society: Some Reflections on Theory and Theory-building', *Environment and Planning C: Government and Policy*, 7(4): 475-82.

Albrechts, L. (2004). 'Strategic (Spatial) Planning Re-examined'. *Environment and Planning B: Planning and Design*, 31: 743-58.

Albrechts, L. (2010). 'More of the Same is Not Enough! How Could Strategic Spatial Planning be Instrumental in Dealing with the Challenges Ahead?'. *Environment and Planning B: Planning and Design*, 37: 1115-27.

Alexander, E. (1986) *Approaches to Planning: Introducing Current Planning Theories, Concepts and Issues* (Philadelphia: Gordon & Breach Science Publishers).

Alexander, E. (1997) 'A Mile or a Millimetre? Measuring the "Planning Theory-Practice Gap."', *Environment and Planning B, Planning and Design*, 24: 3-6.

Alexander, E. (2003) 'Response to "Why do Planning Theory?", *Planning Theory,* 2(3): 179-82.

Alexander, E. R. (2001) 'The Planner-Prince: Interdependence, Rationalities and Post-communicative Practice', *Planning Theory and Practice*, 2(3): 311-24.

Alexander, E. R. (2008) 'The Role of Knowledge in Planning', *Planning Theory*, 7(2): 207-10.

Alexander, E. R. and Faludi, A. (1996) 'Planning Doctrine: Its Uses and Implications', *Planning Theory*, 16: 11-61.

Allen, J. and Cochrane, A. (2007) 'Beyond the Territorial Fix: Regional Assemblages, Politics and Power', *Regional Studies*, 41: 1161-75.

Allen J. and Cochrane A. (2010) 'Assemblages of State Power: Topological Shifts in the Organization of Government and Politics', *Antipode*, 42(5): 1071-89.

Allmendinger, P. (1997) *Thatcherism and Planning: The Case of Simplified Planning Zones* (Aldershot: Avebury).

Allmendinger, P. (1998) 'Planning Practice and the Postmodern Debate', *International Planning Studies*, 3(2): 227-48.

Allmendinger, P. (2001) *Planning in Postmodern Times* (London: Routledge).

Allmendinger, P. (2004) 'Palliative or Cure? Reflections on the Practice and Future of Planning Aid', *Planning Theory and Practice*, 5(2): 269-71.

Allmendinger, P. (2011) *New Labour and Planning: From New Right to New Left* (London: Routledge).

Allmendinger, P. (2016) *Neoliberal Spatial Governance* (London: Routledge).

Allmendinger, P. and Tewdwr-Jones, M. (1997) 'A Mile or a Millimetre? Measuring the "Planning Theory-Practice Gap. A Response to Alexander."', *Environment and Planning B*, 24:6.

Allmendinger, P. and Haughton, G. (2009). 'Soft Spaces, Fuzzy Boundaries and Metagovernance: The New Spatial Planning in the Thames Gateway', *Environment and Planning A*, 41: 617-33.

Allmendinger, P. and Haughton, G. (2012) 'Post-political Spatial Planning in England: A Crisis of Consensus?' *Transactions of the Institute of British Geographers* 37(1): 89-103.

Allmendinger, P. and Haughton, G. (2014) 'Post-political regimes in English planning: From Third Way to Big Society', in J. Metzger, P. Allmendinger and S. Oosterlynck, *Displacing the Political: Democratic Deficits in Contemporary European Territorial Governance* (London: Routledge).

Allmendinger, P., Haughton, G. and Shepherd, E. (2016) 'Where is planning to be found? Material practices and the multiple spaces of planning', *Environment and Planning C*, accepted and awaiting publication.

Allmendinger, P. and Thomas, H. (eds) (1998) *Urban Planning and the British New Right* (London: Routledge).

Allmendinger, P., Chilla, T. and Sielker, F. (2014) 'Europeanizing Territoriality-Towards Soft Spaces?' *Environment and Planning A*, 46(11): 2703-17.

Allmendinger, P., Haughton, G., Knieling, J. and Othengrafen, F (eds) (2015) *Soft Spaces in Europe: Re-negotiating Governance, Boundaries and Borders* (London: Routledge).

Amin, A. (ed.) (1994) *Post-Fordism: A Reader* (London: Blackwell).

Amin, A. (2004) 'Regions Unbound: Towards a New Politics of Space'. *Geografiska Annaler*, 86B: 33-44.

Andersen, J. and Pløger, J. (2007) 'The Dualism of Urban Governance in Denmark', *European Planning Studies*, 15(10): 1350-67.

Antonio, R. and Kellner, D. (1991) 'Modernity and Critical Social Theory: The Limits of the Postmodern Critique', in D. Dickens and A. Fontana (eds), *Postmodern Social Theory* (Chicago: University of Chicago Press).

Arrow, K. (1951) *Social Choice and Individual Values* (New York: John Wiley).

Aughey, A. (1984) 'Elements of Thatcherism', conference paper, University of Southampton, 3-5 April.

Badiou, A. (2009) *Theory of the Subject* (London: Continuum International Publishing).

Baeten, G. (2007) 'The Uses of Deprivation in the Neoliberal City', in BAVO (ed.) *Urban Politics Now: Reimagining Democracy in the Neoliberal City* (Rotterdam: NAi Publishers).

Banham, R. Barker, P., Hall, P. and Price, C. (1969) 'Non-Plan: An Experiment in Freedom', *New Society*, 20 March.

Batty, M. (1982) 'The Quest for the Qualitative: New Directions in Planning Theory and Analysis', *Urban Policy and Research*, 1: 15-23.

Bagguley, P. Mark-Lawson, J., Shapiro, D., Urry, J., Walby, S. and Warde, A. (1990) *Restructuring, Place, Class and Gender* (London: Sage).

Barker, K (2006) *Barker Review of Land Use Planning Interim Report-Analysis*, (London: HM Treasury).

Barnes, B. and Bloor, D. (1982) 'Rationality, Relativism and the Sociology of Knowledge', in M. Hollis and S. Lukes (eds), *Rationality and Relativism* (Oxford: Oxford University Press).

Batty, M. (1982) 'On Systems Theory and Analysis in Urban Planning', in M. Batty and B. G. Hutchinson (eds), *Systems Analysis in Urban Policy-Mak-*

ing and Planning (New York: Plenum Press).

Batty, M. (2005) *Cities and Complexity - Understanding Cities and Cellular Automata, Agent-Based Models, and Fractals* (London: MIT Press).

Bauman, Z. (1989) *Modernity and the Holocaust* (Oxford: Polity).

Beauregard, R. (1996) 'Between Modernity and Postmodernity: The Ambiguous Position of US Planning', in S. Campbell and S. Fainstein (eds), *Readings in Planning Theory* (Oxford: Blackwell).

Beesley, A. (1986) 'The New Right, Social Order and Civil Liberties', in R. Levitas (ed.), *The Ideology of the New Right* (Cambridge: Polity).

Bell, D. (1973) *The Coming of Post-Industrial Society* (New York: Basic Books).

Berman, M. (1982) *All That is Solid Melts into Air* (London: Verso).

Bernstein, R. (ed.) (1983) *Habermas and Modernity* (Cambridge, MA: MIT Press).

Best, S. and Kellner, D. (1991) *Postmodern Theory* (London: Macmillan).

Bhaskar, R. (1979) *The Possibility of Naturalism* (Hemel Hempstead: Harvester).

Bhaskar, R. (1998) 'Societies', in M. Archer, R. Bhaskar, A. Collier, T. Lawson and A. Norrie, *Critical Realism: Essential Readings* (London: Routledge).

Boddy, M. (1982) 'Planning, Landownership and the State', in C. Paris (ed.), *Critical Readings in Planning Theory* (Oxford: Pergamon).

Boddy, M. (1983) 'Local Economic and Employment Strategies', in M. Boddy and C. Fudge (eds), *Local Socialism?* (London: Macmillan).

Boehmer, E. (2005) *Colonial and Postcolonial Literature* (Oxford: Oxford University Press).

Bohman, J. (1991) *New Philosophy of Social Science: Problems of Indeterminacy* (Cambridge: Polity).

Boyack, S. (1997) 'Fruits of Modernity', *Town and Country Planning*, November: 308.

Boyer, C. (1983) *Dreaming the Rational City* (Boston, MA: MIT Press).

Bracewell-Milnes, B. (1974) *Is Capital Taxation Fair?* (Sydney: The Sydney Press).

Braudel, F. (1984) *The Perspective of the World* (New York: HarperCollins).

Breheny, M. and Hooper, A. (1985) *Rationality in Planning: Critical Essays on the Role of Rationality in Urban and Regional Planning* (London: Pion).

Brenner, N. and Theodore, N. (2002) 'Cities and the Geographies of "Actually Existing Neoliberalism"', *Antipode*, 34(3): 349-79.

Brindley, T., Rydin, Y. and Stoker, G. (1996) *Remaking Planning: The Politics of Urban Change in the Thatcher Years* (London: Unwin Hyman).

Brown, A., McCrone, D. and Paterson, L. (1998) *Politics and Society in Scotland* (London: Macmillan).

Bryson, J. and Crosby, B. (1992) *Leadership for the Common Good: Tackling Public Problems in a Shared-Power World* (San Francisco: Jossey Bass).

Buchanan, J. M. (1975) *The Limits of Liberty* (Chicago: Chicago University Press).

Bulpitt, J. (1986) 'The Thatcher Statecraft', *Political Studies*, 3: 19-39.

Byrne, D. (1998) *Complexity Theory and the Social Sciences* (London: Routledge).

Camhis, M. (1979) *Planning Theory and Philosophy* (London: Tavistock).

Campaign to Protect Rural England (2006) *Policy Based Evidence Making: The Policy Exchange's War Against Planning* (London: CPRE).

Campbell, s. and Fainstein, S. (1996) *Readings in Planning Theory* (Oxford: Blackwell).

Castells, M. (1977) 'Towards a Political Urban Sociology', in M. Harloe (ed.), *Captive cities* (London: John Wiley).

Casti J. L. (1994) *Searching for Certainty: What Scientists Can Know About the Future* (London: Abacus).

Chadwick, G. (1971) *A Systems View of Planning: Towards a Theory of the Urban and Regional Planning Process* (Oxford: Pergamon).

Chalmers, A. F. (1994) *What is This Thing Called Science?* (Milton Keynes: Open University Press).

Checkoway, B. (1994) 'Paul Davidoff and Advocacy Planning in Retrospect', *American Planning Association Journal*, Spring: 139-48.

Cherry, G. (1988) *Cities and Plans: The Shaping of Urban Britain in the Nineteenth and Twentieth Centuries* (London: Edward Arnold).

Cilliers, P. (1998) *Complexity and Postmodernism* (London: Routledge).

Cladera, J. and Burns, M. (2000) 'The Liberalization of the Land Market in

Spain: The 1998 Reform of Urban Planning Legislation', *European Planning Studies*, 8(5): 547-64.

Clavel, P. (1994) 'The Evolution of Advocacy Planning', *American Planning Association Journal*, Spring: 146-9.

Cloke, P., Philo, C. and Sadler, D. (1991) *Approaching Human Geography. An Introduction to Contemporary Theoretical Debates* (London: Paul Chapman).

Cohen, R. B. (1981) 'The New International Division of Labour, Multinational Corporations and Urban Hierarchy', in M. Dear and A. Scott. *Urbanisation and Urban Planning in Capitalist Society* (London: Methuen).

Colman, J. (1993) 'Planning Education in the 1990s', *Australian Planner*, 31 (2): 19-23.

Cooke, P. (1983) *Theories of Planning and Spatial Development* (London: Hutchinson).

Counsell, D., Haughton, G. and Allmendinger, P. (2014). 'Growth Management in Cork Through Boom, Bubble and Bust', *European Planning Studies*, 22: 46-63.

Crouch, C. (2004) *Post-democracy* (Cambridge: Polity Press).

Crouch, C. (2016) 'The March Towards Post-Democracy, Ten Years On', *The Political Quarterly*, 87(1): 71-5.

Couvalis, G. (1997) *The Philosophy of Science: Science and Objectivity* (London: Sage).

Cullingworth, B. and Nadin, V. (1994) *Town and Country Planning in the UK* (London: Routledge).

Darke, R. (1985) 'Rationality, Planning and the State', in M. Breheny and A. Hooper, *Rationality in Planning: Critical Essays on the Role of Rationality in Urban and Regional Planning* (London: Pion).

Davidoff, P. (1965) 'Advocacy and Pluralism in Planning', *AIP Journal*, November: 331-8. Reprinted in S. Campbell and S. Fainstein (1996) *Readings in Planning Theory* (Oxford: Blackwell).

Davidoff, P. and Reiner, T.A. (1962) 'A Choice Theory of Planning', reprinted in A. Faludi (1973) *A Reader in Planning Theory* (Oxford: Pergamon Press), 11-39.

Davies, J. G. (1972) *The Evangelistic Bureaucrat* (London: Tavistock).

Davy, B. (2008) 'Plan it without a Condom!', *Planning Theory*, 7(3): 301-17.

Dear, M. (2000) *The Postmodern Urban Condition* (Oxford: Blackwell).

Dear, M. and Scott, A. (1981) *Urbanisation and Urban Planning in Capitalist Society* (London: Methuen).

Deleuze, G. and Guattari, F. (1987) *A Thousand Plateaus: Capitalism and Schizophrenia* (Minneapolis: University of Minnesota Press).

Denman, D.R. (1980), *Land in a Free Society* (London: Centre for Policy Studies).

Dennis, N. (1972) *Public Participation and Planners' Blight* (London: Faber & Faber).

Devlin, R.T. (2011) "An Area that Governs Itself": Informality, Uncertainty and the Management of Street Vending in New York City', *Planning Theory*, 10(1): 53-65.

Dikec, M. (2005) 'Space, Politics, and the Political', *Environment and Planning D: Society and Space*, 23(2): 171-88.

Dikec, M. (2012) 'Space as a Mode of Political Thinking', *Geoforum*, 43: 669-676.

Docherty, T. (1993) *Postmodernism: A Reader* (Hemel Hempstead: Harvester Wheatsheaf).

Doel, M, (2007) 'Book Review, Post-structuralist Geography: A Guide to Relational Space, by Jonathan Murdoch', *Annals of the Association of American Geographers*, 97: 809-10.

Downs, A. (1957) *An Economic Theory of Democracy* (New York: Harper & Row).

Dryzek, J. (1990) *Discursive Democracy. Politics, Policy and Political Science* (Cambridge: Cambridge University Press).

Duncan, S. and Goodwin, M. (1988) *The Local State and Uneven Development* (London: Polity).

Dühr, S., Colomb, C. and Nadin, V. (2010) *European Spatial Planning and Territorial Cooperation* (London: Routledge).

Eagleton, T. (1996) *The Illusions of Postmodernism* (London: Blackwell).

Eccleshall, R. (1994) 'Conservatism', in R. Eccleshall, V. Geoghegan, R. Jay, M. Kenny, I. MacKenzie and R. Wilford, *Political Ideologies: An Introduction* (2nd edn) (London: Routledge).

Edgar, E. (1983) 'Bitter Harvest', *New Socialist*, September/October.

Etzioni, A. (1967) 'Mixed Scanning: A "Third" Approach to Decision Making', *Public Administration Review*, 27: 385-92.

Evans, A. and Hartwich, O. (2006) *Better Homes, Greener Cities* (London: Policy Exchange).

Evans, B. (1993) 'Why We No Longer Need a Town Planning Profession', *Planning Practice and Research*, 8(1): 9-15.

Evans, B. (1995) *Experts and Environmental Planning* (Aldershot: Avebury).

Evans, B. (1997) 'Town Planning to Environmental Planning', in A. Blowers and B. Evans (eds), *Town Planning into the 21st Century* (London: Routledge).

Evans, B. and Rydin, Y. (1997) 'Planning, Professionalism and Sustainability', in A. Blowers and B. Evans (eds), *Town Planning into the 21st Century* (London: Routledge).

Fabbro, S. and Haselsberger, B. (2009) 'Spatial Planning Harmonisation as a Condition for Trans-national Cooperation. The Case of the Alpine-Adriatic Area', *European Planning Studies*, 17, 1335-56.

Faludi, A. (1973) *Planning Theory* (Oxford: Pergamon).

Faludi, A. (1982) 'Towards a Combined Paradigm of Planning Theory? A Rejoiner', in C. Paris (ed.), *Critical Readings in Planning Theory* (Oxford: Pergamon).

Faludi, A. (1987) *A Decision-Centred View of Environmental Planning* (Oxford: Pergamon).

Faludi, A. (2009). 'A Turning Point in the Development of European Spatial Planning? The "Territorial Agenda of the European Union" and the First Action Programme', *Progress in Planning*, 71: 1-42.

Faludi, A. (2010). 'Beyond Lisbon: Soft European Spatial Planning', *disP-The Planning Review*, 182: 14-24.

Faludi, A. (2013), 'Territorial Cohesion and Subsidiarity under the European Union Treaties: A Critique of the "Territorialism" Underlying', *Regional Studies*, 47, 1594-1606.

Fanon, F. (1986) *Black Skin, White Masks* (London: Pluto).

Ferguson, N. (2002) *Empire: The Rise and Demise of the British World Order and the Lessons for Global Power* (London: Allen Lane).

Festenstein, M. (1997) *Pragmatism and Political Theory* (Cambridge: Polity).

Feyerabend, P. (1961) *Knowledge without Foundations* (Oberlin: Oberlin College).

Feyerabend, P. (1978) *Science in a Free Society* (London: New Left Books).

Feyerabend, P. (1981) *Realism, Rationalism and Scientific Method, Philosophical Papers, Volume 1* (Cambridge: Cambridge University Press).

Feyerabend, P. (1988) *Against Method* (2nd edn) (London: Verso).

Filion, P. (1996) 'Metropolitan Planning Objectives and Implementation Constraints: Planning in a Post-Fordist and Postmodern Age', *Environment and Planning A*, 28: 1637-60.

Fischer, F. and Forester, J. (eds) (1993) *The Argumentative Turn in Policy Analysis and Planning* (London: University College London).

Fischler, R. (2000) 'Communicative Planning Theory: A Foucauldian Assessment', *Journal of Planning Education and Research*, 19: 358-68.

Flyvbjerg, B. (1998) *Rationality and Power: Democracy in Practice* (Chicago: University of Chicago Press).

Flyvbjerg, B. (2001) *Making Social Science Matter: Why Social Inquiry Fails and How it Can Succeed Again* (Cambridge: Cambridge University Press).

Foglesong, R. (1986) *Planning and the Capitalist City* (Princeton, NJ: Princeton University Press).

Forester, J. (1989) *Planning in the Face of Power* (London: University of California Press).

Forester, J. (1993) *Critical Theory, Public Policy and Planning Practice: Towards a Critical Pragmatism* (Albany: State University of New York).

Forester, J. (1997) *Learning from Practice: Democratic Deliberations and the Promise of Planning Practice* (College Park, MD: University of Maryland).

Forester, J. (1999) *The Deliberative Practitioner: Encouraging Participatory Planning Processes* (Cambridge: MIT Press).

Foster, J. and Woolfson, C. (1986) *The Politics of the UCS Work-In: Class Alliances and the Right to Work* (London: Lawrence & Wishart).

Foucault, M. (1980) *The History of Sexuality* (New York: Vintage Books).

Friedmann, J. (1973) *Retracking America: A Theory of Transactive Planning* (New York: Doubleday and Anchor Books).

Friedmann, J. (1987) *Planning in the Public Domain: From Knowledge to Action* (Princeton, NJ: Princeton University Press).

Friedmann, J. (2002) *The prospect of cities*, University of Minnesota Press, Minneapolis/London.

Fukuyama, F. (1989) 'The End of History', *The National Interest*, 16, Summer: 3-18.

Gamble, A. (1984) 'This Lady's Not for Turning: Thatcherism Mk III', *Marxism Today*, July.

Gamble, A. (1988) *The Free Economy and the Strong State* (London: Macmillan).

Gamble, A. (2009) *The Spectre at the Feast. Capitalist Crisis and the Politics of Recession* (London: Palgrave).

Gamble, A., Marsh, D. and Tant, T. (eds) (1999) *Marxism and Social Science* (London: Macmillan).

Gay, P. (1969) *The Enlightenment: An Interpretation. Vol 1: The Rise of Modern Paganism* (London: Wildwood House).

Geertz, C. (1983) *Local Knowledge: Further Essays in Interpretive Anthropology* (New York: Basic Books).

Gellner, E. (1988) *Nations and Nationalism* (Oxford: Blackwell).

Gibson, T. (1995) 'The Real Planning for Real', *Town Planning Review*, 64(7) July.

Giddens, A. (1976) *New Rules of Sociological Method* (London: Hutchinson).

Giddens, A. (1984) *The Constitution of Society* (Cambridge: Polity).

Giddens, A. (1990) *The Consequences of Modernity* (Cambridge: Polity).

Giddens, A. (1994) *Beyond Left and Right. The Future of Radical Politics* (Cambridge: Polity).

Glass, R. (1959) 'The Evaluation of Planning: Some Sociological Considerations', *International Social Science Journal*, 11: 393-409.

Gleeson, B. and Low, N. (2000) 'Revaluing Planning: Rolling Back Neo-Liberalism in Australia', *Progress in Planning*, 53: 83-164.

Goodwin, M. (2013) 'Regions. Territories and Relationality: Exploring the Regional Dimensions of Political Practice, Regional Studies', 47(8), 1181-90.

Grant, J. (1994) 'On Some Public Uses of Planning Theory', *Town Planning Review*, 65(1): 59-76.

Grant, M. (1999) 'Planning As a Learned Profession', available from the Royal Town Planning Institute, 26 Portland Place, London.

Gray, J. (1993) *Beyond the New Right: Markets, Government and the Common Environment* (London: Routledge).

Greed, C. (1996) *Implementing Town Planning* (Harlow: Longman).

Griffiths, R. (1986) 'Planning in Retreat? - Town Planning and the Market in the 1980s', *Planning Practice and Research*, 1: 3-11.

Gualini, E. (ed.) (2015) *Planning and Conflict Critical Perspectives on Contentious Urban Developments* (London: Routledge).

Gunder, M. (2010) 'Planning as the Ideology of (Neoliberal) Space', *Planning Theory*, 9(4): 298-314.

Gunder, M. and Hillier, J. (2009) *Planning in Ten Words or Less: A Lacanian Entanglement with Spatial Planning* (Farnham: Ashgate).

Habermas, J. (1984) *The Theory of Communicative Action, Vol. 1: Reason and the Rationalisation of Society* (Cambridge: Polity).

Habermas, J. (1987) *The Philosophical Discourse of Modernity* (Cambridge: Polity).

Hague, C. (1990) 'Scotland: Back to the Future for Planning', in J. Montgomery and A. Thornley (eds), *Radical Planning Initiatives: New Directions for Urban Planning in the 1990s* (Aldershot: Gower).

Hall, P. (1988) *Cities of Tomorrow* (Oxford: Basil Blackwell).

Hall, P. (1996) *Cities of Tomorrow: An Intellectual History of Urban Planning and Design in the Twentieth Century* (Oxford: Blackwell).

Hall, P. (1998) *Cities in Civilisation* (London: Weidenfeld & Nicolson).

Hall, P., Gracey, H., Drewett, R. and Thomas, R. (1973) *The Containment of Urban England* (London: Allen and Unwin).

Hall, S. (1992a) Introduction, in S. Hall and B. Gieben, *Formations of Modernity* (Milton Keynes: Open University Press).

Hall, S. (1992b) 'The Question of Cultural Identity', in S. Hall, D. Held and T. McGrew (eds), *Modernity and its Futures* (Cambridge: Polity).

Hall, S., Held, D. and McGrew, T. (1992) *Modernity and its Futures* (Cambridge: Polity).

Hamilton, P. (1992) 'The Enlightenment and the Birth of Social Science', in S. Hall and B. Gieben, *Formations of Modernity* (Milton Keynes: Open University Press).

Harper, T. L. and Stein, S. M. (1995) 'Out of the Postmodern Abyss: Pre-serving the Rationale for Liberal Planning', *Journal of Planning Education and Research*, 14: 233-44.

Harrison, J. and Growe, A. (2012) 'From Places to Flows? Planning for the New "Regional World" in Germany', *European Urban and Regional Studies*, *iFirst*, 1-21, doi: 10.1177/0969776412441191.

Harrison, P. (1998) 'From Irony to Prophecy: A Pragmatist's Perspective on Planning', paper presented to the 'Once Upon a Planners Day' Conference, University of Pretoria, 22-3 January.

Harvey, D. (1973) *Social Justice and the City* (London: Verso).

Harvey, D. (1985) *The Urbanization of Capital* (Baltimore, MD: Johns Hopkins University Press).

Harvey, D. (1989) *The Urban Experience* (London: Blackwell).

Harvey, D. (1990) *The Condition of Postmodernity* (London: Blackwell).

Harvey, D. (1996) *Justice, Nature and the Geography of Difference* (Oxford: Blackwell).

Harvey, D. (2003) *The New Imperialism* (Oxford: Oxford University Press).

Harvey, D. (2006) 'Neoliberalism and the Restoration of Class Power', in *Spaces of Global Capitalism. Towards a Theory of Uneven Geographical Development* (London: Verso).

Haughton, G., Allmendinger, P., Counsell, D. and Vigar, G. (2010). *The New Spatial Planning: Territorial Management with Soft Spaces and Fuzzy Boundaries* (London: Routledge).

Haughton, G., Allmendinger, P. and Oosterlynck, S. (2013) 'Spaces of Neo-liberal Experimentation: Soft Spaces, Post-politics and Neoliberal Govern-mentality, *Environment and Planning A*, 45: 217-34.

Hay, C. (1995) 'Structure and Agency: Holding the Whip Hand', in D. Marsh and G. Stoker (eds), *Theory and Methods in Political Science* (London: Macmillan).

Hay, C. (1999) 'Marxism and the State', in A. Gamble, D. Marsh and T. Tant (eds), *Marxism and Social Science* (London: Macmillan).

Hay, C. (2007) *Why We Hate Politics* (Cambridge: Polity).

Hayek, F. (1944) *The Road to Serfdom* (London: Routledge & Kegan Paul).

Hayton, K. (1996) 'Planning Policy in Scotland', in M. Tewdwr-Jones (ed.), *British Planning Policy in Transition: Planning in the 1990s* (London: University College London).

Hayton, K. (1997), *Town and Country Planning*, July/August.

Healey, P. (1991) 'Debates in Planning Thought', in H. Thomas and P. Healey *Dilemmas of Planning Practice: Ethics, Legitimacy and the Validation of Knowledge* (Aldershot: Avebury).

Healey, P. (1992) 'A Planner's Day: Knowledge and Action in Communicative Practice', *Journal of the American Planning Association*, 58(1): 9-20.

Healey, P. (1993a) 'The Communicative Work of Development Plans', *Environment and Planning B: Planning and Design*, 20: 83-104.

Healey, P. (1993b) 'Planning Through Debate: The Communicative Turn in Planning Theory', in F. Fischer and J. Forester (eds), *The Argumentative Turn in Policy Analysis and Planning* (London: University College London).

Healey, P. (1996) 'The Communicative Turn in Planning Theory and Its Implications for Spatial Strategy Formulation', *Environment and Planning B: Planning and Design*, 23: 217-34.

Healey, P. (1997) *Collaborative Planning: Shaping Places in Fragmented Societies* (London: Macmillan).

Healey, P. (2003) 'Collaborative Planning in Perspective', *Planning Theory*, 2(2): 101-23.

Healey, P. (2007) *Urban Complexity and Spatial Strategies: Towards a Relational Planning for our Times* (London: Routledge).

Healey, P. and Hillier, J. (1995) 'Community Mobilisation in Swan Valley: Claims, Discourses and Rituals in Local Planning', Working Paper No. 49, Dept and Town and Country Planning, University of Newcastle.

Healey, P., McDougall, G. and Thomas, M. (eds) (1982) *Planning Theory: Prospects for the 1980s* (Oxford: Pergamon).

Healey, P., McNamara, P., Elson, M. and Doak, A. (1988) *Land Use Planning and the Mediation of Urban Change: The British Planning System in Practice* (Cambridge: Cambridge University Press).

Held, D. (1987) *Models of Democracy* (Cambridge: Polity).

Heley, J. (2013). 'Soft Spaces, Fuzzy Boundaries and Spatial Governance in Post-Devolution Wales', *International Journal of Urban and Regional Research*, 37: 1325-48.

Heng, C. (ed.) (2016) *50 Years of Urban Planning in Singapore* (Singapore: World Scientific).

Hillier, J. (1995) 'The Unwritten Law of Planning Theory: Common Sense', *Journal of Planning Education and Research*, 14(2): 292-6.

Hillier, J. (2002) *Shadows of Power: An Allegory of Prudence in Land Use Planning* (London: Routledge).

Hillier, J. and Healey, P. (2008) *Critical Essays in Planning Theory. Volume 1, Foundations of the Planning Enterprise* (Andover: Ashgate).

Hirst, P. (1989) *After Thatcher* (London: Collins).

Hoch, C. (1984) 'Doing Good and Being Right -the Pragmatic Connection in Planning Theory', *American Planning Association Journal*, 4(1): 335-45.

Hoch, C. (1995) *What Planners Do* (Chicago: Planners Press).

Hoch, C. (1996) 'A Pragmatic Inquiry About Planning and Power', in J. Seymour, L. Mandelbaum and R. Burchell, *Explorations in Planning Theory* (New Brunswick, NJ: Center for Urban Policy Research).

Hoch, C. (1997) 'Planning Theorists Taking an Interpretive Turn Need not Travel on the Political Economy Highway', *Planning Theory*, 17: 13-64.

Hoch, C. (2002) 'Evaluating Plans Pragmatically', *Planning Theory*, 1(1): 53-75.

Holston, J. (1995) 'Spaces of Insurgent Citizenship', *Planning Theory*, 13: 35-52.

Holston, J. (2008) *Insurgent Citizenship: Disjunctions of Democracy and Modernity in Brazil* (Princeton NJ: Princeton University Press).

Holston, J. (2009) 'Dangerous Spaces of Citizenship: Gang Talk, Rights Talk and Rule of Law in Brazil', *Planning Theory*, 8(1): 12-31.

Home, R. (2013) *Of Planting and Planning: The Making of British Colonial Cities* (London: Routledge).

Howe, E. (1994) *Acting on Ethics in City Planning* (New Brunswick, NJ: Center for Urban Policy Research).

Howitt, R. and Lunkapis, G. J. (2010) 'Co-existence: Planning and the Challenge of Indigenous Rights', in J. Hillier and P. Healey (eds) *The Ashgate Companion to Planning Theory. Conceptual Challenges for Spatial Planning* (Farnham: Ashgate).

Hutton, W. (1995) *The State We're In* (London: Jonathan Cape).

Innes, J. (1992) 'Group Processes and the Social Construction of Growth Management: The Case of Florida, Vermont and New Jersey', *Journal of the American Planning Association*, 58: 275-8.

Innes, J., Connick, S. and Booher, D. (2007) 'Informality as Planning Strategy: Collaborative Water Management in the CALFED Bay-Delta Program', *Journal of the American Planning Association*, 73(2): 195-210.

Jackson, P. (1992) 'Economic Policy', in D. Marsh and R. A. W. Rhodes (eds), *Implementing Thatcherite Policy: Audit of an Era* (Buckingham: Open University Press).

Jacobs, J. (1961) *The Death and Life of Great American Cities* (London: Penguin).

Jensen, O. B. and Richardson, T. (2004) *Making European Space: Mobility, Power and Territorial Identity* (London: Routledge).

Jessop, B. (1990) 'Regulation Theories in Retrospect and Prospect', *Economy and Society*, 19: 153-216.

Jessop, B. (2002) 'Liberalism, Neoliberalism and Urban Governance: A State-Theoretical Perspective', in N. Brenner and N. Theodore, *Spaces of Neoliberalism: Urban Restructuring in North America and Western Europe* (Oxford: Blackwell).

Jessop, B. (2016) 'Territory, Politics, Governance and Multispatial Metagovernance', *Territory, Politics, Governance*, 4(1): 8-32.

Johnson, C. (1991) *The Economy Under Mrs Thatcher 1979-1990* (London: Penguin).

Jonas, A. and Pincetl, S. (2006) 'Rescaling Regions in the State: the New Regionalism in California', *Political Geography*, 25, 482-505.

Jones, M. (2009) 'Phase Space: Geography, Relational Thinking, and Beyond', *Progress in Human Geography*, 38(4): 487-506.

Jones, R. (1982) *Town and Country Chaos* (London: Adam Smith Institute).

Jordan, G. (1990) 'The Pluralism of Pluralism: An Anti-Theory?', *Political Studies*, 38(2): 286-301.

Judge, D., Stoker, G. and Wolman, H. (eds) (1995) *Theories of Urban Politics* (London: Sage).

Kavanagh, D. (1987) *Thatcherism and British Politics* (Oxford: Oxford University Press).

Keil, R. (2009) 'The Urban Politics of Roll-With-It Neoliberalism', *City*, 13: 230-245.

Kellner, D. (1989) *Jean Baudrillard: From Marxism to Postmodernism and Beyond* (Cambridge: Polity).

Kerr, P. and Marsh, D. (1999) 'Explaining Thatcherism: Towards a Multi-dimensional Approach', in D. Marsh, J. Buller, C. Hay, J. Johnston, P. Kerr, S. McAnulla and M. Watson, *Postwar British Politics in Perspective* (Cambridge: Polity).

King, D. S. (1987) *The New Right: Politics, Markets and Citizenship* (London: Macmillan).

Klosterman, R. E. (1985), 'Arguments for and Against Planning', *Town Planning Review*, 56: 1.

Knieling, J. (2011). 'Metropolitan Networking in the Western Baltic Sea Region: Metropolitan Region of Hamburg Between Multilevel Governance and Soft Spatial Development', in T. Herrschel and P. Tallberg (eds), *The Role of Regions-Networks, Scale, Territory* (Gothenburg: Region Skane).

Knieling, J., Fürst, D. and Danielzyk, R. (2003). 'Kooperative Handlungsformen in der Regionalplanung. Zur Praxis der Regionalplanung in Deutschland', Reihe Regio spezial, Bd. 1, Dortmund, Dortmunder Vertrieb für Bau- und Planungsliteratur.

Kristol, I. (1978) *Two Cheers for Capitalism* (New York: Basic Books).

Kristol, I. (1996) 'America's "Exceptional Conservatism"', in K. Minogue (ed.). *Conservative Realism: New Essays in Conservatism* (London: Harper-Collins).

Krumholz, N. (2001) 'Planners and Politicians: A Commentary Based on Experience from the United States', *Planning Theory and Practice*, 2(1): 96-100.

Krumholz, N. and Forester, J. (1990) *Making Equity Planning Work: Leadership in the Public Sector* (Philadelphia: Temple University Press).

Kuhn, T. (1970) *The Structure of Scientific Revolutions* (2nd edn) (Chicago: University of Chicago Press).

Kumar, K. (1995) *From Post-Industrial to Post-Modern Society. New Theories of the Contemporary World* (Oxford: Blackwell)

Laclau, E. and Mouffe, C. (1985) *Hegemony and Socialist Strategy: Towards a Radical Democratic Politics* (London: Verso Books).

Lai, L. W. C. (1999) 'Hayek and Town Planning: A Note on Hayek's Views Towards Town Planning in The Constitution of Liberty', *Environment and Planning A*, 31: 1567-82.

Latour, B. (1987) *Science in Action: How to Follow Scientists and Engineers through Society* (Cambridge: Harvard University Press).

Latour, B. (2005) *Reassembling the Social: An Introduction to Actor-Network-Theory* (Oxford: Oxford University Press).

Lauria, M. and Wagner, J. (2006) 'What Can We Learn from Empirical Studies of Planning Theory? A Comparative Case Analysis of Extant Literature', *Journal of Planning Education and Research*, 25(4): 364-81.

Law, J. (1987) 'Technology and Heterogeneous Engineering: The Case of the Portuguese Expansion', in W. E. Bijker, T. P. Hughes, and T. Pinch (eds) *The Social Construction of Technical Systems: New Directions in the Sociology and History of Technology* (Cambridge, MA: MIT Press).

Law-Yone, H. (2007) 'Another Planning Theory? Rewriting the Meta-Narrative', *Planning Theory*, 6(3): 315-26.

Lawrence, D. H. (1998) *Lady Chatterley's Lover* (London: Penguin).

Lee, D. B. (1973) 'Requiem for Large Scale Models', *Journal of the American Institute of Planners*, 39: 163-78.

Levelt, M. and Janssen-Jansen, L. (2013). 'The Amsterdam Metropolitan Area Challenge: Opportunities for Inclusive Coproduction in City-Region Governance', *Environment and Planning C*, 31: 540-55.

Levitas, R. (ed.) (1986) *The Ideology of the New Right* (Cambridge: Polity).

Liggett, H. (1996) 'Examining the Planning Practice Conscious(ness)', in S. Mandelbaum, L. Mazza and R. Burchell, *Explorations in Planning Theory* (New Brunswick, NJ: Rutgers University).

Lindblom, C. E. (1959) 'The Science of Muddling Through', *Public Administration*, Spring.

Lindblom. C. E. (1977) *Politics and Markets: The World's Political-Economic Systems* (New York: Basic Books).

Lindblom, C. E. and Woodhouse, E. J. (1993) *The Policy Making Process* (3rd edn) (Englewood Cliffs, NJ: Prentice Hall).

Lipsky, M. (1980) *Street Level Bureaucracy* (New York: Russell Sage Foundation).

Lloyd, M. G. (1999) 'Response to Scottish Office Consultation Document, Land Use Planning Under a Scottish Parliament', in Scottish Executive, 1999.

Longino, H. (1990) *Science as Social Knowledge* (Princeton, NJ: Princeton University press).

Lord, A. (2014) Towards a Non-theoretical Understanding of Planning', *Planning Theory*, 13(1): 26-43.

Low, N. (1991) *Planning, Politics and the State: Political Foundations of Planning Thought* (London: Unwin Hyman).

Lyddon, D. (1980) 'Scottish Planning in Practice. Influences and Comparisons', *The Planner*, May: 66-7.

Lyotard, J.-F. (1983) 'Answering the Question: What is Postmodernism?', in I. Hassan and S. Hassan (eds), *Innovation/Renovation: New Perspectives on the Humanities* (Madison: University of Wisconsin Press).

Lyotard, J.-F. (1984) *The Postmodern Condition: A Report on Knowledge* (Minneapolis: University of Minnesota Press).

Marx, K. (1971) *Preface to A Contribution to the Critique of Political Economy*, tr. s. W. Ryanzanskaya, ed. M. Dobb. (London: Lawrence & Wishart).

McCann, E., Ward K. (2011a) 'Introduction', in E. McCann (ed.), *Mobile Urbanism* (Minneapolis: Minnesota University Press).

McCann, E. and Ward, K. (2011b) 'Policy Assemblages, Mobilities and Mutations: Towards a Multidisciplinary Conversation', *Political Studies Review*. 20: 325-32.

Macdonald, R. and Thomas, H. (eds) (1997) *Nationality and Planning in Scotland and Wales* (Cardiff: University of Wales Press).

McGuirk, P. M. (2005) 'Neoliberalist Planning? Re-thinking And Re-casting Sydney's Metropolitan Planning', *Geographical Research*, 43(1): 59-70.

MacLaren, A. A. (ed.) (1976) *Social Class in Scotland* (Edinburgh: John Donald).

McClymont, K. (2011) 'Revitalising the Political: Development Control and Agonism in Planning Practice', *Planning Theory*, 10(3): 230-56.

Mandelbaum, S., Mazza, L. and Burchell, R. (eds) (1996) *Explorations in Planning Theory* (New Brunswick, NJ: Rutgers, Center for Urban Policy Research).

Marchart, O. (2007). *Post-Foundational Thought: Political Difference in Nancy, Lefort, Badiou and Laclau* (Edinburgh: Edinburgh University Press).

Mark, K. (1971) *A Contribution to the Critique of Political Economy* (London: Lawrence & Wishart).

Mark-Lawson, J. and Warde, A. (1987) 'Industrial Restructuring and the

Transformation of a Local Political Environment: A Case Study of Lancaster', Lancaster Regionalism Group Working Paper No. 33, University of Lancaster.

Marris, P. (1994) 'Advocacy Planning as a Bridge Between the Professional and the Political', *APA Journal*, Spring: 143-6.

Marsh, D. and Rhodes, R. (1992) 'Policy Networks in British Government: A Critique of Existing Approaches', in Marsh, D. and Rhodes, R. (eds), *Policy Networks in British Government* (Oxford: Clarendon Press).

Marquand, D. (2004) *The Decline of the Public: The Hollowing Out of Citizenship* (Cambridge: Polity).

Marx, K. and Engels, F. (1985) *The Communist Manifesto* (London: Penguin).

Massey, D. (2005) *For Space* (London: Sage).

Massey, D. (2007) *World City* (Cambridge: Polity Press).

Mazziotti, D. F. (1982) 'The Underlying Assumptions of Advocacy Planning: pluralism and Reform', in C. Paris (ed.), *Critical Readings in Planning Theory* (Oxford: Pergamon).

McConnell, S. (1981) *Theories for Planning* (London: Heinemann).

McCrone, D. (1992) *Understanding Scotland-The Sociology of a Stateless Nation* (London: Routledge).

McLennan, G. (1992) 'The Enlightenment Project Revisited', in S. Hall, D. Held and T. McGrew (eds), *Modernity and its Futures* (Cambridge: Polity).

McLoughlin, B. (1969) *Urban and Regional Planning: A Systems Approach* (London: Faber and Faber).

McNay, L. (1994) *Foucault: A Critical Introduction* (Cambridge: Polity).

McPherson, A. F. and Raab, C. (1988) *Governing Education: A Sociology Policy since 1945* (Edinburgh: Edinburgh University Press).

Metzger, J. and Schmitt, P. (2012) 'When Soft Spaces Harden: The EU Strategy for the Baltic Sea Region', *Environment and Planning A*, 44: 263-80.

Metzger, J., Allmendinger, P. and Oosterlynck, S. (2014) *Displacing the Political: Democratic Deficits in Contemporary European Territorial Governance* (London: Routledge).

Meyerson, M. M. and Banfield, E. C. (1955) *Politics, Planning and the Public Interest: The Case of Public Housing in Chicago* (New York: Free Press).

Miraftab, F. (2009) 'Insurgent Planning: Situating Radical Planning in the

Global South', *Planning Theory*, 8(1): 32-50.

Moessner, S and Romero Renau, L. (2015) 'Urban Planning without Conflicts? Observations on the Nature and Conditions for Urban Contestation in the Case of Milan', in E. Gualini (ed.) *Planning and Conflict Critical Perspectives on Contentious Urban Developments* (London: Routledge).

Moore Milroy, B. (1991) 'Into Postmodern Weightlessness', *Journal of Planning Education and Research*, 10(3): 181-7.

Morton A (2011) Cities for Growth: Solutions to Our Planning Problems. London: Policy Exchange.

Morton A (2012) Planning for Less. The Impact of Abolishing Regional Planning. London: Policy Exchange.

Mouffe, C. (2005) *On the Political* (London: Routledge).

Mounce, H. O. (1997) *The Two Pragmatisms: From Peirce to Rorty* (London: Routledge).

Muller, J. (1998) 'Paradigms and Planning Practice', *International Planning Studies*, 3(3): 287-302.

Murdoch, J. (2006) *Post-Structuralist Geography: A Guide to Relational Space* (London: Sage).

Mycoo, M. A. (2016) 'Reforming Spatial Planning in Anglophone Caribbean Countries', *Planning Theory & Practice*, doi: 10.1080/14649357.2016.1241423.

Niemietz, K. (2012) Abundance of Land. Shortage of Housing. IEA discussion paper 38. London: Institute of Economics Affairs (IEA) discussion paper 38.

Newton, K. (1976) *Second City Politics: Democratic Processes and Decision Making in Birmingham* (Oxford: Oxford University Press).

Norton, P. and Aughey, A. (1981) *Conservatives and Conservatism* (London: Temple Smith).

Olesen, K. (2014) 'The neoliberalisation of strategic spatial planning', *Planning Theory*, 13(3): 288-303.

Oranje, M. (1996) 'Modernising South Africa and Its Forgotten People Under Postmodern Conditions', paper presented to the University of Newcastle 50th Anniversary Conference, 25-27 October.

Outhwaite, W. (1987) *New Philosophies of Social Science: Realism, Hermeneutics and Critical Theory* (London: Macmillan).

Owens, S. and Cowell. R. (2011) *Land and Limits. Interpreting Sustainabil-*

ity in the Planning Process (2nd edition) (Abingdon: Routledge).

Painter, J. (1995) *Politics, Geography and 'Political Geography'* (London: Arnold).

Paris, C. (ed.) (1982) *Critical Readings in Planning Theory* (Oxford: Pergamon).

Pateman, C. (1970) *Participation and Democratic Theory* (Cambridge: Cambridge University Press).

Paterson, L. (1998) 'Scottish Home Rule: Radical Break or Pragmatic Adjustment?', in H. Elcock and M. Keating, *Remaking the Union: Devolution and British Politics in the 1990s* (London: Frank Cass).

Peck, J. (2010) *Constructions of Neoliberal Reason* (Oxford: Oxford University Press).

Peck, J. (2013a) 'Polanyi in the Pilbara', *Australian Geographer*, 44: 243-64.

Peck, J. (2013b) 'For Polanyian Economic Geography', *Environment and Planning A*, 45: 154-168.

Peck, J. and Theodore, N. (2015) *Fast Policy. Experimental Statecraft at the Thresholds of Neoliberalism* (Minneapolis: University of Minnesota Press).

Pearce, B. J., Curry, N. and Goodchild, R. N. (1978) 'Land, Planning and the Market', Cambridge University Department of Land Economy, Paper 9.

Pennance, F. (1974) 'Planning, Land Supply and Demand', in A. Walters *et al, Government and the Land* (London: Institute of Economic Affairs).

Pennington, M. (2000) *Planning and the Political Market* (London: Athlone Press).

Pickvance, C. (1982) 'Physical Planning and Market Forces in Urban Development', in C. Paris (ed.) *Critical Readings in Planning Theory* (Oxford: Pergamon).

Piven, F. F. (1970) 'Whom Does the Advocacy Planner Serve?', *Social Policy*, 1(1): 32-5.

Planning Aid for Scotland (PAS) (2000) 'Guidance Note for All Volunteers Undertaking Casework', Planning Aid for Scotland, Edinburgh.

Ploger, J. (2004) 'Strife: Urban Planning and Agonism', *Planning Theory*, 3: 71-92.

Polanyi, K. (1944) *The Great Transformation: The Political and Economic Origins of Our Time* (Boston: Beacon Press).

Popper, K (1966) *The Open Society and its Enemies, Vol. 2* (5th edn) (London: Routledge).

Popper, K. (1970) *Objective Knowledge* (Oxford: Oxford University Press).

Popper, K. (1980) *The Logic of Scientific Discovery* (10th edn) (London: Hutchinson).

Poster, M. (1998) 'Postmodern Virtualities', in Berger. A. A (ed.) *The Postmodern Presence: Readings on Postmodernism in American culture and Society* (Walnut Creek, CA: Altamira Press).

Poulton, M. C. (1991) The Case for a Positive Theory of Planning. Part 1: What is Wrong with Planning Theory?', *Environment and Planning B: Planning and Design*, 18: 225-32.

Pressman, J. L. and Wildavsky, A. (1973) *Implementation: How Great Expectations in Washington are Dashed in Oakland or Why it is Amazing that Federal Programmes Work at All* (Berkeley: University of California Press).

Purcell, M. (2009) 'Resisting Neoliberalism: Communicative Planning or Counter Hegemonic Movements?' *Planning Theory*, 8(2): 140-65.

Rancière, J. (1983) 'The Myth of the Artisan: Critical Reflections on a Category of Social History', *International Labour and Working Class History*, 24 (Fall): 10-24.

Rancière, J. (1999) *Disagreement: Politics and Philosophy* (Minneapolis, MN: University of Minnesota Press).

Rancière, J. (2001) 'Ten Theses on Politics', *Theory and Event*, 5(3): 14-29.

Rancière, J. (2004) *Malais dans l'esthétique* (Paris: Éditions Galilée).

Rancière, J. (2006) *Hatred of Democracy* (London: Verso).

Ratcliff, J. (1974) *An Introduction to Town and Country Planning* (London: Hutchinson).

Reade, E. (1985) 'An Analysis of the Use and Concept of Rationality in the Literature of Planning', in M. Breheny and A. Hooper, *Rationality in Planning: Critical Essays on the Role of Rationality in Urban and Regional Planning* (London: Pion).

Reade, E. J. (1987) *British Town and Country Planning* (Milton Keynes: Open University Press).

Richardson, T. (1996), 'Foucauldian Discourse: Power and Truth in Urban and Regional Policy Making', *European Planning Studies*, 4(3): 279-92.

Riddell. P. (1983) *The Thatcher Government* (Oxford: Martin Robinson).

Rittel, H. I. W. and Webber, M. M. (1973) 'Dilemmas of a General Theory of Planning', *Policy Sciences*, 4: 1555-9.

Rosenfeld, Michel (1998) 'Pragmatism, Pluralism and Legal Interpretation: Posner and Rorty's Justice without Metaphysics Meets Hate Speech', in M. Dickstein (ed.), *The Revival of Pragmatism: New Essays on Social Thought, Law and Culture* (Durham and London: Duke University Press).

Rowan-Robinson, J. (1997) 'The Organisation and Effectiveness of the Scottish Planning System', in R. Macdonald and H. Thomas (eds), *Nationality and Planning in Scotland and Wales* (Cardiff: University of Wales Press).

Roy, A. (2005) 'Urban Informality: Towards an Epistemology of Planning', *Journal of the American Planning Association*, 70: 133-41.

Roy, A. (2006) 'Praxis in the Time of Empire', *Planning Theory*, 5(1): 7-29.

Roy, A. (2009) 'Why India Cannot Plan its Cities: Informality, Insurgency and the Idiom of Urbanisation', *Planning Theory*, 8(1): 76-87.

Royal Town Planning Institute (1994) *Code of Professional Conduct* (London: RTPI).

Royal Town Planning Institute (1996) *Planning Schools' Handbook* (London: RTPI).

Rutherford, M. (1983) 'Review of Politics Under Thatcherism, ed. Stuart Hall and Martin Jacques', *Marxism Today*, July.

Rydin, Y (2007) 'Re-Examining the Role of Planning Knowledge within Planning Theory', *Planning Theory*, 6(1): 52-68.

Rydin, Y. (2008) 'Planning Response to E. R. Alexander's Comment On The Role of Knowledge In Planning', *Planning Theory*, 7(2): 211-12.

Sager, T. (1994) *Communicative Planning Theory* (Aldershot: Avebury).

Sager, T. (2013) *Reviving Critical Planning Theory: Dealing with Pressure, Neo-liberalism, and Responsibility in Communicative Planning* (London: Routledge).

Said, E. (1978) *Orientalism* (London: Penguin).

Sandercock, L. (1998) *Towards Cosmopolis* (Chichester: John Wiley).

Sandercock, L. (2003) *Cosmopolis II: Mongrel Cities of the 21st Century* (London: Continuum).

Sandercock, L. (2004) 'Commentary: Indigenous Planning and the Burden of Colonialism', *Planning Theory & Practice*, 5(1): 118-24.

Sanyal, B. (2005) *Comparative Planning Cultures* (New York, NY: Routledge).

Sanyal, B. (2016) 'Revisiting Comparative Planning Cultures: Is Culture a Reactionary Rhetoric?', *Planning Theory & Practice*, 17(4): 658-62.

Savage, M. (1987) The Dynamics of Working-class Politics: the labour movement in Preston, *1880-1940* (Cambridge: Cambridge University Press).

Savage, S. and Robins, L (1990) *Public Policy Under Thatcher* (London: Macmillan).

Savini, F. (2012). 'Who Makes The (New) Metropolis? Cross-border Coalition and Urban Development in Paris', *Environment and Planning A*, 44: 1875-95.

Scott, A. J. and Roweis, S. T. (1977) 'Urban Planning Theory in Practice: A Reappraisal', *Environment and Planning A*, 9: 1097-1119.

Sielker, F., Chilla, T. and Allmendinger, P. (2013) 'Europeanising Territoriality-Towards Soft Spaces?' Paper presented to the Association of European Schools of Planning annual conference, Dublin.

Simon, H. A. (1957) *Models of Man, Social and Rational: Mathematical Essays on Rational Human Behavior in a Social Setting* (New York: John Wiley and Sons).

Simons, H. W. (1994) *After Postmodernism: Reconstructing Ideology Critique* (London: Sage).

Soja, E. (1997) 'Planning in/for Postmodernity', in G. Benko and U. Strohmayer (eds), *Space and Social Theory, in Interpreting Modernity and Postmodernity* (Oxford: Blackwell).

soloman, R. C. (1997) *Introducing Philosophy* (6th edn) (Fort Worth, TX: Harcourt Brace).

Sorensen, A. D. (1982) 'Planning Comes of Age: A Liberal Perspective', *The Planner*, November/December.

Sorensen, A. D. and Day, R. A. (1981) 'Libertarian Planning', *Town Planning Review*, 52: 390-402.

Sorensen, T. and Auster, M. (1998) 'Theory and Practice in Planning: Further Apart Than Ever?', paper presented to the Eighth International Planning History Conference, University of New South Wales, 15-18 July.

Stead, D. (2011). 'European Macro-regional Strategies: Indications of Spatial Rescaling?', *Planning Theory and Practice*, 12: 163-7.

Steen, A. (1981) *New Life for Old Cities* (London: Aims of Industry).

Stephenson, R. (2000) 'Technically Speaking: Planning Theory and the Role of Information in Making Planning Policy', *Planning Theory and Practice*, 1(1): 95-110.

Stranz, W. (1990) 'Community Action', *Town and Country Planning*, 59(1).

Sutcliffe, A. (1981) *Towards the Planned City: Germany, Britain, the United States and France, 1780-1914*, Blackwell, Oxford.

Swyngedouw, E. (2007) 'Impossible "Sustainability" and the Post-political Condition', in D. Gibbs and R. Krueger (eds), *The Sustainable Development Paradox* (New York: Guildford Press).

Swyngedouw, E. (2009) 'The Antimonies of the Post-Political City: In Search of a Democratic Politics of Environmental Production', *International Journal of Urban and Regional Research*, 33: 601-20.

Swyngedouw E, (2011), 'Interrogating Post-democratization: Reclaiming Egalitarian Political Spaces', *Political Geography*, 30: 370-80.

Swyngedouw E. and Wilson, J. (2014) 'Insurgent Architects and the Spectral Return of the Urban Political', in J. Metzger, P. Allmendinger and S. Oosterlynck, *Displacing the Political: Democratic Deficits in Contemporary European Territorial Governance* (London: Routledge).

Talvitie, A. (2009) 'Theoryless Planning', *Planning Theory*, 8(2): 166-90.

Taylor, N. (1980) 'Planning Theory and the Philosophy of Planning', *Urban Studies*, 17: 159-68.

Taylor. N. (1998) *Urban Planning Theory Since 1945* (London: Sage).

Teitz. M. (1996a) 'American Planning in the 1990s: Evolution, Debate and Challenge', *Urban Studies*, 33(4-5): 649-72.

Teitz, M. (1996b) 'American Planning in the 1990s: Part II, The Dilemma of the Cities', *Urban Studies*, 34 (5-6): 775-96.

Tewdwr-Jones, M. and Lloyd, M.G. (1997) 'Unfinished Business', *Town and Country Planning*, November: 302-4.

Tewdwr-Jones, M. and Thomas, H. (1995) 'Beacons Planners Get Real in Rural Plan Consultation', *Planning*, 3 February: 1104.

Theodore, N., Peck, J. and Brenner. N. (2011) 'Neo-Liberal Urbanism: Cities and the Rule of Markets', in G. Bridge and S. Watson (eds) *The New Blackwell Companion to the City* (New York: Blackwell).

Thomas, H. (1992) 'Volunteers' Involvement in Planning Aid: Evidence from South Wales', *Town Planning Review*, 63(1): 47-62.

Thomas, M. J. (1982) 'The Procedural Planning Theory of A. Faludi', in C. Paris (ed.), *Critical Readings in Planning Theory* (Oxford: Pergamon).

Thompson, R. (2000) 'Re-defining Planning: The Roles of Theory and Practice', *Planning Theory and Practice*, 1(1): 126-33.

Thornley, A. (1993) *Urban Planning Under Thatcherism. The Challenge of the Market* (2nd edn) (London: Routledge).

Thrift, N. (2004) 'Movement-Space: The Changing Domain of Thinking Resulting from the Development of New Kinds of Spatial Awareness', *Economy and Society*, 33, 4: 582-604.

Tullock, G. (1978) *The Vote Motive* (2nd edn) (London: Institute of Economic Affairs).

Tunström, M and Bradley, K. (2014) 'Opposing the Postpolitical Swedish Urban Discourse', in J. Metzger, P. Allmendinger and S. Oosterlynck, *Displacing the Political: Democratic Deficits in Contemporary European Territorial Governance* (London: Routledge).

Underwood, J. (1980) *Town Planners in Search of a Role* (Bristol: University of Bristol, School for Advanced Urban Studies).

UN Habitat (2015) 'International Guidelines on Urban and Territorial Planning: Towards a Compendium of Inspiring Practices'. Nairobi. Retrieved from http://unhabitat. org/books/international-guidelines-on-urban-and-territorialplanning/ (accessed October 2016).

Van Dijk, T. A. (ed.) (1997) *Discourse as Structure and Process* (London: Sage).

Waldrop M. M. (1992) *Complexity: The Emerging Science at the Edge of Chaos* (New York: Simon & Schuster).

Walsh, C. (2014). 'Rethinking the Spatiality of Spatial Planning: Methodological Territorialism and Metageographies', *European Planning Studies*, 22: 306-22.

Walters, A. et al. (1974) *Government and the Land* (London: Institute of Economic Affairs).

Ward, S. (2003) 'Re-examining the International Diffusion of Planning', in R. Freestone (ed.) *Urban Planning in a Changing World: The Twentieth Century Experience* (London: E and FN Spon).

Warde, A. (1985) 'Spatial Change, Politics and the Division of Labour', in

D. Gregory and J. Urry (eds), *Social Relations and Spatial Structures* (London: Macmillan).

Waterhout, B., Othengrafen, F. and Sykes, O. (2014) 'Neo-Liberalisation Processes and Spatial Planning in France, Germany and the Netherlands: An Exploration', in G. Haughton and P. Allmendinger (eds), *Spatial Planning and the New Localism* (Abingdon: Routledge).

Watson, V. (1998) 'The "Practice Movement" As An Approach to Developing planning Theory-Origins, Debates and Potentials', paper presented to the Once Upon A Planner's Day Conference, Department of Town and Regional Planning, University of Pretoria, South Africa, January.

Watson, V. (2008) 'Down to Earth: Linking Planning Theory and Practice in the "Metropole" and Beyond', *International Planning Studies*, 13(3): 223-37.

Watson, V. (2016) 'Planning Mono-culture or Planning Difference?', *Planning Theory & Practice*, 17(4): 663-67.

WCED (World Commission on Environment and Development) (1987) *Our Common Future* (Oxford: Oxford University Press).

Webber, M. M. (1983) 'The Myth of Rationality: Development Planning Reconsidered', *Environment and Planning B: Planning and Design*, 10: 89-99.

Webster, F. (1995) *Theories of the Information Society* (London: Routledge).

Welch, S. (2013) *Hyperdemocracy* (Basingstoke: Palgrave).

Weinberg, S. (1996) Sokal's Hoax *The New York Review of Books*, 43 (13): 11-15.

West, W. A. (1974) *Town Planning Controls -Success or Failure?* (London: Institute of Economic Affairs).

Wildavsky, A. (1973) 'If Planning is Everything, Maybe it's Nothing', *Policy Sciences* 4: 127-53.

Wilson, A. G. (2000) *Complex Spatial Systems: The Modelling Foundations of Urban and Regional Analysis* (London: Prentice Hall).

Yates, D. (1977) *The Ungovernable City: The Politics of Urban Problems and Policy Making* (Cambridge, MA: MIT Press).

Yiftachel, O. (1989) 'Towards a New Typology of Urban Planning Theories', *Environment and Planning B: Planning and Design*, 16: 23-39.

Yiftachel, O. (1994) 'The Dark Side of Modernism: Planning as Control of an Ethnic Minority', in S. Watson and K. Gibson (eds), *Postmodern Cities and Spaces* (Oxford: Blackwell).

Yiftachel, O. (1998) 'Planning and Social Control: Exploring the Dark Side', *Journal of Planning Literature*, 12(4): 395-406.

Yiftachel, O. (2000) 'Social Control, Urban Planning and the Ethno-Class Relations: Mizahi Jews in Israel's "Development Towns"', *International Journal of Urban and Regional Research*, 20(2): 418-38.

Yiftachel, O. (2009) 'Theoretical Notes on "Gray Cities": The Coming of Urban Apartheid?' *Planning Theory*, 8(1): 88-100.

Yiftachel. O. and Huxley, M. (2000) 'Debating Dominance and Relevance: Notes on the "Communicative Turn" in Planning Theory', *International Journal of Urban and Regional Research*, 24(4): 907-13.

Yiftachel, O., Roded, B. and Kedar, A. (2016) 'Between Rights and Denials: Bedouin Indigeneity in the Negev/Naqab', *Environment and Planning A*, 48(11): 2129-61.

Žižek, S. (1989) *The Sublime Object of Ideology* (London: Verso).

Žižek, S. (1994) 'The Spectre of Ideology', in s. Žižek (ed.) *Mapping Ideology* (London: Verso).

Žižek, S. (1999) *The Ticklish Subject: The Absent Centre of Political Ontology*. (London: Verso).

索引

请注意：**粗体**页码代表图片或插图，*斜体*页码表示表格。

procedures 程序 176
production 生产
    Marxist perspective 马克思主义的观点 83-5
    role of towns and cities 城镇的作用 88
professional organizations 专业化组织 31-3
profit 利润 83, 86-8
progressive planners/planning 进步规划师 / 规划 137, 176, 211, 264

343
progressive politics 进步的政治 208
property capital 产权资本 93
prophecy 预言 133
public choice theory（PCT）公共选择理论（PCT）24, 49, 111-12
public interest 公共利益 31, 33, 179
    and the market 公共利益和市场 99
public investment planning 公共投资计划 *298*
public sector retrenchment 公共部门紧缩 210
public sphere, authentic 公共领域，真实的公共利益 249
public transport 公共交通 62, 107, 118, 165, 263
publication, the process 出版，过程 51
Purcell, M. 珀塞尔 M. 263

quantum mechanics 量子力学 7, 9, 19

radical planning 激进规划 135, 285; *see also* insurgent planning 参见反叛规划
radical pragmatism 激进实用主义 260
Rancière, J. 朗西埃 J. 201-3
Ratcliff, J. 拉特克利夫 J. 55
rational landscape 理性景观 89
rational planning 理性规划 53-80
    criticisms 理性规划批判 255
    objectivity in 理性规划的客观性 150
    rational process model 理性过程模型 54, 66-79
rational utility 理性的效用 57